建设工程读图识图与工程量清单计价系列

市政工程
读图识图与造价

本书编委会 编写

**SHIZHENG GONGCHENG
DUTU SHITU YU ZAOJIA**

知识产权出版社
全国百佳图书出版单位

内容提要

本书根据《建设工程工程量清单计价规范》GB 50500—2013、《市政工程工程量计算规范》GB 50857—2013、《建筑制图标准》GB/T 50104—2010、《总图制图标准》GB/T 50103—2010 等现行标准规范编写，主要阐述了市政工程制图与识图基础、工程造价的构成与计算、市政工程定额计价、市政工程清单计价、市政工程读图识图与工程量计算、市政工程竣工结算。

本书可供市政工程造价编制与管理人员使用，也可供高等院校相关专业师生学习时参考。

责任编辑：陆彩云　栾晓航　　　**责任出版：**卢运霞

图书在版编目(CIP)数据

市政工程读图识图与造价/《市政工程读图识图与造价》编委会编写.

—北京：知识产权出版社，2013.9

(建设工程读图识图与工程量清单计价系列)

ISBN 978-7-5130-2335-1

Ⅰ．①市…　Ⅱ．①市…　Ⅲ．①市政工程—工程制图—识别 ②市政工程—工程造价

Ⅳ．①TU99 ②TU723.3

中国版本图书馆 CIP 数据核字(2013)第 233682 号

市政工程读图识图与造价

SHIZHENG GONGCHENG DUTU SHITU YU ZAOJIA

本书编委会　编写

出版发行：知识产权出版社

社　　　址：北京市海淀区马甸南村 1 号

网　　　址：http://www.ipph.cn

发行电话：010-82000893

责编电话：010-82000860 转 8110/8382

印　　　刷：北京雁林吉兆印刷有限公司

开　　　本：720mm×960mm　1/16

版　　　次：2014 年 1 月第 1 版

字　　　数：490 千字

邮　　　编：100088

邮　　　箱：lcy@cnipr.com

传　　　真：010-82000860 转 8240

责编邮箱：luanxiaohang@cnipr.com

经　　　销：新华书店及相关销售网点

印　　　张：27.5

印　　　次：2014 年 1 月第 1 次印刷

定　　　价：65.00 元

ISBN 978-7-5130-2335-1

《市政工程读图识图与造价》
编写人员

主　编　曾昭宏
参　编　（按姓氏笔画排序）

于　涛　马文颖　王永杰　刘艳君

何　影　佟立国　张建新　李春娜

邵亚凤　姜　媛　赵　慧　陶红梅

曹美云　韩　旭　雷　杰

前　言

　　市政工程造价是市政工程建设的核心，也是建筑市场运行的核心内容。现阶段我国正在进行工程造价体制改革，改变过去以固定"量""价""费"定额为主导的静态管理模式，逐步实现依据市场变化的动态体制（"控制量、指导价、竞争费"），并积极推行建设工程工程量清单计价制度。自 2008 年版《建设工程工程量清单计价规范》取代 2003 年版《建设工程工程量清单计价规范》后，住房与城乡建设部标准定额司组织相关单位于 2013 年颁布实施了《建设工程工程量清单计价规范》GB 50500—2013、《市政工程工程量计算规范》GB 50857—2013 等9 本计量规范。同时，工程制图与读图识图是进行投标报价的基础，是进行工程预算、结算的依据。基于上述原因，我们组织一批多年从事工程造价编制工作的专家、学者编写了这本《市政工程读图识图与造价》。

　　本书共六章，主要内容包括市政工程制图与识图基础、工程造价的构成与计算、市政工程定额计价、市政工程清单计价、市政工程读图识图与工程量计算、市政工程竣工结算。本书内容由浅入深，从理论到实例，方便查阅，可操作性强，可供市政工程造价编制与管理人员使用，也可供高等院校相关专业师生学习时参考。

　　由于编者学识和经验有限，虽经编者尽心尽力，但仍难免存在疏漏或不妥之处，望广大读者批评指正。

编　者

目 录

第一章 市政工程制图与识图

第一节 市政工程识图基础

一、投影概述

1. 投影的概念

在日常生活中常常能看到这样的现象，在阳光或灯光的照射下物体会在地面或墙面上投下影子。其影子在一定程度上可以反映物体的形状和大小，同样随着光线照射方向的不同，影子也会发生变化。

投影法是指一组投射线通过空间物体，向指定平面投射，并在该平面上获得投影的方法。如图 1-1 所示，S 表示光源，P 表示投影面（承受落影的面）所采用的墙面，SAA_1、SBB_1、SCC_1……称为"投射线"。将物体各特征点、棱线按制图标准依次绘出的图形即为物体在 P 面上的投影。形成投影的三要素是：投射线、投影物体、投影面。

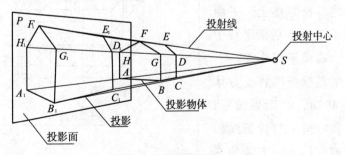

图 1-1　投影的形成

2. 投影法的分类

通常投影法可分为中心投影法和平行投影法两大类：

（1）中心投影法 如图1-2所示，投射线由投影中心的一点射出，通过物体与投影面相交所得的图形称为"中心投影"，该投影方法称为"中心投影法"。中心投影所得到的投影图通常会比实物大。

（2）平行投影法 当将投影中心移至无穷远时，则可以将投射线看成相互平行的通过物体与投影面相交，其所得到图形称为"平行投影"，该投影方法称为"平行投影法"，如图1-3所示。

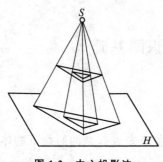

图1-2 中心投影法

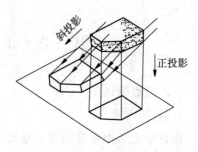

图1-3 平行投影法

在平行投影中，当投射线的方向垂直于投影面时，物体在投影面上所得到的投影称为"正投影"。当投射线的方向与投影面倾斜时，物体在投影面上所得到的投影则称为"斜投影"。

3. 形体的三面投影图

（1）三面投影图的形成
将某长方体放置于三面投影体系中，并使得长方体上、下面平行于 H 面，前、后面平行于 V 面，左、右面平行于 W 面，然后，采用正投影法将长方体向 H 面、V 面、W 面做投影，在三组不同方向平行投影线的照射下，即可得到长方体的三个投影图，如图1-4所示。

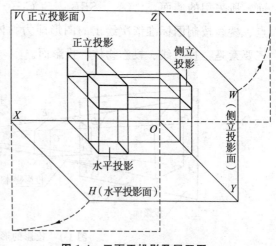

图1-4 三面正投影及展开图

若长方体在水平投影面上的投影为矩形，即为长方体的水平投影图。水平投影图是长方体上、下面投影的重合，矩形的四条边则是长方体前、后面和左、右面投影的积聚。由于矩形的上、下面平行于 H 面，因此，能够真实地反映长方体上、下面的形状及长方体的长度和宽度，然而，其投影却不能反映长方体的高度。

当长方体在正立投影面的投影也为矩形，则将其称为"长方体的正面投影图"，其正面投影图是长方体前、后面投影的重合，由于长方体的前、后面平行于 V 面，因此，长方体的正面投影图能够真实地反映长方体前、后面的形状及长方体的长度和高度，然而，却不能反映长方体的宽度。

当长方体在侧立投影面的投影为矩形，则称其为长方体的侧面投影图。侧面投影图是长方体左、右面投影的重合，由于长方体左、右面平行于 W 面，因此，能够真实地反映出长方体左、右面的形状及长方体的宽度和高度，然而，却不能反映长方体的长度。

因此，根据物体在相互垂直的投影面上的投影，可以较为完整地得到物体上面、正面和侧面的形状。

（2）三面投影图的展开　任何物体都存在前、后、左、右、上、下六个方位，其三面正投影体系及其展开，如图 1-5 所示。从图中可以看出：三个投影图分别表示它的三个侧面。这三个投影图之间既有区别又是互相联系的，每个投影图都可以反映其中的四个方位，如 H 面投影仅能够反映出长方体左、右、前、后四个面的方位关系，V 面、W 面同理。由于 H 面向下旋转、展开，形体前方将位于 H 投影的下侧，如图 1-6 所示。

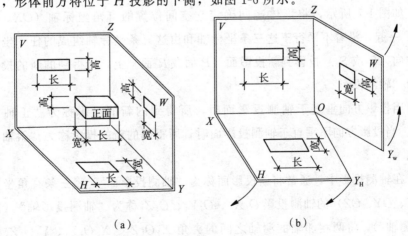

（a）　　　　　　　　　　　　（b）

图 1-5　三面正投影体系的展开

（a）长、宽、高在投影体系中的反映　（b）展开示意图

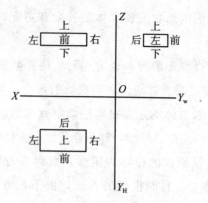

图 1-6　三面投影图上的方位

同一物体的三个投影图之间应具有"三等"的关系，所谓"三等"即为：正立投影与侧立投影等高，正立投影与水平投影等长，水平投影与侧立投影等宽。在三个投影图中，每个投影图都只能够反映物体在两个方向上的关系，如正立投影图仅能够反映物体的左、右和上、下面的关系，水平投影图只能够反映物体前、后和左、右面的关系，而侧立投影图只能够反映物体的上、下和前、后面的关系。能够识别形体的方位关系，对于读图是很有帮助的。

二、轴测投影

1. 轴测投影的形成

如图 1-7 所示，将形体连同确定它空间位置的直角坐标轴（OX、OY、OZ）一起，沿着不平行于这三条坐标轴和由这三条坐标轴组成的任一坐标面的方向（S_1 或 S_2）投影到新投影面（P 面或 R 面）上，所得到的新的投影则称为"轴测投影"。

当投影方向垂直于轴测投影面时，所得到的新的投影称为"正轴测投影"。当投影方向不垂直于轴测投影面时，所得到的新的投影称为"斜轴测投影"。

在轴测投影中，通常将新投影面称为"轴测投影面"，将三条直角坐标轴（OX、OY、OZ）的轴测投影 O_1X_1、O_1Y_1、O_1Z_1 称为"轴测投影轴"（简称"轴测轴"），将两相邻轴的测轴之间的夹角 $X_1O_1Z_1$、$X_1O_1Y_1$、$Y_1O_1Z_1$ 称为"轴间角"，将轴测轴上某线段的长度与它的实长之比称为"该轴的轴向变形系数"。

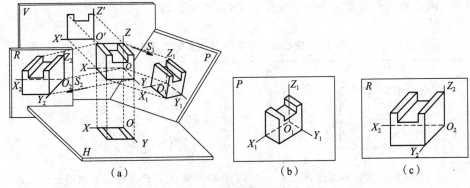

图 1-7　轴测投影的形成

（a）轴测投影形成　　（b）正轴测投影图　　（c）斜轴测投影图

画轴测投影图时，通常把轴测轴 O_1Z_1 放置在铅直方向。

轴测投影的基本要素包括：轴向变形系数和轴间角。在画轴测投影之前，应先确定这两个要素，方能确定平行于三个坐标轴的线段在轴测投影中的长度及方向。在画轴测投影时，只能沿着轴测轴或平行于轴测轴的方向利用轴向变形系数加以确定形体的长、宽、高三个方向上的线段（即沿轴测轴去测量长度），该投影称为"轴测投影"。

2. 轴测投影的画法

（1）正等轴测（正等测）投影　图 1-8 所示为正等测投影，其轴间角均为 $120°$，三个轴测轴 O_1X_1、O_1Y_1、O_1Z_1 上的轴向变形系数均为 0.82，为作图方便，将轴向变形系数简化为 1。

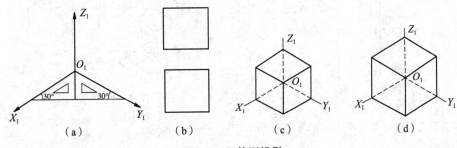

图 1-8　正等测投影

（a）正等轴测　　（b）正投影图　　（c）$p=q=r=0.82$　　（d）$p=q=r=1$

p——X 轴轴向伸缩系数；q——Y 轴轴向伸缩系数；r——Z 轴轴向伸缩系数

圆、圆柱的正等测图的画法见表1-1、表1-2。

表1-1 四心圆法画平行 H 面圆的正等测图

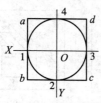 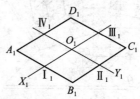

（a）确定坐标轴并做圆外切四边形 *abcd*	（b）作轴测轴 X_1、Y_1 并作圆外切四边形的轴测投影 $A_1B_1C_1D_1$，得切点 Ⅰ $_1$、Ⅱ $_1$、Ⅲ $_1$、Ⅳ $_1$

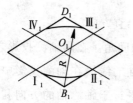 

（c）分别以 B_1、D_1 为圆心，B_1Ⅲ $_1$ 为半径作弧 $\overparen{Ⅲ_1Ⅳ_1}$ 和 $\overparen{Ⅰ_1Ⅱ_1}$	（d）连接 B_1Ⅲ $_1$ 和 B_1Ⅳ $_1$ 交 A_1C_1 于 E_1、F_1，分别以 E_1、F_1 为圆心，E_1Ⅳ $_1$ 为半径作弧 $\overparen{Ⅰ_1Ⅳ_1}$ 和 $\overparen{Ⅱ_1Ⅲ_1}$。即可得由四段圆弧组成的近似椭圆

表1-2 作圆柱正等测图的步骤

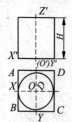 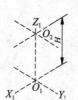 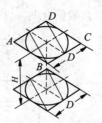

（a）确定坐标轴，在投影为圆的投影图上作圆的外切正方形	（b）作轴测轴 X_1、Y_1、Z_1，在 Z_1 轴上截取圆柱高度 H，并作 X_1、Y_1 的平行线	（c）作圆柱上、下底圆的轴测投影椭圆	（d）作两椭圆的公切线，对可见轮廓线进行加深（虚线省略不画）

圆锥、球的正等测图的画法如图1-9、图1-10所示。

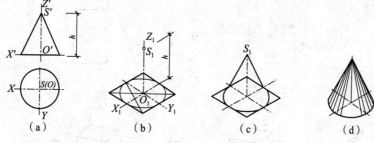

图 1-9　圆锥的正等测图画法

（a）正投影　（b）作底椭圆，定锥顶　（c）过锥顶作椭圆切线　（d）加绘阴影线

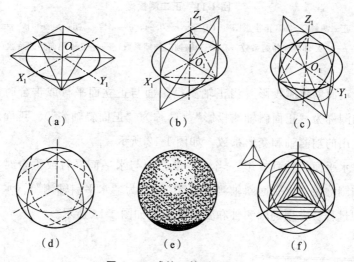

图 1-10　球的正等测图画法

（a）作水平赤道圆　（b）加画正平赤道圆　（c）加绘侧平赤道圆

（d）作三椭圆的包络线圆　（e）加绘阴影　（f）切去 1/8 球

（2）正二等轴测（正二测）投影　图1-11所示为正二测投影。其轴测轴的画法如图1-11（a）所示，三个轴测轴 O_1X_1、O_1Y_1、O_1Z_1 上的轴向变形系数分别为 0.94、0.47、0.94，为了简便作图，可将其分别简化为 1、0.5、1。

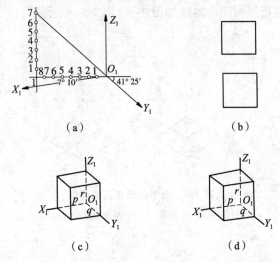

图 1-11　正二测投影

(a) 正二测轴　　(b) 正投影图　　(c) $p=r=0.94$, $q=0.47$　　(d) $p=r=1$, $q=0.5$

p——X 轴轴向伸缩系数；q——Y 轴轴向伸缩系数；r——Z 轴轴向伸缩系数

（3）正面斜轴测投影　当正轴测投影面与正立面平行或重合时，将所得到的斜轴测称为"正面斜轴测投影"（简称为"正面斜轴测"）。正面斜轴测的形成及常用的轴测轴和变形系数，如图 1-12 所示。

（4）水平面斜轴测投影　当轴测投影面与水平面平行或重合时，将所得到的斜轴测称为"水平面斜轴测投影"（简称为"水平斜轴测"）。水平面斜轴测投影的过程及常用的轴测轴和变形系数，如图 1-13 所示。

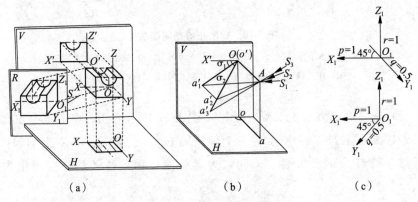

图 1-12　正面斜轴测投影

(a) 正面斜轴测投影形成　　(b) O_1Y_1 轴的变形系数与轴间角互不相关　　(c) 常用的轴测轴及变形系数

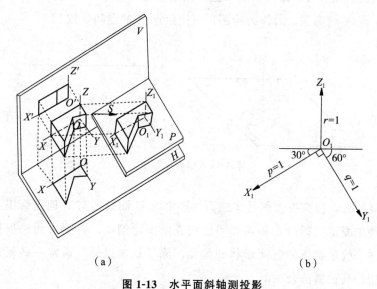

（a）　　　　　　　　　　　　　　　（b）

图 1-13　水平面斜轴测投影

（a）水平斜轴测投影过程　　（b）常用的轴测轴及变形系数

三、标高投影

标高投影法是指在物体的水平投影上加注某些特征面、线及控制点的高程数值和比例来表示空间物体的方法。在标高投影中，水平投影面 H 称为"基准面"。标高是指空间点到基准面 H 的距离。通常规定 H 面的标高为零，且 H 面上方的点标高为正值，H 面下方的点标高为负值，标高的单位为"m"。

标高投影图是指通过标高投影方法绘制的投影图。标高投影图是一种单面的直角投影，在水平投影面上的直角投影图上加注形体某些特殊点的高程，从而采用高程数字和水平投影来表达形体的形状图。通常，若在图中没有对标高投影的长度单位做特别说明，均以"m"计。除了地形面以外，通常也用标高投影图来表示一些复杂曲面。

1. 标高投影的表示方法

在多面正投影中，当物体的水平投影确定后，其正面投影的主要作用是提供物体各特征点、线、面的高度。若能在物体的水平投影中标明它的特征点、线、面的高度，即可以完全确定该物体的空间形状及位置。

如图 1-14 所示，点 A 位于基准面 H 以上 4 个单位，在水平投影 a 的旁边注出该点的高度值 4，即 a_4，将 4 这个刻度值称为"点 A 的标高"，点 A 的标高反映了点 A 的高程。a_4 作为投影，可决定点 A 的空间位置。

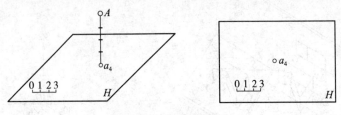

图 1-14　标高投影法

由此可见，标高投影图是将三面投影中的 H 面投影与 V 面投影组合在一起的一种单面正投影图，必须标明比例或画出比例尺，否则将无法根据单面正投影图来确定物体的空间形状和位置。除了地面以外，通常一些复杂曲面也可采用标高投影法表示。

2. 点、直线和平面的标高投影

（1）点的标高投影　以水平面 H 作为基准面作出点的水平投影，然后，在该投影面的右下角加注点到 H 面的高程数值，并标注比例尺或图示比例尺的图形，即为点的标高投影。

如图 1-15（a）所示，在空间有两个点 A、B，作出它们在 H 投影面上的投影 a、b，选 H 面为基准面，设 H 面高度为零，当点高于 H 面时，标高为正，当点低于 H 面时，标高为负。点 A 在 H 面上方 5 个单位，点 B 在 H 面下方 3 个单位，若在 A、B 两点的水平投影 a、b 的右下角分别标明其高度数值 5、-3，则可得到 A、B 两点的标高投影图，如图 1-15（b）所示。高度数值 5、-3 称为"高程"或"标高"。

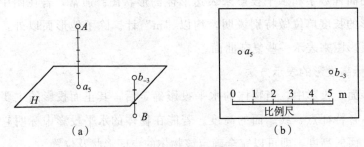

（a）　　　　　　　　　　　　　　（b）

图 1-15　点的标高投影

（2）直线的标高投影

1）直线的表示方法。在标高投影中，直线的位置是由直线上的两点或直线上一点及该直线的方向决定的。如图 1-16（a）所示的直线为例，直线的标高投影表示法主要有以下两种：

①直线的水平投影和直线上两点的高程（图中通常不必标注线段长度 $L＝6m$），如图 1-16（b）所示。

②直线上一点的标高投影并加注直线的坡度及方向。如图 1-16（c）所示直线是用直线的坡度 1：2 和箭头表示方向的，且箭头指向下坡。

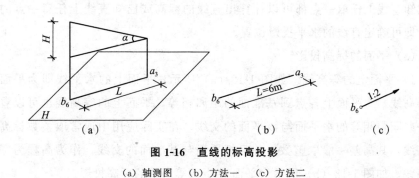

图 1-16　直线的标高投影

（a）轴测图　　（b）方法一　　（c）方法二

2）直线的坡度与平距。

①直线的坡度。直线的坡度是指直线上任意两点的高度与该两点的水平距离之比，通常用"i"表示。如图 1-17（a）所示，直线上 A、B 两点的高差为 $\triangle H$，水平投影的长度为 L，直线 AB 对 H 面的倾角为 α，则：

$$坡度 \; i = \frac{高差 \; \triangle H}{水平投影距离 \; L} = \tan\alpha \tag{1-1}$$

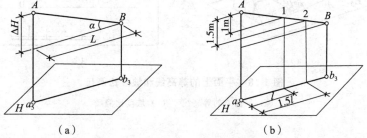

图 1-17　直线的坡度与平距

（a）直线的坡度　　（b）直线的平距

i 可以用来定量描述直线对水平面的倾斜程度。且 i 值越大，表示的坡度就越陡，如 1:2 的直线比 1:3 的直线要陡。

②直线的平距。直线的平距是指直线上高度差为 1m 的两点水平投影距离，用 l 表示。如图 1-17（b）所示的直线 AB：

$$l = L/\triangle H = \cot\alpha \qquad (1\text{-}2)$$

由上式可以看出，平距和坡度之间互为倒数，即 $l = 1/i$。坡度越大，则平距越小；坡度越小，则平距越大。

一条直线上任意两点的高度差与其水平面的距离之比是一个常数，因此，在已知直线上任取一点都可以计算出直线的标高或已知直线上任意一点的高程，即可确定直线的水平投影位置。

（3）平面的标高投影

1）平面上的等高线。如图 1-18（a）所示，平面上的水平线即为平面上的等高线，水平面上各点到基准面的距离相等，平面上的等高线也可以看成是一些间距相等的水平面与该平面的交线。在实际应用中通常取整数标高的等高线，其高差一般取整数，并且把平面与基准面的交线，作为高程为零的等高线。如图 1-18（b）所示为平面 P 上的等高线的标高投影。

从标高投影图中可以看出，平面上的等高线是一组互相平行的直线，当相邻等高线的高差相等时，其水平间距也相等，这是平面上等高线的特性。如图 1-18（b）所示相邻等高线的高差为 1m，则它们的水平间距就是平距。

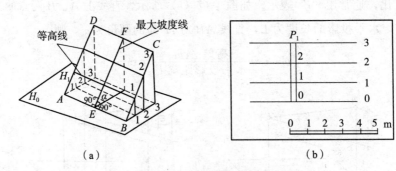

图 1-18　平面上的等高线和坡度比例尺

(a) 平面上的等高线　　(b) 坡度比例尺

2）平面上的坡度线。平面上的坡度线是指平面上垂直于等高线的直线。坡度线与 H 面的夹角反映了平面对 H 面的倾角 α。H 面内的坡度线与等高线空间互相垂直，根据直角投影定理，其标高投影也互相垂直。

3）平面的表示方法。在标高投影中，平面的表示方法通常有以下几种：

①等高线法。等高线法实质上是两平行直线表示平面，平面上的水平线称为"平面上的等高线"。在实际应用中通常采用高差相等、标高为整数的一系列等高线来表示平面，并把基准面 H 的等高线作为零标高的等高线。平面上的等高线是彼此平行的直线，当高差相同时，则等高线的间距相等。

②坡度比例尺表示法。所谓坡度是指平面的坡度。坡度比例尺的位置和方向一经给定，平面的方向和位置便也随之确定下来。如图1-19所示，等高线与坡度比例尺垂直，过坡度比例尺上的整数标高点作坡度比例尺的垂线，即可得到平面上的等高线。

当已知平面的等高线组时，就可以利用等高线与坡度比例尺的相互垂直关系，作出平面上的坡度比例尺，同理也可以反过来求。

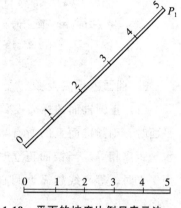

图1-19 平面的坡度比例尺表示法

当坡度比例尺已知时，则平面对基准面的倾角可以利用直角三角形的方法求得。

③利用一条等高线和平面坡度表示平面。当已知平面上的一条等高线时，就可以确定最大坡度线的方向，由于平面的坡度为已知，因此，平面的位置就可以确定，并能够根据该平面的位置作出平面上任意高程的等高线。若作平面上的等高线，可以先利用坡度求得等高线的平距，然后作已知等高线的垂线，在垂线上按图中所给比例尺截取平距，再过各自分点作已知等高线的平行线，即可作出平面上一系列等高线的标高投影。

④利用一条非等高线和平面坡度表示平面。如图 1-20 所示，为一块标高为 5m 的水平场地及一条坡度为 1∶3 的斜坡引道，斜坡引道两侧倾斜平面 ABC 和 DEF 的坡度均为 1∶2，此类倾斜平面可由平面内一条倾斜直线的标高投影加上该平面的坡度加以表示，如图1-20（b）所示。为了与准确的坡度方向有所区别，通常使用虚线箭头以表示斜面的大致坡向。

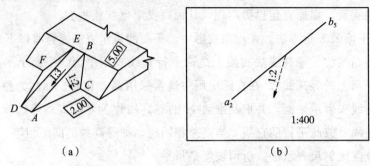

（a） （b）

图1-20 用平面上的一条非等高线和该平面的坡度与倾向表示平面

（a）平面图 （b）非等高线和平面坡度表示法

3. 曲面的标高投影

（1）正圆锥面的标高投影 如图1-21所示，当正圆锥面的轴线垂直于水平面时，则圆锥面上的所有素线的坡度都相等。当高差相等时，等高线间的水平距离相等。当锥面正立时，等高线越靠近圆心，其标高数字越大；当锥面倒立时，等高线越靠近圆心，其标高数字越小。圆锥面表示坡线的方向应指向锥顶。

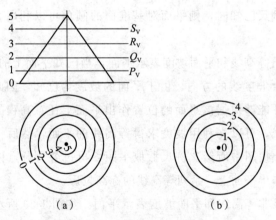

图1-21 圆锥面的标高投影

（a）正圆锥 （b）倒圆锥

在土石方工程中，通常在两坡面的转角处采用与坡面坡度相同的锥面过渡。如图1-22所示，在河坝与堤岸的连接处，采用圆锥面护坡，其标高投影图可按照平面标高投影图的作图方法来完成。

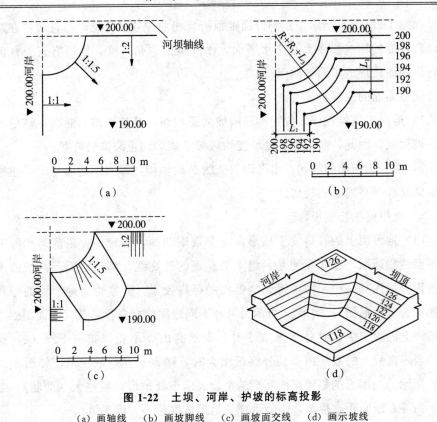

图 1-22 土坝、河岸、护坡的标高投影

（a）画轴线 （b）画坡脚线 （c）画坡面交线 （d）画示坡线

（2）同坡曲面的标高投影 如图 1-23 所示，现有一段倾斜的弯曲道路，其两侧边坡为曲面。曲面上各个地方的坡度均相同，则此类曲面称为同坡曲面。在实际工程中，经常会遇到同坡曲面的情况，如道路在弯道处的边坡，无论路面有无纵坡，均为同坡曲面。

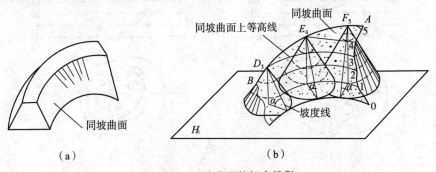

图 1-23 同坡曲面的标高投影

（a）同坡曲面示意图 （b）同坡曲面标高投影分析

15

如图 1-23（b）所示，正圆锥面锥顶沿空间曲导线 *AB* 运动，且圆锥在运动时圆锥面的轴线始终垂直于水平面，该圆锥的顶角不变，则所有正圆锥面的包络曲面就形成了同坡曲面。

同坡曲面的主要特征有：

1）运动正圆锥在任何位置都和同坡曲面相切，其切线即为曲面在该处的最大坡度线，因此，曲面上各处坡度均应等于该运动正圆锥的坡度。

2）两个相切曲面与同一水平面的交线必然相切，即同坡曲面与运动正圆锥的同高程等高线必然相切。

4. 地形面的标高投影

（1）地形面上的等高线　地形面是非规则曲面，假想用一组高差相等的水平面截割地面，截交线便是一组不同高程的等高线，画出地面等高线的水平投影并标注其高程，即可得到地形面的标高投影，通常也将地形面的标高投影称为"地形图"。图 1-24 所示为两种不同地面的标高投影及其断面图。当等高线上的数字由里到外逐渐减小时，表示高山或小丘，如图 1-24（a）所示。当等高线上的数字由里到外逐渐增大时，则表示盆地或洼地，如图 1-24（b）所示。当图上的等腰高线间距越密，表示该处地形坡度越大（即陡）。当图上的等高线间距越稀疏，则表示该处地形坡度越小（即平缓）。

（2）典型地貌的等高线

1）山头和洼地。山头和洼地的等高线都应是一组闭合的曲线组成的，地形图上区分它们的方法是：等高线上所注明的高程，当内圈等高线比外圈等高线所注的高程大时，表示山头，如图 1-25 所示；当内圈等高线比外圈等高

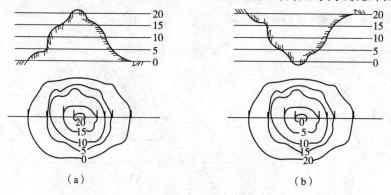

（a）　　　　　　　　　　　　（b）

图 1-24　不同地面的标高投影和其断面图

（a）高山或小丘　　（b）盆地或洼地

线所注高程小时，则表示洼地，如图 1-26 所示。此外，还可以使用示坡线表示。示坡线是指示地面斜坡下降方向的短线，一端与等高线连接并垂直于等高线，表示此端地形高，不与等高线连接端地形低。

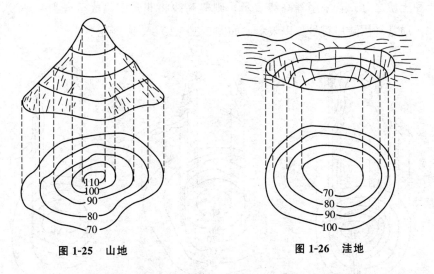

图 1-25　山地　　　　　　　　　　图 1-26　洼地

2）山脊和山谷。山脊是指从山顶到山脚的凸起部分。山脊最高点的连线称为"山脊线"或"分水线"，如图 1-27 所示。通常，将两山脊之间延伸而下降的凹槽部分称为"山谷"。山谷内最低点的连线称为"山谷线"或"合水线"，如图 1-28 所示。山脊线和山谷线统称"地性线"。

3）鞍部。鞍部是指相邻两个山头之间的低凹处形似马鞍状的部分。通常，鞍部既是山谷的起始高点，也是山脊的终止低点。因此，鞍部的等高线通常是由两组相对的山脊与山谷等高线组合而成的，如图 1-29 所示。

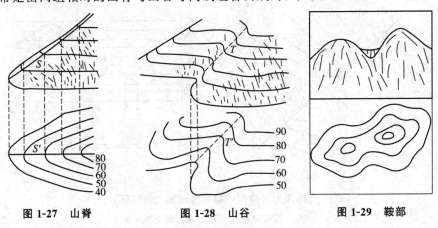

图 1-27　山脊　　　　　　图 1-28　山谷　　　　　　图 1-29　鞍部

4）悬崖与陡崖。悬崖是指上部突出、下部凹进的陡崖。当悬崖上部的等高线投影到水平面时，与下部的等高线相交，下部凹进的等高线部分应采用虚线加以表示，如图 1-30（a）所示。陡崖是指坡度在 70°以上的陡峭崖壁，并有石质和土质之分。若采用等高线表示，则等高线将非常密集或重合为一条线，因此，通常采用陡崖符号加以表示，如图 1-30（b）、（c）所示。

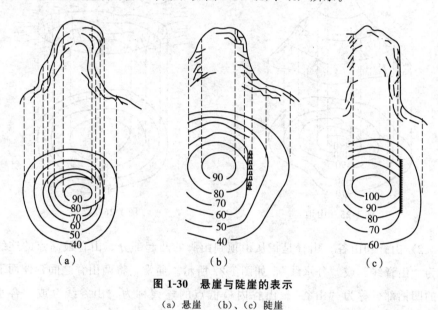

图 1-30　悬崖与陡崖的表示

（a）悬崖　（b）、（c）陡崖

（3）地面断面图　地形断面图是指将同一铅垂面剖切地形面，画出剖切平面与地形面的交线及剖面符号，如图 1-31 所示。

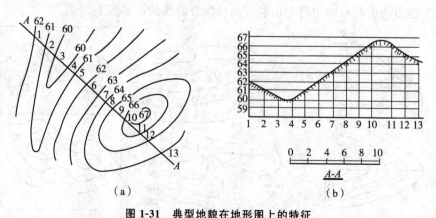

图 1-31　典型地貌在地形图上的特征

（a）等高线表示　（b）地面断面图表示

具体作图方法为：

1）过 $A—A$ 作铅垂面，其与地形面上各等高线的交点为 1、2、3……n。

2）以 $A—A$ 剖切线的水平距离为横坐标，以高程为纵坐标，按等高距及比例尺画一组平行线，如图 1-31（b）所示的 59、60……。

3）根据地形图中剖切平面与等高线各交点的水平距离在横坐标轴上标出 1、2、3……13 点，然后自点 1、2、3……13 作铅垂线与相应的水平线相交得 Ⅰ、Ⅱ、Ⅲ……。

4）依次光滑连接各交点，即可得到地形断面图，并根据地质情况画上相应的材料图例。

四、剖面图与断面图

1. 剖面图

（1）剖面图的形成　图 1-32 所示的杯形基础，其内孔被外形挡住。为了将正立面图中的内孔用实线表示出来，现假想用一个正平面，沿基础对称平面将基础剖开，然后移走视图者与剖切平面之间的部分形体，做余下部分形体的正面投影，所得到的投影图就是剖面图，如图 1-33 所示。

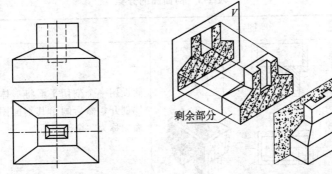

图 1-32　杯形基础投影图　　　　图 1-33　剖面图的形成

（2）剖面图的标注　在制作剖面图时，通常使剖切面平行于基本投影面，则剖切面在它所垂直的投影面上的投影积聚成为一条直线，该直线表示剖切的位置，称为"剖切位置直线"（简称"剖切线"）。剖切线在投影图中通常用断开的两段短粗实线表示，长度为 6～10mm。

为表明剖切后余下的部分形体的投影方向，应在剖切线的外侧各画一段与之相垂直的短粗实线表示投影方向，其实线长度为 4～6mm。

对于某些复杂的形体，可能要剖切几次，为了区分清楚，对每一次的剖切都要进行编号，且规定用阿拉伯数字编号，书写在表示投影方向的短线的一侧，并在所得到剖面图的下方，标记上"1—1剖面图"字样。

剖面图中包含了形体的断面，在断面上必须画上表示材料类型的图例。若没有指明材料，也要画上剖面符号。剖面图的标注，如图1-34所示。

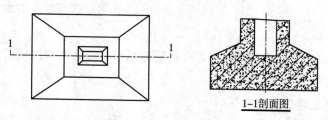

图1-34　剖面图的标注

（3）剖面图的分类　剖面图的剖切平面的位置、数量、方向、范围应根据物体的内部结构和外形来进行选择，根据具体情况，剖面图的选用可参照表1-3进行。

表1-3　剖面图的分类

序号	类型	图示		说明
1	全剖面图			假设用一个剖切平面将形体完完全全地剖开，然后画出其剖面图，这种剖面图称为"全剖面图"
2	半剖面图			当形体的内外形状均为左右或前后对称，而外形又比较复杂时，可将其投影的一半画成表示形体外部形状的正投影图，另一半画成表示内部结构的剖面图，中间用点划线分界。当对称中心线竖直时，将外形正投影图画在中心线左方，剖面图画在中心线右方；当对称中心线为水平时，将外形正投影图画在中心线上方，剖面图画在中心线下方。这种投影图的剖面图各占一半的图称为"半剖面图"

序号	类型	图示	说明
3	局部剖面图		当形体只有某一个局部需要剖开表达时，只需它的投影图上，将这一局部画成剖面图即可。这种局部剖切后得到的剖面图，称为"局部剖面图"。局部剖面图只是形体投影图的一个部分，因此不需要标注剖切线，但需将局部剖面与外形之间用波浪线分开，波浪线不得与轮廓线重合，也不得超出轮廓线之外
4	阶梯剖面图		当形体的内部结构复杂，用一个平面无法剖切到时，可假设用几个相互平行的剖切平面来剖切形体，这样得到的剖面图，称为"阶梯剖面图"
5	旋转剖面图		有的形体不能用一个或几个互相平行的平面进行剖切，而需要用两相交的剖切平面（这两个剖切平面的交线应垂直于基本投影面）进行剖切。剖开以后，将倾斜于基本投影面的剖切平面绕其交线旋转到与基本投影面平行的位置后，再向基本投影面投影。这样得到的剖面图称为"旋转剖面图"

2. 断面图

断面是指用一个剖切平面将形体剖开后，剖切平面与形体接触的部位。当把这个断面投射到与其平行的投影面上，所得到的投影即为断面图。断面图是用来表示形体内部形状的，能够较好地表示出断面的实际形状。

（1）断面图的标注　断面图的剖切符号应采用剖切位置线加以表示，即粗实线，长度应为 6～10mm。

断面的剖切符号需进行编号，编号的方法与剖面图相同，注写在剖切位置线的一侧，数字所在的一侧即为投影方向。断面图的标注方法与剖面图也是相同的。

断面图应在剖切平面与形体接触的部分绘出材料图例，若未指明材料，则需采用 45°角斜细实线绘出断面线。

（2）断面图的种类　断面图的种类见表1-4。

表 1-4　断面图的种类

序号	类型	图示	说明
1	移出断面图		画在视图外的断面，称为"移出断面"。移出断面的轮廓线用粗实线绘制，轮廓线内画图例符号，梁的断面图中画出了钢筋混凝土的材料图例。断面图应画在形体投影图附近，便于识读。此外，断面图也可以适当地放大比例，以利于标注尺寸和清晰显示其内部构造
2	重合断面图	（a）重合断面图对称 （b）重合断面图不对称	断面图绘制在投影图内，则称为"重合断面图"。重合断面图的轮廓线应用细实线绘制。对称的重合断面图可省略标注。不对称的重合断面图应标注出剖切位置线，用粗实线表示，字母标注在投射方向的一侧，如图（b）所示，投射方向是从左向右的。另外，重合断面的图线与视图的图线应有所区别，若重合的断面的图线为粗实线，视图的图线则应用细实线，反之则用粗实线
3	中断断面图	（a） （b） （a）T梁　（b）槽钢	断面图直接画在投影图的中断处，称为"中断断面图"，对这种断面图不需标注，也不必画出剖切符号，多用于表示较长杆件的端面图。在断开处，画出断面，以表示断面形状

3. 断面图与剖面图的区别

断面图与剖面图一样，都是用来表示形体内部形状的，但其两者也是有区别的，如图1-35所示。

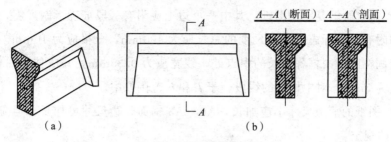

图 1-35　断面图与剖面图

（a）空间分析　（b）主视图、断面图、剖面图

　　断面图只应画出形体被剖开后断面的投影，是面的投影，然而剖面图则要画出形体被剖开后整个余下部分的投影，是体的投影。剖切符号的标注不同，断面图的剖切符号只画出剖切位置线，不画投射方向线，而是采用编号的注写位置来表示剖切后的投射方向，编号写在剖切位置线的下侧，表示向下投射；注写在左侧，表示向左投射。剖面图中的剖切平面可转折，断面图中的剖切平面则不可转折。

第二节　市政工程制图标准与图例

一、市政工程制图基本标准

1. 图纸幅面和图框

1）图幅及图框尺寸应符合表 1-5 的规定及图 1-36～图 1-39 的格式。

表 1-5　图幅及图框尺寸　　　　　　　　　　　单位：mm

尺寸代号＼图幅代号	A0	A1	A2	A3	A4
$b×l$	841×1189	594×841	420×594	297×420	210×297
c		10			5
a			25		

　　注：表中 b 为幅面短边尺寸，l 为幅面长边尺寸，c 为图框线与幅面线间宽度，a 为图框线与装订边间宽度。

2）需要微缩复制的图纸，其中一个边上应附有一段准确米制尺度，四个边上均附有对中标志，米制尺度的总长应为 100mm，分格应为 10mm。对中标志应画在图纸内框各边长的中点处，线宽应为 0.35mm，并应伸入内框边，在框外为 5mm。对中标志的线段，于 l_1 和 b_1 范围取中。

3）图纸的短边尺寸不应加长，A0～A3 幅面长边尺寸可加长，但应符合表 1-6 的规定。

表 1-6　图纸长边加长尺　　　　　　　　　单位：mm

幅面代码	长边尺寸	长边加长后的尺寸
A0	1189	1486（A0+1/4l）、1635（A0+3/8l）、1783（A0+1/2l）、1932（A0+5/8l）、2080（A0+3/4l）、2230（A0+7/8l）、2378（A0+l）
A1	841	1051（A1+1/4l）、1261（A1+1/2l）、1471（A1+3/4l）、1682（A1+l）、1892（A1+5/4l）、2102（A1+3/2l）
A2	594	743（A2+1/4l）、891（A2+1/2l）、1041（A2+3/4l）、1189（A2+l）、1338（A2+5/4l）、1486（A2+3/2l）、1635（A2+7/4l）、1783（A2+2l）1932（A2+9/4l）、2080（A2+5/2l）
A3	420	630（A3+1/2l）、841（A3+l）、1051（A3+3/2l）、1261（A3+2l）、1471（A3+5/2l）、1682（A3+3l）、1892（A3+7/2l）

注：有特殊需要的图纸，可采用 $b×l$ 为 841mm×891mm 与 1189mm×1261mm 的幅面。

4）图纸以短边作为垂直边应为横式，以短边作为水平边应为立式。A0～A3 图纸宜横式使用，必要时，也可立式使用。

5）在同一工程设计中，每个专业所使用的图纸，不宜多于两种幅面，但其中不含目录以及表格所采用的 A4 幅面。

2. 标题栏

1）图纸中应有标题栏、图框线、幅面线、装订边线和对中标志。图纸的标题栏以及装订边的位置，应符合以下规定：

①横式使用的图纸，应按图 1-36、图 1-37 的形式进行布置。

②立式使用的图纸，应按图 1-38、图 1-39 的形式进行布置。

2）标题栏应符合图 1-40、图 1-41 的规定，根据工程的需要选择确定其尺寸、格式以及分区。签字栏应包括实名列和签名列，并应符合以下规定：

①涉外工程的标题栏中，各项主要内容的中文下方应附有译文，设计单位的上方或左方，应有"中华人民共和国"字样。

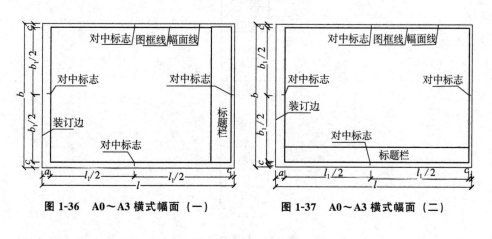

图1-36　A0～A3横式幅面（一）　　　图1-37　A0～A3横式幅面（二）

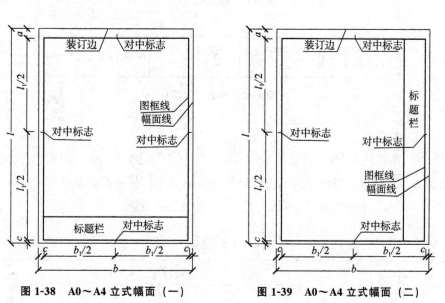

图1-38　A0～A4立式幅面（一）　　　图1-39　A0～A4立式幅面（二）

②在计算机制图文件中，当使用电子签名与认证时，应符合国家有关电子签名法的规定。

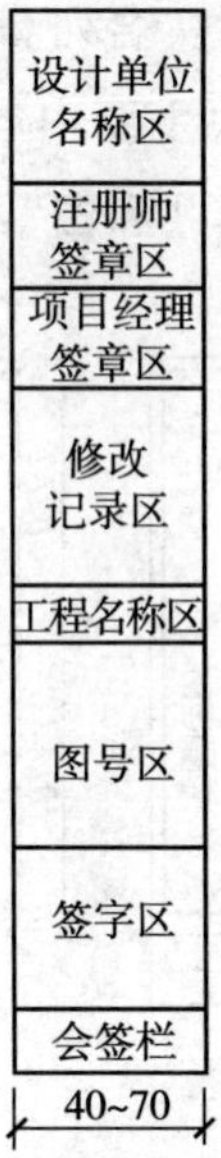

| 设计单位
名称区 |
| 注册师
签章区 |
| 项目经理
签章区 |
| 修改
记录区 |
| 工程名称区 |
| 图号区 |
| 签字区 |
| 会签栏 |

40~70

图 1-40 标题栏（一）

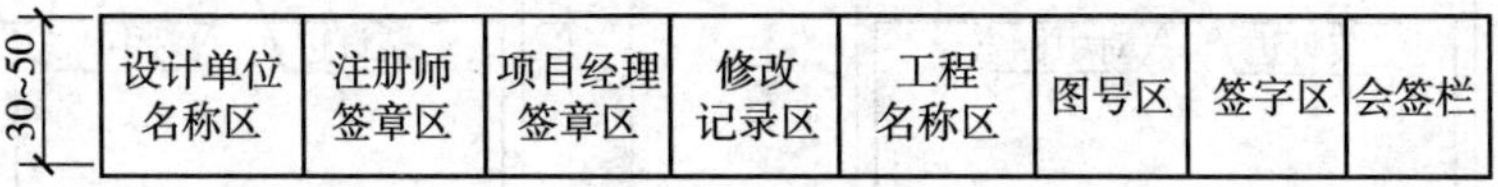

| 30~50 | 设计单位
名称区 | 注册师
签章区 | 项目经理
签章区 | 修改
记录区 | 工程
名称区 | 图号区 | 签字区 | 会签栏 |

图 1-41 标题栏（二）

3. 图线

1）图线的宽度 b，宜从 1.4、1.0、0.7、0.5、0.35、0.25、0.18、0.13mm 线宽系列中选取。图线宽度不应小于 0.1mm。每个图样应根据复杂程度与比例大小，先选定基本线宽 b，再选用表 1-7 中相应的线宽组。

表 1-7 线宽　　　　　　　　　　　　单位：mm

线宽比	线宽组			
b	1.4	1.0	0.7	0.5
$0.7b$	1.0	0.7	0.5	0.35
$0.5b$	0.7	0.5	0.35	0.25
$0.25b$	0.35	0.25	0.18	0.13

注：1. 需要缩微的图纸，不宜采用 0.18mm 及更细的线宽。

　　2. 同一张图纸内，各不同线宽中的细线，可统一采用较细的线宽组的细线。

2) 市政工程制图应根据图纸功能，按表 1-8 规定的线型选用。

表 1-8　图线

名称		线形	线宽	用途
实线	粗	——	b	1. 新建建筑物±0.00 高度可见轮廓线 2. 新建铁路、管线
	中	——	0.7b 0.5b	1. 新建构筑物、道路、桥涵、边坡、围墙、运输设施的可见轮廓线 2. 原有标准轨距铁路
	细	——	0.25b	1. 新建建筑物±0.00 高度以上的可见建筑物、构筑物轮廓线 2. 原有建筑物、构筑物、原有窄轨、铁路、道路、桥涵、围墙的可见轮廓线 3. 新建人行道、排水沟、坐标线、尺寸线、等高线
虚线	粗	- - - - - - -	b	新建建筑物、构筑物地下轮廓线
	中	- - - - - - -	0.5b	计划预留扩建的建筑物、构筑物、铁路、道路、运输设施、管线、建筑红线及预留用地各线
	细	- - - - - - -	0.25b	原有建筑物、构筑物、管线的地下轮廓线
单点长画线	粗	—·—·—·—	b	露天矿开采界限
	中	—·—·—·—	0.5b	土方填挖区的零点线
	细	—·—·—·—	0.25b	分水线、中心线、对称线、定位轴线
双点长画线	粗	—··—··—	b	用地红线
	中	—··—··—	0.7b	地下开采区塌落界限
	细	—··—··—	0.5b	建筑红线
折断线		——／\———	0.5b	断线
不规则曲线		～～～	0.5b	新建人工水体轮廓线

注：根据各类图纸所表示的不同重点确定使用不同粗细线型。

4. 比例

1）市政工程制图采用的比例应符合表 1-9 的规定。

表 1-9　比例

图名	比例
现状图	1∶500、1∶1000、1∶2000
地理交通位置图	1∶25000～1∶200000
总体规划、总体布置、区域位置图	1∶2000、1∶5000、1∶10000、1∶25000、1∶50000
总平面图、竖向布置图、管线综合图、土方图、铁路、道路平面图	1∶300、1∶500、1∶1000、1∶2000
场地园林景观总平面图、场地园林景观竖向布置图、种植总平面图	1∶300、1∶500、1∶1000
铁路、道路纵断面图	垂直：1∶100、1∶200、1∶500 水平：1∶1000、1∶2000、1∶5000
铁路道路横断面图	1∶20、1∶50、1∶100、1∶200
场地断面图	1∶100、1∶200、1∶500、1∶1000
详图	1∶1、1∶2、1∶5、1∶10、1∶20、1∶50、1∶100、1∶200

2）同一个图样宜选用一种比例，铁路、道路、土方等的纵断面图，可在水平方向和垂直方向选用不同比例。

5. 坐标标注

1）市政工程总图应按上北下南的方向进行绘测。根据场地形状或布局，可向左或右偏转，但偏转不宜超过 45°。总图中应绘制指北针或风玫瑰图（图 1-42）。

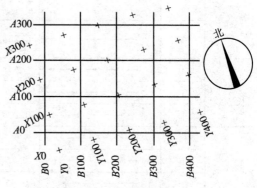

图 1-42　坐标网络

注：图中 X 为南北方向轴线，X 的增量在 X 轴线上；Y 为东西方向轴线，Y 的增量在 Y 轴线上。A 轴相当于测量坐标网中的 X 轴，B 轴相当于测量坐标网中的 Y 轴。

2）坐标网格应采用细实线表示。测量坐标网应画成交叉十字线，坐标代号宜采用"X""Y"表示。建筑坐标网应画成网格通线，自设坐标代号宜采用"A""B"表示（图 1-42）。当坐标值为负数时，应采用"－"号进行注明，当坐标值为正数时，"＋"号可以省略。

3）当总平面图上存在测量和建筑两种坐标系统时，应在附注中注明两种坐标系统的换算公式。

4）表示建筑物、构筑物位置的坐标应根据设计不同阶段要求标注，当建筑物与构筑物与坐标轴线平行时，可注其对角坐标。与坐标轴线成角度或建筑平面复杂时，宜标注三个以上坐标，坐标宜标注在图纸上。根据工程具体情况，建筑物、构筑物也可用相对尺寸定位。

5）在一张图上，主要建筑物、构筑物用坐标定位时，根据工程具体情况也可用相对尺寸定位。

6）建筑物、构筑物、铁路、道路、管线等应对下列部位的坐标或定位尺寸进行标注：

①建筑物、构筑物的外墙轴线交点。

②圆形建筑物、构筑物的中心。

③皮带走廊的中线或其交点。

④铁路道岔的理论中心，铁路、道路的中线或转折点。

⑤管线（包括管沟、管架或管桥）的中线交叉点和转折点。

⑥挡土墙起始点、转折点墙顶外侧边缘（结构面）。

6. 标高

1）建筑物应以接近地面处的 ±0.00 标高的平面作为总平面。字符平行于建筑长边书写。

2）总图中标注的标高应为绝对标高，当标注相对标高，则应注明相对标高与绝对标高的换算关系。

3）建筑物、构筑物、铁路、道路、水池等应按下列规定标注有关部位的标注有：

①建筑物标注室内 ±0.00 处的绝对标高在一栋建筑物内宜标注一个 ±0.00 标高，当有不同地坪标高以相对 ±0.00 的数值标注。

②建筑物室外散水，标注建筑物四周转角或两对角的散水坡脚处标高。

③构筑物标注其有代表性的标高，并用文字注明标高所指的位置。

④铁路标注轨顶标高。

⑤道路标注路面中心线交点及变坡点标高。

⑥挡土墙标注墙顶和墙趾标高，路堤、边坡标注坡顶和坡脚标高，排水沟标注沟顶和沟底标高。

⑦场地平整标注其控制位置标高，铺砌场地标注其铺砌面标高。

4）标高符号应以直角等腰三角形表示，按如图 1-43（a）所示的形式采用细实线绘制，当标注位置不够时，也可按如图 1-43（b）所示的形式绘制。标高符号的具体画法应符合图 1-43（c）、（d）的规定。

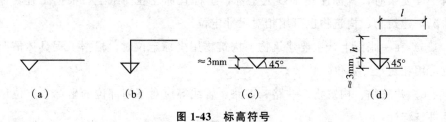

图 1-43　标高符号

L—取适当长度注写标高数字；h—根据需要取适当高度

5）总平面图室外地坪标高符号，宜采用涂黑的三角形表示，其具体画法如图 1-44 所示。

6）标高符号的尖端应指至被注高度的位置。尖端宜向下，也可向上。标高数字应注写在标高符号的上侧或下侧，如图 1-45 所示。

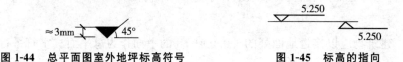

图 1-44　总平面图室外地坪标高符号　　　　图 1-45　标高的指向

7）标高数字应以"m"为单位，并保留到小数点以后第三位。在总平面图中，可保留到小数字点以后第二位。

8）零点标高应注写成 ±0.000，正数标高不注"+"，负数标高应注"−"，例如：3.000、−0.600。

9）在图样的同一位置需表示几个不同标高时，标高数字可按图 1-46 所示的形式注写。

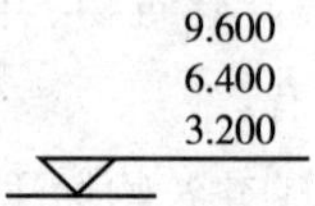

9.600
6.400
3.200

图 1-46　同一位置注写

多个标高数字

二、市政工程常用图例

1. 总平面图图例

市政工程总平面图例应符合表 1-10 的规定。

表 1-10 总平面图例

序号	名称	图例	备注
1	新建建筑物	$X=$ $Y=$ ① $12F/2D$ $H=59.00m$	新建建筑物以粗实线表示与室外地坪相接±0.000外墙定位轮廓线 建筑物一般以±0.000高度处的外墙定位轴线交叉点坐标定位。轴线用细实线表示，并标明轴线号 根据不同设计阶段标注建筑编号，地上、地下层数，建筑高度，建筑出入口位置（两种表示方法均可，但同一图纸采用一种表示方法） 地下建筑物以粗虚线表示其轮廓 建筑上部（±0.000以上）外挑建筑用细实线表示 建筑物上部连廊用细虚线表示并标注位置
2	原有建筑物		用细实线表示
3	计划扩建的预留地或建筑物		用中粗虚线表示
4	拆除的建筑物		用细实线表示
5	建筑物下面的通道		—
6	散状材料露天堆场		需要时可注明材料名称
7	其他材料露天堆场或露天作业场		需要时可注明材料名称

续表

序号	名称	图例	备注
8	铺砌场地	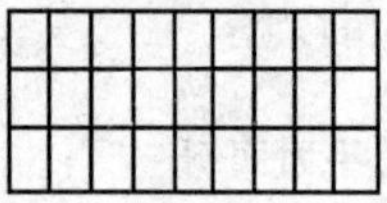	—
9	敞棚或敞廊	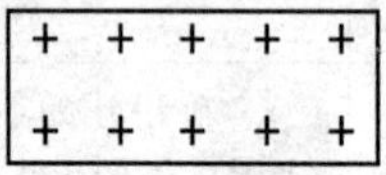	—
10	高架式料仓	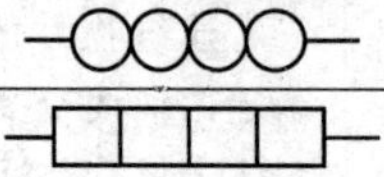	—
11	漏斗式贮仓		左、右图为底卸式，中图为侧卸式
12	冷却塔（池）		应注明冷却塔或冷却池
13	水塔、贮罐	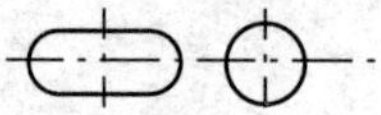	左图为卧式贮罐，右图为水塔或立式贮罐
14	水池、坑槽		也可以不涂黑
15	明溜矿槽（井）	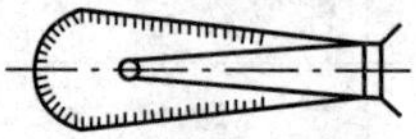	—
16	斜井或平硐	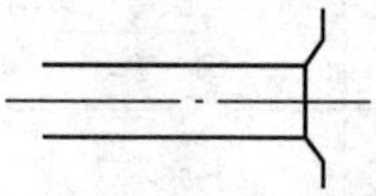	—
17	烟囱	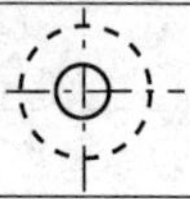	实线为烟囱下部直径，虚线为基础，必要时可注写烟囱高度和上、下口直径
18	围墙及大门	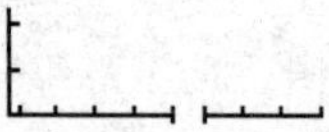	—
19	挡土墙	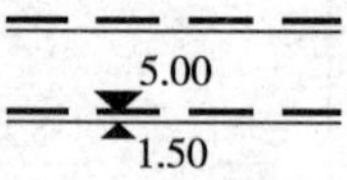 5.00 1.50	挡土墙根据不同设计阶段的需要标注墙顶标高 墙底标高
20	挡土墙上设围墙		—
21	台阶及无障碍坡道	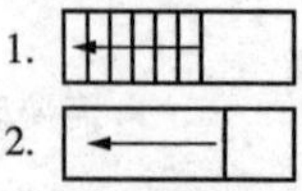 1. 2.	1. 表示台阶（级数仅为示意） 2. 表示无障碍坡道

续表

序号	名称	图例	备注
22	架空索道		"Ⅰ"为支架位置
23	斜坡、卷扬机道		—
24	斜坡栈桥（皮带廊等）	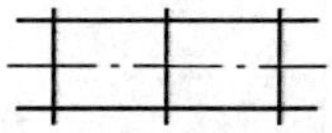	细实线表示支架中心线位置
25	坐标	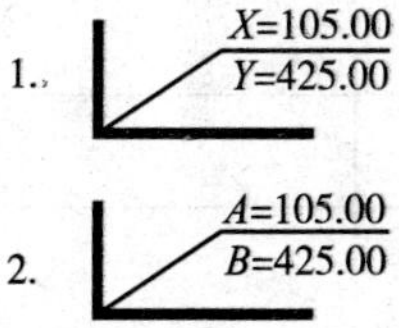 1. $X=105.00$ $Y=425.00$ 2. $A=105.00$ $B=425.00$	1. 表示地形测量坐标系 2. 表示自设坐标系坐标数字平行于建筑标注
26	方格网、交叉点标高	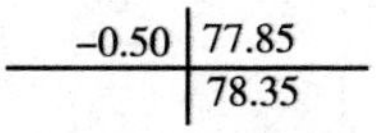 -0.50 ┃ 77.85 78.35	"78.35"为原地面标高 "77.85"为设计标高 "−0.50"为施工高度；"−"表示挖方（"+"表示填方）
27	填方区、挖方区、未整平区及零线	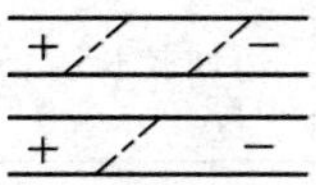 + / − + / −	"+"表示填方区；"−"表示挖方区中间为未整平区；点划线为零点线
28	填挖边坡	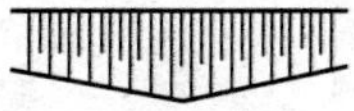	—
29	分水脊线与谷线	 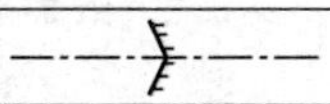	上图表示脊线，下图表示谷线
30	洪水淹没线		洪水最高水位以文字标注
31	地表排水方向		
32	截水沟	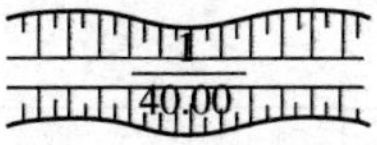 40.00	"1"表示 1%的沟底纵向坡度，"40.00"表示变坡点间距离，箭头表示水流方向
33	排水明沟	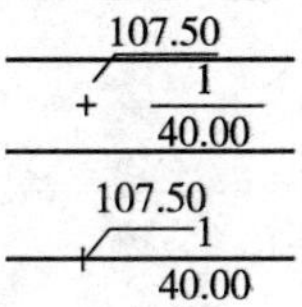 107.50 $\frac{1}{40.00}$ 107.50 $\frac{1}{40.00}$	上图用于比例较大的图面；下图用于比例较小的图面 "1"表示 1%的沟底纵向坡度，"40.00"表示变坡点间距离，箭头表示水流方向 "107.50"表示沟底变坡点标高（变坡点以"+"表示）

续表

序号	名称	图例	备注
34	有盖板的排水沟	$\frac{1}{40.00}$ $\frac{1}{40.00}$	—
35	雨水口	1. ▢ 2. ▢ 3. ▢	1. 雨水口 2. 原有雨水口 3. 双落式雨水口
36	消火栓井	⊘	—
37	急流槽	→	箭头表示水流方向
38	跌水	→	
39	拦水（闸）坝		—
40	透水路堤		边坡较长时，可在一端或两端局部表示
41	过水路面		—
42	室内地坪标高	151.000 ▽(±0.000)	数字平行于建筑物书写
43	室外地坪标高	▼ 143.000	室外标高也可采用等高线
44	盲道		—
45	地下车库入口		机动车停车场
46	地面露天停车场		—
47	露天机械停车场		露天机械停车场

2. 道路与铁路图例

道路与铁路图例应符合表 1-11 的规定。

表 1-11　道路与铁路图例

序号	名称	图例	备注
1	新建的道路		"R=6.00"表示道路转弯半径；"107.50"为道路中心线交叉点设计标高，两种表示方式均可，同一图纸采用一种方式表示；"100.00"为变坡点之间距离，"0.30%"表示道路坡度，→表示坡向
2	道路断面		1. 为双坡立道牙 2. 为单坡立道牙 3. 为双坡平道牙 4. 为单坡平道牙
3	原有道路		—
4	计划扩建的道路		—
5	拆除的道路		—
6	人行道		—
7	道路曲线段		原文表达正确（见总图制图标准 P14） 主干道宜标以下内容： JD 为曲线转折点。编号应标坐标；α 为交点；T 为切线长；L 为曲线长；R 为中心线转弯半径；其他道路可标转折点、坐标及半径

续表

序号	名称	图例	备注
8	道路隧道		—
9	汽车衡	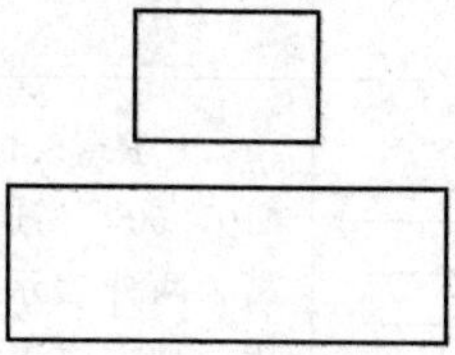	—
10	汽车洗车台	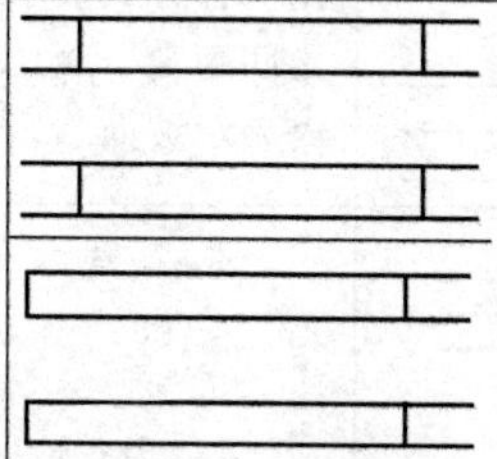	上图为贯通式 下图为尽头式
11	运煤走廊	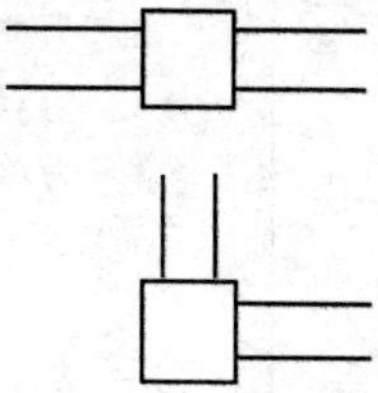	—
12	新建的标准轨距铁路		—
13	原有的标准轨距铁路		—
14	计划扩建的标准轨距铁路		—
15	拆除的轨距铁路		—
16	原有的窄轨铁路	 GJ762	—
17	拆除的窄轨铁路	 GJ762	"GJ762"为轨距（以"mm"计）
18	新建的标准轨距电气铁路		—
19	原有的标准轨距电气铁路	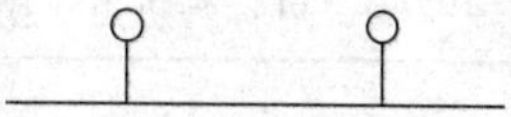	—

续表

序号	名称	图例	备注
20	计划扩建的标准轨距电气铁路		—
21	拆除的标准轨距电气铁路	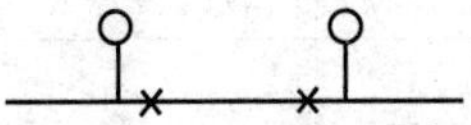	—
22	原有车站	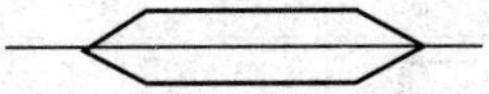	—
23	拆除原有车站	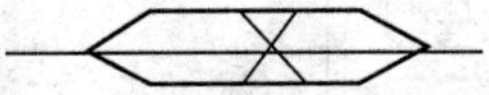	—
24	新设计车站		—
25	规划的车站		—
26	工矿企业车站	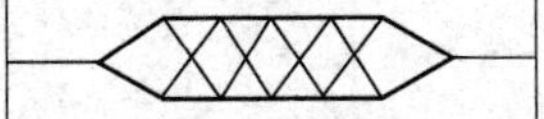	—
27	单开道岔		"1/n"表示道岔号数；n表示道岔
28	单式对称道岔		
29	单式交分道岔	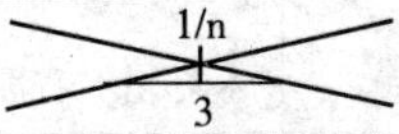	
30	复式交分道岔	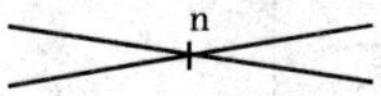	
31	交叉渡线	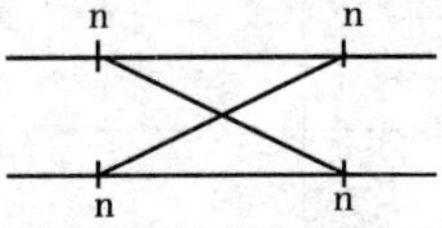	—
32	菱形交叉		
33	车挡		上图为土堆式 下图为非土堆式
34	警冲标		—
35	坡度标	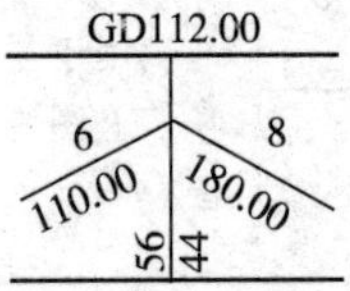	"GD112.00"为轨顶标高，"6""8"表示纵向坡度为6‰、8‰，倾斜方向表示坡向，"110.00""180.00"为变坡点间距离，"56""44"为至前后百尺标距离

序号	名称	图例	备注
36	铁路曲线段	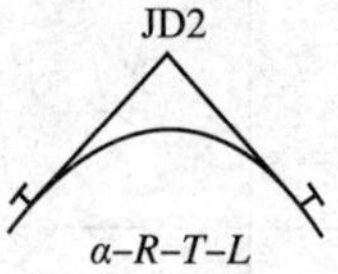 JD2 α-R-T-L	"JD2"为曲线转折点编号,"α"为曲线转向角,"R"为曲线半径,"T"为切线长,"L"为曲线长
37	轨道衡	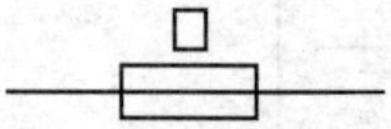	粗线表示铁路
38	站台		—
39	煤台		
40	灰坑或检查坑	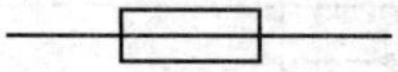	粗线表示铁路
41	转盘		
42	高柱色灯信号机	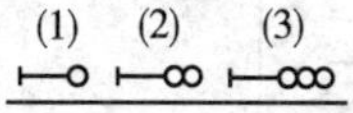 (1) (2) (3)	(1)表示出站、预告;(2)表示进站;(3)表示驼峰及复式信号
43	矮柱色灯信号机	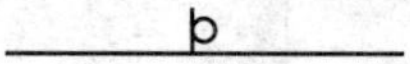	—
44	灯塔		左图为钢筋混凝土灯塔;中图为木灯塔;右图为铁灯塔
45	灯桥	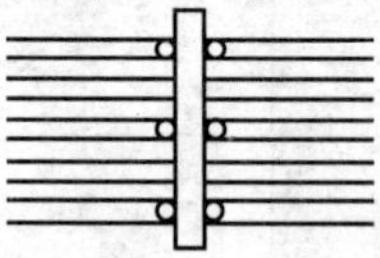	—
46	铁路隧道	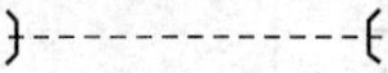	—
47	涵洞、涵管	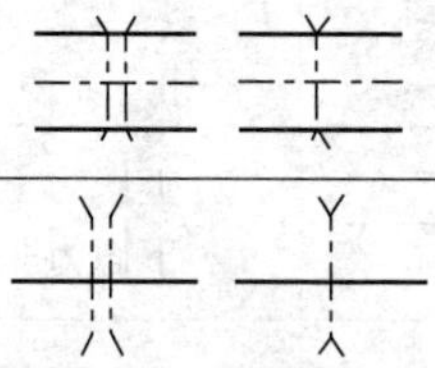	上图为道路涵洞、涵管,下图为铁路涵洞、涵管;左图用于比例较大的图面,右图用于比例较小的图面
48	桥梁	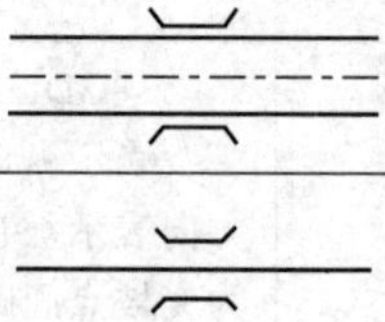	用于旱桥时应注明 上图为公路桥,下图为铁路桥

续表

序号	名称	图例	备注
49	跨线桥	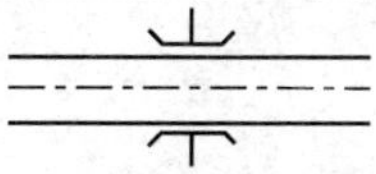	道路跨铁路
		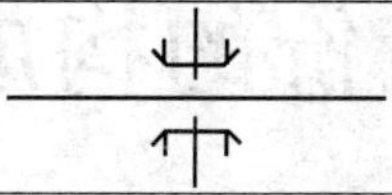	铁路跨道路
		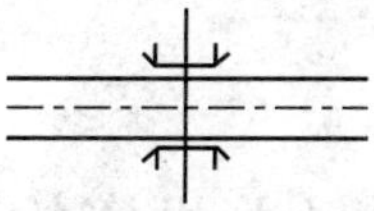	道路跨道路
		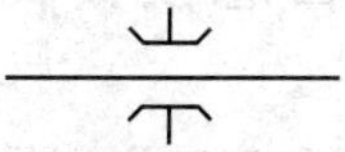	铁路跨铁路
50	码头		上图为固定码头 下图为浮动码头
51	运行的发电站		—
52	规划的发电站		—
53	规划的变电站、配电所	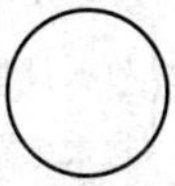	—
54	运行的变电所、配电所		—

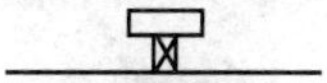

第二章 工程造价的构成与计算

第一节 市政工程项目总投资构成与计算

建设项目总投资包括固定资产投资和流动资产投资两部分，其具体构成内容如图 2-1 所示。

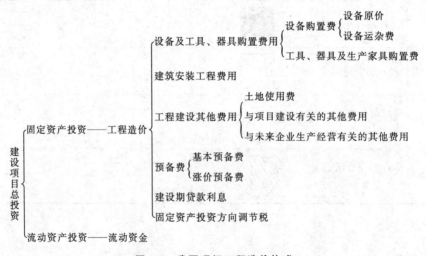

图 2-1 我国现行工程造价构成

一、设备及工具、器具购置费

1. 设备购置费

设备购置费是指达到固定资产标准，为市政工程项目购置或自制的各种国产或进口的设备及工具、器具的费用。设备购置费是由设备原价和设备运杂费构成的，即

$$设备购置费＝设备原价＋设备运杂费 \tag{2-1}$$

（1）设备原价 设备原价是指国产标准设备、国产非标准设备或进口设备的原价。

1）国产标准设备原价。国产标准设备是指按主管部门颁布的标准图纸、技术要求，由我国设备生产厂家批量生产的、符合国家质量标准的设备。其原价通常是指设备生产厂家的交货价（即出厂价）。

2）国产非标准设备原价。国产非标准设备是指由我国设备生产，但尚无定型标准，不能批量生产，一家按订货的具体设计图纸制造的设备。其原价通常是指设备生产厂家的交货价（即出厂价）。

3）进口设备原价。进口设备原价是指进口设备的抵岸价，即抵达买方边境港口或边境车站且交完关税后的价格。进口设备原价是由进口设备货价、进口从属费用组成的。

进口设备通常装运港船上交货价（FOB），其设备原价（即抵岸价）可概括为：

进口设备抵岸价＝交货价（FOB）＋国外运费＋国外运输保险费＋银行财务费＋外贸手续费＋进口关税＋增值税＋消费税＋海关监管手续费 （2-2）

（2）设备运杂费 设备运杂费由运输与装卸费、包装费、设备供销部门的手续费、采购与仓库保管费组成。设备运杂费按设备原价乘以设备运杂费率计算，费率按各部门及省市等的规定计取，即

设备运杂费＝设备原价×设备运杂费率 （2-3）

2. 工具、器具及生产家具购置费

工具、器具及生产家具购置费是指新建或扩建项目初步设计规定的，保证初期正常生产必须购置的没有达到固定资产标准的设备、仪器、工卡模具、器具、生产家具和备品备件等的购置费用。通常以设备购置费为计算基数，按照部门或行业规定的工具、器具及生产家具费率计算。计算公式为：

工具、器具及生产家具购置费＝设备购置费×工具、器具及生产家具费率

（2-4）

二、工程建设其他费用

工程建设其他费用是指从工程筹建到工程竣工验收交付使用止的整个建设期间，除建筑安装工程费用和设备，工具、器具购置费以外的，为保证工程建设顺利完成和交付使用后能够正常发挥效用而发生的一些费用。

1. 土地使用费

任何一个建设项目都固定于一定地点与地面相连接，必须占用一定量的土地，因此，必然就要发生为获得建设用地而支付的费用，这就是土地使用费。土地使用费是指通过划拨方式取得土地使用权而支付的土地征用及迁移补偿费，或者通过土地使用权出让方式取得土地使用权而支付的土地使用权出让金。

2. 与项目建设有关的其他费用

根据项目的不同，与项目建设有关的其他费用的构成也不相同，一般包括：建设单位管理费、勘察设计费、研究试验费、建设单位临时设施费、工程监理费、工程保险费、引进技术和进口设备其他费用、工程承包费。通常在进行工程估算及概算中可根据实际情况进行计算。

3. 与未来企业生产经营有关的其他费用

（1）联合试运转费 联合试运转费是指新建企业或改扩建企业在工程竣工验收前，按照设计的生产工艺流程和质量标准对整个企业进行联合试运转所发生的费用支出与联合试运转期间的收入部分的差额部分。联合试运转费用通常根据不同性质的项目按需进行试运转的工艺设备购置费的百分比计算。

（2）生产准备费 生产准备费是指新建企业或新增生产能力的企业，为保证竣工交付使用进行必要的生产准备所发生的费用。

（3）办公和生活家具购置费 办公和生活家具购置费是指为保证新建、改建、扩建项目初期正常生产、使用和管理所必须购置的办公和生活家具、用具所发生的费用。

三、预备费

1. 基本预备费

基本预备费是指在初步设计及概算内难以预料的工程费用。基本预备费是按设备及工具、器具购置费、建筑安装工程费用及工程建设其他费用三者之和为计取基础，乘以基本预备费率进行计算。

基本预备费＝（设备及工具、器具购置费＋建筑安装工程费用＋工程建设其他费用）×基本预备费率　　　　　　　　　　　　　　　　　　　　　　（2-5）

注：基本预备费率的取值应执行国家及部门的有关规定。

2. 涨价预备费

涨价预备费是指建设项目在建设期间内由于价格等变化引起工程造价变化

的预测留费用。其费用内容主要包括：人工、设备、材料、施工机械的价差费；建筑安装工程费及工程建设其他费用调整；利率、汇率调整等增加的费用。

涨价预备的测算方法通常根据国家规定的投资综合价格指数，按估算年份价格水平的投资额为基数，采用复利方法计算，计算公式为：

$$PF = \sum_{t=1}^{n} I_t \left[(1+f)^t - 1 \right] \tag{2-6}$$

式中　PF ——涨价预备费；

　　　n ——建设期年份数；

　　　I_t ——建设期中第 t 年的投资计划额，包括设备及工具、器具购置费、建筑安装工程费、工程建设其他费用及基本预备费；

　　　f ——年均投资价格上涨率。

四、建设期贷款利息

财务费是指为了筹措建设项目资金所发生的各项费用，包括工程建设期投资贷款利息、企业债券发行费、国外借款手续费和承诺费、汇兑净损失及调整外汇手续费、金融机构手续费，以及为筹措建设资金发生的其他财务费用等。然而其中最主要的是在工程项目建设期投资贷款而产生的利息。

建设期投资贷款利息是指建设项目使用银行或其他金融机构的贷款，在建设期应归还的借款的利息，可按下式计算：

$$q_j = \left(P_{j-1} + \frac{1}{2} A_j \right) i \tag{2-7}$$

式中　q_j ——建设期第 j 年应计利息；

　　　P_{j-1} ——建设期第 $j-1$ 年末贷款累计金额与利息累计金额之和；

　　　A_j ——建设期第 j 年贷款金额；

　　　i ——年利率。

五、固定资产投资方向调节税

为了贯彻国家产业政策，控制投资规模，引导投资方向，调整投资结构，加强重点建设，促进国民经济稳定发展，国家将根据国民经济的运行趋势和全社会固定资产投资状况，对进行固定资产投资的单位和个人开征或暂缓征收固定资产投资方的调节税（该税征收对象不含中外合资经营企业、中外合作经营企业和外资企业）。

投资方向调节税根据国家产业政策和项目经济规模实行差别税率，各固定资产投资项目按其单位工程分别确定适用的税率。计税依据为固定资产投资项目实际完成的投资额，其中更新改造项目为建筑工程实际完成的投资额。投资方向调节税按固定资产投资项目的单位工程年度计划投资额预缴。年度终了后，按年度实际投资结算，多退少补。项目竣工后按全部实际投资进行清算，多退少补。

六、铺底流动资金

流动资金是指生产经营性项目投产后，为进行正常生产运营，用于购买原材料、燃料，支付工资及其他经营费用等所需的周转资金。流动资金估算通常是参照现有同类企业的状况采用分项详细估算法，个别情况或者小型项目可采用扩大指标估算法。

1. 分项详细估算法

对计算流动资金需要掌握的流动资产和流动负债这两类因素应分别进行估算。在可行性研究中，为简化计算，仅对存货、现金、应收账款这三项流动资产和应付账款这项流动负债进行估算。

2. 扩大指标估算法

1）按建设投资的一定比例进行估算。

2）按经营成本的一定比例估算。

3）按年销售收入的一定比例估算。

4）按单位产量占用流动资金的比例估算。

流动资金通常在投产前开始筹措。在投产第一年开始按生产负荷进行安排，其借款部分按全年计算利息。流动资金利息应计入财务费用。项目计算期末应回收全部流动资金。

第二节　建筑安装工程费用构成与计算

一、建筑安装工程费用构成

1. 按费用构成要素划分建筑安装工程费用项目

建筑安装工程费按照费用构成要素划分主要可以分为：人工费、材料（包含工程设备，下同）费、施工机具使用费、企业管理费、利润、规费和税金。其中人工费、材料费、施工机具使用费、企业管理费和利润包含在分部分项工程费、措施项目费、其他项目费中，如图 2-2 所示。

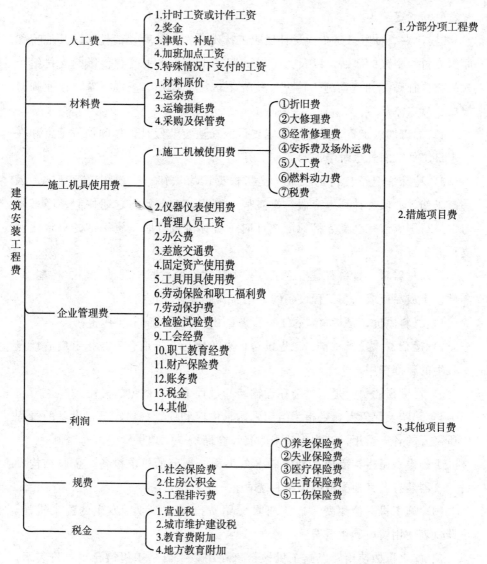

图 2-2　建筑安装工程费用项目组成（按费用构成要素划分）

（1）人工费　人工费指按工资总额构成规定，支付给从事建筑安装工程施工的生产工人和附属生产单位工人的各项费用，其内容主要包括：

1）计时工资或计件工资，是指按计时工资标准和工作时间或对已做工作按计件单价支付给个人的劳动报酬。

2）奖金，是指对超额劳动和增收节支支付给个人的劳动报酬。如节约奖、劳动竞赛奖等。

3）津贴、补贴，是指为了补偿职工特殊或额外的劳动消耗和因其他特殊原因支付给个人的津贴，以及为了保证职工工资水平不受物价影响支付给个人的物价补贴。如流动施工津贴、特殊地区施工津贴、高温（寒）作业临时津贴、高空津贴等。

4）加班加点工资，是指按规定支付的在法定节假日工作的加班工资和在法定日工作时间外延时工作的加点工资。

5）特殊情况下支付的工资，是指根据国家法律、法规和政策规定，因病、工伤、产假、计划生育假、婚丧假、事假、探亲假、定期休假、停工学习、执行国家或社会义务等原因按计时工资标准或计时工资标准的一定比例支付的工资。

（2）材料费　材料费是指施工过程中耗费的原材料、辅助材料、构配件、零件、半成品或成品及工程设备的费用。其内容主要包括：

1）材料原价，是指材料、工程设备的出厂价格或商家供应价格。

2）运杂费，是指材料、工程设备自来源地运至工地仓库或指定堆放地点所发生的全部费用。

3）运输损耗费，是指材料在运输装卸过程中不可避免的损耗。

4）采购及保管费，是指为组织采购、供应和保管材料、工程设备的过程中所需要的各项费用。其中包括采购费、仓储费、工地保管费、仓储损耗。

工程设备是指构成或计划构成永久工程一部分的机电设备、金属结构设备、仪器装置及其他类似的设备和装置。

（3）施工机具使用费　施工机具使用费指施工作业所发生的施工机械、仪器仪表使用费或其租赁费。

1）施工机械使用费以施工机械台班耗用量乘以施工机械台班单价表示，施工机械台班单价应由以下几项费用组成：

①折旧费，是指施工机械在规定的使用年限内，陆续收回其原值的费用。

②大修理费，是指施工机械按规定的大修理间隔台班进行必要的大修理，以恢复其正常功能所需的费用。

③经常修理费，是指施工机械除大修理以外的各级保养和临时故障排除所需的费用。经常修理费主要包括为保障机械正常运转所需替换设备与随机配备工具附具的摊销和维护费用，机械运转中日常保养所需润滑与擦拭的材

料费用，以及机械停滞期间的维护和保养费用等。

④安拆费及场外运费。安拆费是指施工机械（大型机械除外）在现场进行安装与拆卸所需的人工、材料、机械和试运转费用，以及机械辅助设施的折旧、搭设、拆除等费用。场外运费是指施工机械整体或分体自停放地点运至施工现场或由一施工地点运至另一施工地点的运输、装卸、辅助材料及架线等费用。

⑤人工费，是指机上驾驶员（司炉）和其他操作人员的人工费。

⑥燃料动力费，是指施工机械在运转作业中所消耗的各种燃料及水、电等。

⑦税费，是指施工机械按照国家规定应缴纳的车船使用税、保险费及年检费等。

2）仪器仪表使用费，是指工程施工所需使用的仪器仪表的摊销及维修费用。

（4）企业管理费　企业管理费指建筑安装企业组织施工生产和经营管理所需的费用。其内容主要包括：

1）管理人员工资，是指按规定支付给管理人员的计时工资、奖金、津贴补贴、加班加点工资及特殊情况下支付的工资等。

2）办公费，是指企业管理办公用的文具、纸张、账表、印刷、邮电、书报、办公软件、现场监控、会议、水电、烧水和集体取暖降温（包括现场临时宿舍取暖降温）等费用。

3）差旅交通费，是指职工因公出差、调动工作的差旅费、住勤补助费、市内交通费和误餐补助费、职工探亲路费、劳动力招募费、职工退休、退职一次性路费、工伤人员就医路费、工地转移费，以及管理部门使用的交通工具的油料、燃料等费用。

4）固定资产使用费，是指管理和试验部门及附属生产单位使用的属于固定资产的房屋、设备、仪器等的折旧、大修、维修或租赁费。

5）工具用具使用费，是指企业施工生产和管理使用的不属于固定资产的工具、器具、家具、交通工具和检验、试验、测绘、消防用具等的购置、维修和摊销费。

6）劳动保险和职工福利费，是指由企业支付的职工退职金、按规定支付给离休干部的经费，集体福利费、夏季防暑降温、冬季取暖补贴、上下班交通补贴等。

7）劳动保护费，是企业按规定发放的劳动保护用品的支出。如工作服、手套、防暑降温饮料及在有碍身体健康的环境中施工的保健费用等。

8）检验试验费，是指施工企业按照有关标准规定，对建筑以及材料、构件和建筑安装物进行一般鉴定、检查所发生的费用，包括自设试验室进行试验所耗用的材料等费用。不包括新结构、新材料的试验费，对构件做破坏性试验及其他特殊要求检验试验的费用和建设单位委托检测机构进行检测的费用，对此类检测发生的费用，由建设单位在工程建设其他费用中列支。但对施工企业提供的具有合格证明的材料进行检测不合格的，该检测费用由施工企业支付。

9）工会经费，是指企业按《工会法》规定的全部职工工资总额比例计提的工会经费。

10）职工教育经费，是指按职工工资总额的规定比例计提，企业为职工进行专业技术和职业技能培训，专业技术人员继续教育、职工职业技能鉴定、职业资格认定及根据需要对职工进行各类文化教育所发生的费用。

11）财产保险费，是指施工管理用财产、车辆等的保险费用。

12）财务费，是指企业为施工生产筹集资金或提供预付款担保、履约担保、职工工资支付担保等所发生的各种费用。

13）税金，是指企业按规定缴纳的房产税、车船使用税、土地使用税、印花税等。

14）其他，包括技术转让费、技术开发费、投标费、业务招待费、绿化费、广告费、公证费、法律顾问费、审计费、咨询费、保险费等。

（5）利润　利润指施工企业完成所承包工程获得的盈利。

（6）规费　规费指按国家法律、法规规定，由省级政府和省级有关权力部门规定必须缴纳或计取的费用，其中主要包括：

1）社会保险费：

①养老保险费，是指企业按照规定标准为职工缴纳的基本养老保险费。

②失业保险费，是指企业按照规定标准为职工缴纳的失业保险费。

③医疗保险费，是指企业按照规定标准为职工缴纳的基本医疗保险费。

④生育保险费，是指企业按照规定标准为职工缴纳的生育保险费。

⑤工伤保险费，是指企业按照规定标准为职工缴纳的工伤保险费。

2）住房公积金，是指企业按规定标准为职工缴纳的住房公积金。

3）工程排污费，是指按规定缴纳的施工现场工程排污费。

其他应列而未列入的规费，按实际发生计取。

（7）税金 税金指国家税法规定的应计入建筑安装工程造价内的营业税、城市维护建设税、教育费附加及地方教育附加。

2. 按造价形式划分建筑安装工程费用项目

建筑安装工程费按照工程造价形式划分可以分为：分部分项工程费、措施项目费、其他项目费、规费、税金。其中分部分项工程费、措施项目费、其他项目费包含人工费、材料费、施工机具使用费、企业管理费和利润。如图 2-3 所示。

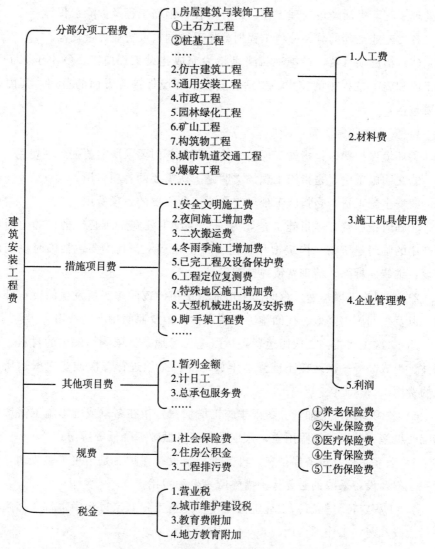

图 2-3 建筑安装工程费用项目组成（按造价形式划分）

（1）分部分项工程费　分部分项工程费是指各专业工程的分部分项工程应予列支的各项费用。

1）专业工程是指按现行国家计量规范划分的房屋建筑与装饰工程、仿古建筑工程、通用安装工程、市政工程、园林绿化工程、矿山工程、构筑物工程、城市轨道交通工程、爆破工程等各类工程。

2）分部分项工程是指按现行国家计量规范对各专业工程划分的项目。如市政工程划分的土石方工程、道路工程、桥涵工程、隧道工程、管网工程、水处理工程、生活垃圾处理工程、路灯工程、钢筋工程及拆除工程等。

各类专业工程的分部分项工程划分见现行国家或行业计量规范。

（2）措施项目费　措施项目费是指为完成建设工程施工，发生于该工程施工前和施工过程中的技术、生活、安全、环境保护等方面的费用，其内容主要包括：

1）安全文明施工费：

①环境保护费，是指施工现场为达到环保部门要求所需要的各项费用。

②文明施工费，是指施工现场文明施工所需要的各项费用。

③安全施工费，是指施工现场安全施工所需要的各项费用。

④临时设施费，是指施工企业为进行建设工程施工所必须搭设的生活和生产用的临时建筑物、构筑物和其他临时设施费用。其主要包括临时设施的搭设、维修、拆除、清理费或摊销费等。

2）夜间施工增加费。夜间施工增加费是指因夜间施工所发生的夜班补助费，以及夜间施工降效、夜间施工照明设备摊销及照明用电等费用。

3）二次搬运费。二次搬运费是指因施工场地条件限制而发生的材料、构配件、半成品等一次运输不能到达堆放地点，必须进行二次或多次搬运所发生的费用。

4）冬雨季施工增加费。冬雨季施工增加费是指在冬季或雨季施工需增加的临时设施、防滑、排除雨雪、人工及施工机械效率降低等费用。

5）已完工程及设备保护费。已完工程及设备保护费是指竣工验收前，对已完工程及设备采取的必要保护措施所发生的费用。

6）工程定位复测费。工程定位复测费是指工程施工过程中进行全部施工测量放线和复测工作的费用。

7）特殊地区施工增加费。特殊地区施工增加费是指工程在沙漠或其边缘地区、高海拔、高寒、原始森林等特殊地区施工增加的费用。

8）大型机械设备进出场及安拆费。大型机械设备进出场及安拆费是指机械整体或分体自停放场地运至施工现场或由一个施工地点运至另一个施工地点，所发生的机械进出场运输及转移费用及机械在施工现场进行安装、拆卸所需的人工费、材料费、机械费、试运转费和安装所需的辅助设施的费用。

9）脚手架工程费。脚手架工程费是指施工需要的各种脚手架搭、拆、运输费用，以及脚手架购置费的摊销（或租赁）费用。

措施项目及其包含的内容详见各类专业工程的现行国家或行业计量规范。

（3）其他项目费

1）暂列金额。暂列金额是指建设单位在工程量清单中暂定并包括在工程合同价款中的一笔款项。用于施工合同签订时尚未确定或者不可预见的所需材料、工程设备、服务的采购，施工中可能发生的工程变更、合同约定调整因素出现时的工程价款调整，以及发生的索赔、现场签证确认等的费用。

2）计日工。计日工是指在施工过程中，施工企业完成建设单位提出的施工图纸以外的零星项目或工作所需的费用。

3）总承包服务费。总承包服务费是指总承包人为配合、协调建设单位进行的专业工程发包，对建设单位自行采购的材料、工程设备等进行保管，以及施工现场管理、竣工资料汇总整理等服务所需的费用。

（4）规费　同本节"1. 按费用构成要素划分建筑安装工程费用项目"（6）的规定。

（5）税金　同本节"1. 按费用构成要素划分建筑安装工程费用项目"（7）的规定。

二、建筑安装工程费用计算

1. 各费用构成要素参考计算方法

（1）人工费

$$人工费 = \sum （工日消耗量 \times 日工资单价） \qquad (2\text{-}8)$$

$$日工资单价 = \frac{生产工人平均月工资(计时计件) + 平均月（奖金 + 津贴补贴 + 特殊情况下支付的工资）}{年平均每月法定工作日} \qquad (2\text{-}9)$$

注：式（2-8）主要适用于施工企业投标报价时自主确定人工费，也是工程造价管理机构编制计价定额确定定额人工单价或发布人工成本信息的参考依据。

$$人工费 = \sum （工程工日消耗量 \times 日工资单价） \qquad (2\text{-}10)$$

日工资单价是指施工企业平均技术熟练程度的生产工人在每工作日（国家法定工作时间内）按规定从事施工作业应得的日工资总额。

工程造价管理机构确定日工资单价应通过市场调查、根据工程项目的技术要求，参考实物工程量人工单价综合分析确定，最低日工资单价不得低于工程所在地人力资源和社会保障部门所发布的最低工资标准的 1.3 倍（普工）、2 倍（一般技工）、3 倍（高级技工）。

工程计价定额不可只列一个综合工日单价，应根据工程项目技术要求和工种差别适当划分多种日人工单价，确保各分部工程人工费的合理构成。

注：式（2-10）适用于工程造价管理机构编制计价定额时确定定额人工费，是施工企业投标报价的参考依据。

（2）材料费

1）材料费：

$$材料费＝\sum（材料消耗量×材料单价） \tag{2-11}$$

$$材料单价＝\{（材料原价＋运杂费）×[1＋运输损耗率（\%）]\}×$$
$$[1＋采购保管费率（\%）] \tag{2-12}$$

2）工程设备费：

$$工程设备费＝\sum（工程设备量×工程设备单价） \tag{2-13}$$

$$工程设备单价＝（设备原价＋运杂费）×[1＋采购保管费率（\%）]$$
$$\tag{2-14}$$

（3）施工机具使用费

1）施工机械使用费：

$$施工机械使用费＝\sum（施工机械台班消耗量×机械台班单价） \tag{2-15}$$

$$机械台班单价＝台班折旧费＋台班大修费＋台班经常修理费＋台班安拆费及$$
$$场外运费＋台班人工费＋台班燃料动力费＋台班车船税费 \tag{2-16}$$

注：工程造价管理机构在确定计价定额中的施工机械使用费时，应根据《建筑施工机械台班费用计算编制规则》（2001 年）结合市场调查编制施工机械台班单价，施工企业可以参考工程造价管理机构发布的台班单价，自主确定施工机械使用费的报价，如租赁施工机械，公式为：施工机械使用费＝$\sum$（施工机械台班消耗量×机械台班租赁单价）。

2）仪器仪表使用费：

$$仪器仪表使用费＝工程使用的仪器仪表摊销费＋维修费 \tag{2-17}$$

（4）企业管理费费率

1）以分部分项工程费为计算基础：

$$企业管理费费率（\%）=\frac{生产工人年平均管理费}{年有效施工天数\times 人工单价}\times$$

$$人工费占分部分项目工程费比例（\%） \qquad (2-18)$$

2）以人工费和机械费合计为计算基础：

$$企业管理费费率（\%）=\frac{生产工人年平均管理费}{年有效施工天数\times （人工单价＋每工日机械使用费）}\times 100\%$$

$$(2-19)$$

3）以人工费为计算基础：

$$企业管理费费率（\%）=\frac{生产工人年平均管理费}{年有效施工天数\times 人工单价}\times 100\% \qquad (2-20)$$

注：上述公式适用于施工企业投标报价时自主确定管理费，是工程造价管理机构编制计价定额时确定企业管理费的参考依据。

工程造价管理机构在确定计价定额中企业管理费时，应以定额人工费或（定额人工费＋定额机械费）作为计算基数，其费率根据历年工程造价积累的资料，辅以调查数据确定，列入分部分项工程和措施项目中。

（5）利润

1）施工企业根据企业自身需求并结合建筑市场实际自主确定，列入报价中。

2）工程造价管理机构在确定计价定额中的利润时，应以定额人工费或（定额人工费＋定额机械费）作为计算基数，其费率根据历年工程造价积累的资料，并结合建筑市场实际确定，以单位（单项）工程测算，利润在税前建筑安装工程费的比重可按不低于5%且不高于7%的费率计算。利润应列入分部分项工程和措施项目中。

（6）规费

1）社会保险费和住房公积金应以定额人工费为计算基础，根据工程所在地省、自治区、直辖市或行业建设主管部门规定费率计算。

社会保险费和住房公积金＝$\sum$（工程定额人工费×社会保险费和住房公积金费率）

$$(2-21)$$

式中：社会保险费和住房公积金费率可以每万元发承包价的生产工人人工费和管理人员工资含量与工程所在地规定的缴纳标准综合分析取定。

2）工程排污费等其他应列而未列入的规费应按工程所在地环境保护等部门规定的标准缴纳，按实计取列入。

（7）税金

税金计算公式：

$$税金 = 税前造价 \times 综合税率（\%） \tag{2-22}$$

综合税率：

1）纳税地点在市区的企业：

$$综合税率（\%） = \frac{1}{1 - 3\% - （3\% \times 7\%） - （3\% \times 3\%） - （3\% \times 2\%）} - 1 \tag{2-23}$$

2）纳税地点在县城、镇的企业：

$$综合税率（\%） = \frac{1}{1 - 3\% - （3\% \times 5\%） - （3\% \times 3\%） - （3\% \times 2\%）} - 1 \tag{2-24}$$

3）纳税地点不在市区、县城、镇的企业：

$$综合税率（\%） = \frac{1}{1 - 3\% - （3\% \times 1\%） - （3\% \times 3\%） - （3\% \times 2\%）} - 1 \tag{2-25}$$

4）实行营业税改增值税的，按纳税地点现行税率计算。

2．建筑安装工程计价参考计算

（1）分部分项工程费

$$分部分项工程费 = \sum（分部分项工程量 \times 综合单价） \tag{2-26}$$

式中：综合单价包括人工费、材料费、施工机具使用费、企业管理费和利润以及一定范围的风险费用（下同）。

（2）措施项目费

1）国家计量规范规定应予计量的措施项目，其计算公式为：

$$措施项目费 = \sum（措施项目工程量 \times 综合单价） \tag{2-27}$$

2）国家计量规范规定不宜计量的措施项目计算方法如下：

①安全文明施工费：

$$安全文明施工费 = 计算基数 \times 安全文明施工费费率（\%） \tag{2-28}$$

计算基数应为定额基价（定额分部分项工程费＋定额中可以计量的措施项目费）、定额人工费（或定额人工费＋定额机械费），其费率由工程造价管理机构根据各专业工程的特点综合确定。

②夜间施工增加费：

$$夜间施工增加费＝计算基数×夜间施工增加费费率（％） \qquad (2-29)$$

③二次搬运费：

$$二次搬运费＝计算基数×二次搬运费费率（％） \qquad (2-30)$$

④冬雨季施工增加费：

$$冬雨季施工增加费＝计算基数×冬雨季施工增加费费率（％） \qquad (2-31)$$

⑤已完工程及设备保护费：

$$已完工程及设备保护费＝计算基数×已完工程及设备保护费费率（％）$$

$$(2-32)$$

上述①～⑤项措施项目的计费基数应为定额人工费（或定额人工费＋定额机械费），其费率由工程造价管理机构根据各专业工程特点和调查资料综合分析后确定。

（3）其他项目费

1）暂列金额由建设单位根据工程特点，按有关计价规定估算，施工过程中由建设单位掌握使用，扣除合同价款调整后如有余额，归建设单位。

2）计日工由建设单位和施工企业按施工过程中的签证计价。

3）总承包服务费由建设单位在招标控制价中根据总包服务范围和有关计价规定编制，施工企业投标时自主报价，施工过程中按签约合同价执行。

（4）规费和税金　建设单位和施工企业均应按照省、自治区、直辖市或行业建设主管部门发布标准计算规费和税金，不得作为竞争性费用。

3. 相关问题的说明

1）各专业工程计价定额的编制及其计价程序，均按上述计算方法实施。

2）各专业工程计价定额的使用周期原则上为 5 年。

3）工程造价管理机构在定额使用周期内，应及时发布人工、材料、机械台班价格信息，实行工程造价动态管理，如遇国家法律、法规、规章或相关政策变化及建筑市场物价波动较大时，应适时调整定额人工费、定额机械费及定额基价或规费费率，使建筑安装工程费能反映建筑市场实际。

4）建设单位在编制招标控制价时，应按照各专业工程的计量规范和计价定额及工程造价信息编制。

5）施工企业在使用计价定额时除不可竞争费用外，其余仅作参考，由施工企业投标时自主报价。

三、建筑安装工程计价程序

建设单位工程招标控制价计价程序见表 2-1。

表 2-1 建设单位工程招标控制价计价程序

工程名称： 标段：

序号	内容	计算方法	金额/元
1	分部分项工程费	按计价规定计算	
1.1			
1.2			
1.3			
1.4			
1.5			
2	措施项目费	按计价规定计算	
2.1	其中：安全文明施工费	按规定标准计算	
3	其他项目费		
3.1	其中：暂列金额	按计价规定估算	
3.2	其中：专业工程暂估价	按计价规定估算	
3.3	其中：计日工	按计价规定估算	
3.4	其中：总承包服务费	按计价规定估算	
4	规费	按规定标准计算	
5	税金（扣除不列入计税范围的工程设备金额）	(1+2+3+4)×规定税率	
	招标控制价合计＝1+2+3+4+5		

施工企业工程投标报价计价程序见表 2-2。

表 2-2 施工企业工程投标报价计价程序

工程名称：   标段：

序号	内容	计算方法	金额/元
1	分部分项工程费	自主报价	
1.1			
1.2			
1.3			
1.4			
1.5			
2	措施项目费	自主报价	
2.1	其中：安全文明施工费	按规定标准计算	
3	其他项目费		
3.1	其中：暂列金额	按招标文件提供金额计列	
3.2	其中：专业工程暂估价	按招标文件提供金额计列	
3.3	其中：计日工	自主报价	
3.4	其中：总承包服务费	自主报价	
4	规费	按规定标准计算	
5	税金（扣除不列入计税范围的工程设备金额）	(1+2+3+4)×规定税率	
	投标报价合计＝1+2+3+4+5		

竣工结算计价程序见表 2-3。

表 2-3　竣工结算计价程序

工程名称：　　　　　　　　　　　　　　　　标段：

序号	内容	计算方法	金额/元
1	分部分项工程费	按合同约定计算	
1.1			
1.2			
1.3			
1.4			
1.5			
2	措施项目费	按合同约定计算	
2.1	其中：安全文明施工费	按规定标准计算	
3	其他项目费		
3.1	其中：专业工程结算价	按合同约定计算	
3.2	其中：计日工	按计日工签证计算	
3.3	其中：总承包服务费	按合同约定计算	
3.4	索赔与现场签证	按发、承包双方确认数额计算	
4	规费	按规定标准计算	
5	税金（扣除不列入计税范围的工程设备金额）	(1＋2＋3＋4)×规定税率	
竣工结算总价合计＝1＋2＋3＋4＋5			

第三章　市政工程定额计价

第一节　市政工程施工定额

一、施工定额的含义

施工定额是直接用于市政施工管理中的一种定额，是施工企业管理工作的基础。它是以同一性质的施工过程为测定对象，在正常的施工条件下完成单位合格产品所需消耗的人工、材料和机械台班的数量标准，由于采用技术测定方法制定，因此，又称为"技术定额"。根据施工定额可以直接计算出不同工程项目的人工、材料和机械台班的需要量。

施工定额是以工序定额为基础，由工序定额结合而成的，可直接用于施工之中。

施工定额由劳动定额、材料消耗定额及机械台班使用定额三部分组成。

二、劳动定额

劳动定额（又称"人工消耗定额"），规定了在正常施工条件下，某工种的某一等级工人为生产单位合格产品所必须消耗的劳动时间，或在一定的劳动时间内所生产合格产品的数量。按表现形式的不同可以将劳动定额分为产量定额和时间定额。

1. 劳动定额的表现形式

（1）产量定额　产量定额是指在正常施工条件下某工种工人在单位时间内完成合格产品的数量。

产量定额的常用单位有：m^2/工日、m^3/工日、t/工日、套/工日、组/工日等。

（2）时间定额　时间定额是指在正常施工条件下，某工种工人完成单位合格产品所需的劳动时间。

时间定额的常用单位有：工日/m²、工日/m³、工日/t、工日/组等。

（3）产量定额与时间定额的关系　产量定额与时间定额是劳动定额的两种不同的表现形式，它们之间是互为倒数的关系。

$$时间定额 = \frac{1}{产量定额} \qquad (3-1)$$

或

$$时间定额 \times 产量定额 = 1 \qquad (3-2)$$

利用这种倒数关系就可以求得另外一种表现形式的劳动定额。

【例 3-1】砖石工程砌 1m³ 砖墙，规定需要 1.99 工日，每工产量为 1.08m³。试确定时间定额、产量定额。

【解】

$$时间定额 = \frac{1}{产量定额} = \frac{1}{1.08} = 0.926 \, 工日/m^3$$

$$产量定额 = \frac{1}{时间定额} = \frac{1}{1.99} = 0.503 \, m^3/工日$$

2. 劳动定额编制方法

在取得现场测定资料后，一般采用下列计算公式编制劳动定额。

$$N = \frac{N_{基} \times 100}{100 - (N_{辅} + N_{准} + N_{息} + N_{断})} \qquad (3-3)$$

式中　N——单位产品时间定额；

$N_{基}$——完成单位产品的基本工作时间；

$N_{辅}$——辅助工作时间占全部定额工作时间的百分比；

$N_{准}$——准备结束时间占全部定额工作时间的百分比；

$N_{息}$——休息时间占全部定额工作时间的百分比；

$N_{断}$——不可避免的中断时间占全部定额工作时间的百分比。

三、材料定额

1. 材料定额的计算

材料定额是指在节约和合理使用材料的条件下，生产单位合格产品所必须消耗的一定品种规格的原材料、燃料、成品、半成品或构配件等的数量。其计算方法如下：

$$材料总用量 = \frac{材料净用量}{1 - 损耗率} \qquad (3-4)$$

或

$$材料总用量＝材料净用量×（1＋损耗率'）\qquad(3\text{-}5)$$

$$损耗率'＝\frac{损耗量}{净用量}$$

式中　材料净用量——构成产品实体的消耗量；

　　　损耗率——损耗量与总用量的比值，其中损耗量为施工中不可避免的损耗。

定额中的材料主要可以分为以下几类：

（1）主要材料　主要材料是指直接构成工程实体的材料，其中也包括半成品、成品。

（2）辅助材料　辅助材料是指直接构成工程实体，但用量较小的材料。

（3）周转材料　周转材料是指多次使用，但不构成工程实体的材料。

（4）其他材料　其他材料是指用量小、价值小的零星材料。

2．材料消耗定额编制方法

（1）现场技术测定法　采取该方法可以取得编制材料消耗定额的全部资料。

通常，材料消耗定额中的净用量比较容易确定，而损耗量较难确定。因此，可以通过现场技术测定的方法来确定材料的损耗量。

（2）试验法　试验法是指在实验室内采用专门的仪器设备，通过试验的方式来确定材料消耗定额的一种方法。采用该方法提供的数据，虽精确度较高，但容易脱离现场实际情况。

（3）统计法　统计法是指通过对现场用料的大量统计资料进行分析计算的一种方法。采用该方法可以获得材料消耗定额的数据。

虽然统计法比较简单，但是，却不能够准确区分材料消耗的性质，因此，不能区分材料的净用量和损耗量，只能笼统地确定材料消耗定额。

（4）理论计算法　理论计算法是指运用一定的计算公式确定材料消耗定额的方法。该方法比较适合计算块状、板状、卷材状材料的消耗量计算。

四、机械台班定额

机械台班定额（简称"机械定额"）是指在合理的劳动组织与正常施工条件下，利用机械生产一定单位合格产品所必须消耗的机械工作时间或在单位时间内机械完成合格产品的数量。通常可以将机械定额分为机械时间定额和机械产量定额两种。

编制机械台班定额的主要工作包括：

1. 确定机械纯工作 1h 的正常生产率

想要确定机械正常生产率则必须先确定机械纯工作 1h 的正常生产率。这是因为只有先取得机械纯工作 1h 正常生产率，才能根据机械利用系数计算出施工机械台班定额。

机械纯工作时间是指机械必须消耗的净工作时间。其主要包括：正常负荷下工作时间、有根据降低负荷下工作时间、不可避免的无负荷工作时间及不可避免的中断时间。

机械纯工作一小时的正常生产率是指在正常施工条件下，由具备一定技能的技术工人操作施工机械净工作 1h 的劳动生产率。

确定机械纯工作 1h 正常生产率可分为以下几步进行：

1) 计算机械循环一次的正常延续时间。计算机械循环一次的正常延续时间等于本次循环中各组成部分延续时间之和，计算公式为：

$$\text{机械循环一次正常延续时间} = \sum \text{循环内各组成部分延续时间} \qquad (3\text{-}6)$$

2) 计算机械纯工作 1h 的循环次数，计算公式为：

$$\text{机械纯工作 1h 循环次数} = \frac{60 \times 60\text{s}}{\text{一次循环的正常延续时间}} \qquad (3\text{-}7)$$

3) 求机械纯工作 1h 的正常生产率，计算公式为：

$$\text{机械纯工作 1h 正常生产率} = \text{机械纯工作 1h 正常循环次数} \times \text{一次循环的产品数量}$$
$$(3\text{-}8)$$

2. 确定施工机械的正常利用系数

机械的正常利用系数是指机械在工作班内工作时间的利用率。机械正常利用系数与工作班内的工作状况有着密切的关系。

拟定工作班的正常状况，关键是如何保证合理利用工时，因此，需注意下列几个问题：

1) 尽量利用不可避免的中断时间、工作开始前与结束后的时间，进行机械的维护和养护。

2) 尽量利用不可避免的中间时间作为工人的休息时间。

3) 根据机械工作的特点，在担负不同工作时，规定不同的开始与结束时间。

4）合理组织施工现场，排除由于施工管理不善造成的机械停歇。

确定机械正常利用系数可以分为以下几步进行：

1）要计算工作班在正常状况下，准备与结束工作、机械开动、机械维护等工作必须消耗的时间，以及有效工作的开始与结束时间。

2）计算机械工作班的纯工作时间。

3）确定机械正常利用系数。机械正常利用系数按下列公式计算。

$$机械正常利用系数 = \frac{工作班内机械纯工作时间}{机械工作班延续时间} \tag{3-9}$$

3. 机械台班定额计算

计算机械台班定额是编制机械台班定额的最后一个环节。通常在确定了机械正常工作条件、机械 1h 纯工作时间正常生产率和机械利用系数后，就可以确定机械台班的定额消耗指标了。计算公式如下：

$$施工机械台班产量定额 = 机械纯工作 1h 正常生产率 \times$$

$$工作班延续时间 \times 机械正常利用系数 \tag{3-10}$$

第二节　市政工程预算定额

预算定额是确定一定计量单位的分项工程或结构构件的人工、材料、机械台班消耗量的标准。现行市政工程的预算定额，如原建设部编制的《全国统一市政工程预算定额》［GYD－（301～307）—1999］，也有各省、市编制的地区预算定额。

一、预算定额的组成和内容

1. 预算定额的组成

本书应用《全国统一市政工程预算定额》［GYD－（301～307）—1999］共七册，分别为：第 1 册《通用项目》、第 2 册《道路工程》、第 3 册《桥涵工程》、第 4 册《隧道工程》、第 5 册《给水工程》、第 6 册《排水工程》、第 7 册《燃气与集中供热工程》。

2. 预算定额的内容

预算定额的基本内容有目录，总说明，各册、章说明，分项工程表头说明，定额项目表，以及定额附录。预算定额的内容组成形式如图 3-1 所示。

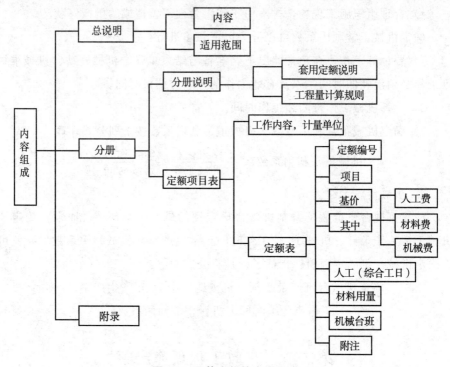

图 3-1　预算定额的内容组成

（1）目录　主要是便于查找，将总说明、各类工程的分部分项定额顺序列出并注明页数。

（2）总说明　总说明综合说明了定额的编制原则、指导思想、编制依据、适用范围及定额的作用，定额中人工、材料、机械台班用量的编制方法，定额采用的材料规格指标与允许换算的原则，使用定额时必须遵守的规则，定额在编制时已经考虑和没有考虑的因素和有关规定、使用方法。在使用定额前，应先了解并熟悉这部分内容。

（3）册、章说明　册、章说明是对各章、册各分部工程的重点说明，其中包括定额中允许换算的界限和增减系数的规定等。

（4）定额项目表及分部分项表头说明　定额项目表是指预算定额最重要的部分，每个定额项目表列有分项工程的名称、类别、规格、定额的计量单位、定额编号、定额基价，以及人工、材料、机械台班等的消耗量指标。有些定额项目表下方列有附注，以说明设计与定额不符时如何调整及其他有关事项。

分部分项表头说明列于定额项目表的上方，以说明该分项工程所包含的主要工序和工作内容。

（5）定额附录　附录是定额的有机组成部分，主要包括机械台班预算价格表，各种砂浆、混凝土的配合比，以及各种材料名称、规格表等，供编制预算与材料换算用。

二、预算定额的应用

1. 预算定额项目的划分

预算定额的项目根据工程种类、构造性质、施工方法划分为分部工程、分项工程及子目。例如市政工程预算定额共分为土石方工程、道路工程、桥梁工程、排水工程等分部工程，道路工程由路基、基层、面层、平侧石、人行道等分项组成，沥青混凝土路面又分为粗粒式、中粒式、细粒式与不同厚度的子目等。

2. 预算定额的表示方法

预算定额表列主要有：工作内容、计量单位、项目名称、预算定额编号、定额基价、消耗量定额及定额附注等内容。

（1）工作内容　工作内容是说明完成本节定额的主要施工过程。

（2）计量单位　每一分项工程都有一定的计量单位，预算定额的计量单位是根据分项工程的形体特征、变化规律或结构组合等情况选择确定的。通常，当产品的长、宽、高三个度量都发生变化时，应采用"m^3"或"t"为计量单位；当其中两个度量不固定时，可采用"m^2"为计量单位；当产品的截面大小基本固定时，则应采用"m"为计量单位；当产品采用上述三种计量单位都不适宜时，则应分别采用"个""座"等自然计量单位。为了避免出现过多的小数位数，定额常采用扩大计量单位，如："$10m^3$""$100m^3$"等。

（3）项目名称　通常项目名称是按构配件划分的，常用的和经济价值大的项目划分得细一些，一般的项目划分得相对粗略一些。

（4）预算定额的编号　预算定额的编号是指定额的序号，其目的是，使用定额时便于检查项目的套用是否正确合理，以起到减少差错、提高管理水平的作用。定额手册均应采用规定的编号方法——二符号编号。其中，第一个号码表示属于定额第几册，第二个号码表示该册中子目的序号。两个号码均应采用阿拉伯数字1、2、3、4……表示。如，人工挖土方四类土，定额编号为1－3；人工铺装矿渣底层为15cm厚，定额编号为2－214。

（5）消耗量　消耗量是指完成每一分项产品所需耗用的人工、材料、机械台班消耗的标准。其中人工定额不分工种、等级、列合计工数。材料的消耗量定额列有原材料、成品、半成品的消耗量。机械定额主要有两种表现形式：单种机械和综合机械。定额中的次要材料和次要机械用其他材料费或机械费表示。

单种机械的单价是一种机械的单价，综合机械的单价是几种机械的综合单价。

（6）定额基价　定额基价是指定额的基准价格，一般是省的代表性价格，实行全省统一基价，是地区调价和动态管理调价的基数。

$$定额基价＝人工费＋材料费＋机械费 \tag{3-11}$$

$$人工费＝人工综合工日×人工单价 \tag{3-12}$$

$$材料费＝\sum（材料消耗量×材料单价） \tag{3-13}$$

$$机械费＝\sum（机械台班消耗量×机械台班单价） \tag{3-14}$$

（7）定额附注　定额附注是对某一分项定额的制定依据、使用方法及调整换算等所作的说明和规定。

例如，水泥混凝土路面（抗折强度为 4.0MPa、厚度为 15cm）这个定额项目的预算定额表如下所示。

1）工作内容：放样、混凝土纵缝涂沥青油、拌和、浇筑、捣固、抹光或拉毛。

2）计量单位：100m²。

3）项目名称：15cm 厚水泥混凝土路面（抗折强度为 4.0MPa）。

4）定额编号：2—174。

5）基价：4477 元。

6）消耗量：人工消耗量为 32.951（综合工日）；材料消耗量包括抗折混凝土、水及其他材料费，其中抗折混凝土的消耗量为 20.300m³；机械消耗量包括混凝土搅拌机、平板式混凝土振捣器，插入式混凝土振捣器，其中混凝土搅拌机的消耗量为 1.040 台班。

3. 预算定额的查阅

1）应按：分部→定额节→定额表→项目的顺序找到所需项目名称，并从上向下目视。

2）在定额表中找出所需人工、材料、机械名称，并自左向右目视。

3）两视线交点的数量，即为所找数值。

4. 预算定额的应用

在编制施工图预算应用定额时，通常会遇到以下几种情况：

（1）预算定额的套用　在运用预算定额时，应认真地阅读掌握定额的总说明、各分部工程说明、定额的运用范围及附注说明等。根据施工图纸、设计说明及作业说明来确定的工程项目，完全符合预算定额项目的工程内容，可以直接套用定额、合并套用定额或换算套用定额。

（2）预算定额的换算　当设计要求与定额的工程内容、材料规格与工方法等条件不完全相符时，应在符合定额的有关规定范围内加以调整换算。其换算方式有以下两种：

1）把定额中的某种材料剔除，另换以实际代用的材料。

2）虽属同一种材料，但因规格不同，须将原规格材料数量换算成使用的规格材料数量。

在换算过程中，定额的材料消耗量一般不变，仅调整与定额规定的品种或规格不相同材料的预算价格。经过换算的定额编号在下端应写个"H"字。

（3）预算定额的补充　当分项工程的设计要求与定额条件完全不相符或者由于设计采用新结构、新材料及新工艺施工方法，在预算定额中没有这类项目，属于定额缺项时，可编制补充预算定额。其编制方法是由补充项目的人工、材料、机械台班消耗定额的制定方法来确定。

第三节　市政工程概算定额

一、概算定额的含义

概算定额是指生产一定计量单位的经扩大的市政工程所需要的人工、材料和机械台班的消耗数量及费用的标准。概算定额是在预算定额的基础上，根据有代表性的工程通用图和标准图等资料，进行综合、扩大和合并而成的。

1. 概算定额与预算定额的相同之处

概算定额与预算定额都是以建（构）筑物各个结构部分和分部分项工程为单位表示的，内容也包括人工、材料和机械台班使用量定额三个基本部分，并列有基准价。概算定额表达的主要内容、表达的主要方式及基本使用方法都与综合预算定额相近。

定额基准价＝定额单位人工费＋定额单位材料费＋定额单位机械费

＝人工概算定额消耗量×人工工资单价＋∑（材料概算定额消耗量×材料预算价格）＋∑（施工机械概算定额消耗量×机械台班费用单价）　　　　　　　　　　　　　　　（3-15）

2. 概算定额与预算定额的不同之处

概算定额与预算定额的不同之处在于项目划分和综合扩大程度上的差异。同时，概算定额主要用于设计概算的编制。

编制概算定额时，应考虑到能适应规划、设计、施工各阶段的要求。概算定额与预算定额应保持一致水平，即在正常条件下，反映大多数企业的设计、生产及施工管理水平。概算定额的内容和深度是以预算定额为基础的综合与扩大。在合并中不得遗漏或增加细目，以保证定额数据的严密性和正确性。概算定额必须简化、准确和适用。

二、概算定额编制的原则和依据

1. 概算定额编制的原则

为了提高设计概算质量，加强基本建设经济管理，合理使用国家建设资金，降低建设成本，充分发挥投资效果，在编制概算定额时必须遵循以下原则：

1）使概算定额适应设计、计划、统计和拨款的要求，更好地为基本建设服务。

2）概算定额水平的确定，应与预算定额的水平基本一致，必须反映正常条件下大多数企业的设计、生产施工管理水平。

3）概算定额的编制深度，要适应设计深度的要求；项目划分，应坚持"简化、准确和适用"的原则。以主体结构分项为主，合并其他相关部分，进行适当综合扩大；概算定额项目计量单位的确定，与预算定额要尽量一致；应考虑统筹法及应用电子计算机编制的要求，以简化工程量和概算的计算、编制。

4）为了稳定概算定额水平，统一考核尺度和简化计算工程量。编制概算定额时，原则上必须根据规则计算。对于设计和施工变化多而影响工程量多、价差大的，应根据有关资料进行测算，综合取定常用数值；对于其中还包括不了的个性数值，可适当做一些调整。

2. 概算定额的编制依据

1）现行的全国通用的设计标准、规范和施工验收规范。

2）现行的预算定额。

3）标准设计和有代表性的设计图纸。

4）过去颁发的概算定额。

5）现行的人工工资标准、材料预算价格和施工机械台班单价。

6）有关施工图预算和结算资料。

三、概算定额编制方法

1. 定额计量单位的确定

概算定额计量单位基本上按预算定额的规定执行，但是单位的内容扩大，仍用"m"、"m²"和"m³"等。

2. 确定概算定额与预算定额的幅度差

由于概算定额是在预算定额基础上进行适当的合并与扩大，因此，在工程量取值、工程的标准及施工方法确定上需综合考虑，且定额与实际应用必然会产生一些差异。国家允许该差异预留一个合理的幅度差，以便依据概算定额编制的设计概算能控制住施工图预算。概算定额与预算定额之间的幅度差，国家规定一般控制在5%以内。

3. 定额小数取位

概算定额小数取位方式应与预算定额相同。

第四节　市政工程设计概算

一、设计概算编制内容

设计概算是指在扩大初步设计或技术设计阶段，在投资估算的控制下，根据设计要求对工程造价进行的概略计算。设计概算是设计文件的组成部分。在该阶段正式的施工图纸还没出，设计概算则是由设计单位根据初步设计或扩大初步设计图纸、概算定额等资料进行编制的。设计概算分为三级概算，即单位工程概算、单项工程综合概算及建设项目总概算。

设计概算的编制内容主要有以下几点：

（1）封面　内容主要应包括：建设单位名称、编制单位名称及编制时间等。

（2）设计概算造价汇总表　主要内容应包括：设计概算直接费、间接费、计划利润和税金，以及概算价值等。

（3）编制说明　在编制说明中应详细地介绍工程概况、编制依据及编制方法等。

（4）建筑工程概算表。

二、设计概算的编制方法

1. 用设计概算定额编制

用概算定额编制主要是根据初步设计或扩大初步设计图纸资料和说明书，用概算定额及其工程费用指标进行编制，其编制应按以下步骤进行：

1）根据设计图纸和概算定额划分项目按工程量计算规则计算工程量。

2）根据工程量和概算定额的基价计算直接费用，由于概算项目比较粗，故在按概算项目编制概算时都要增加一定的系数，作为零星项目的增加费。基价是根据编制概算定额地区的工资标准、材料及机械价格组合而成的。其他地区使用时需要进行换算。若已规定了调整系数的，则应根据规定的调整系数乘以直接费用。若未规定调整系数的，则应根据编制概算定额地区和使用概算定额地区的工资标准、材料及机械的单价求出调整系数，然后根据调整系数乘以直接费用。

3）将直接费乘以工程费用定额规定的各项费率，计算出间接费、计划利润、税金等。在直接费与各项费用之和的基础上，再计取不可预见费，得出工程概算费用。

4）上述费用只是设计概算的工程费用，在概算中还应该包括征地拆迁费、建设单位管理费及勘察设计费等。

5）按工程总量的概算费用，应求出技术经济指标。如道路以等级按“公里”计、桥梁按建筑面积计、管网工程以管径按“公里”计等。

2. 用概算指标编制

（1）用概算指标直接编制　若设计对象在结构上与概算指标相符合，可以直接套用概算指标进行编制，从指标上所列的工程每单位造价和主要材料消耗量乘以设计对象的单位，得出该设计对象的全部概算费用和材料消耗量。

（2）用修正后的概算指标编制　当设计对象与概算指标在结构特征上有局部不同，则需对概算指标进行修正后方可使用。通常，从原指标的单位造价中调换出不同结构构件的价值，得出单位造价的修正指标，将各修正后的单位造价相加，得出修正后的概算指标，再与设计对象相乘，就可得出概算造价。

3. 类似工程预决算法

当工程设计对象与已建或在建工程相类似，结构特征基本相同或概算定额和概算指标不全时，就可采用类似工程预决算法编制。

类似工程预决算法应考虑到设计对象与类似预算的设计在结构与建筑上的差异、地区工资的差异、材料预算价格的差异、施工机械使用费的差异及间接费用的差异等。其中结构设计与建筑设计的差异可参考修正概算指标的方法加以修正，而其他的差异则需编制修正系数。

计算修正系数时，应先求类似预算的人工工资、材料费、机械使用费及间接费在全部价格中所占的比重，然后分别求其修正系数，最后求出总的修正系数，用总修正系数乘以类似预算的价值，就可以得到概算价值。当设计对象与类似工程的结构有部分不同时，就应增减工程价值，然后求出修正后的总造价。计算公式如下：

修正后的类似预算总价＝（类似预算直接费×总造价修正系数±结构增减
值）×（1＋现行间接费率）　　　　　　　　　　　（3-16）

第五节　市政工程施工图预算

施工图预算是确定市政工程预算造价的文件，是在施工图设计完成后，根据施工图设计要求所计算的工程量、施工组织设计、现行预算定额、取费标准，以及地区人工、材料、机械台班的预算价格进行编制的单位工程或单项工程的预算造价。

施工图预算是由单位工程设计预算、单项工程综合预算及建设项目总预算三级预算逐级汇总组成的。由于施工图预算是以"单位工程"为单位编制，按单项工程综合而成的，因此，施工图预算编制的关键在于编好单位工程施工图预算。

一、施工图预算的编制程序

编制施工图预算应在设计交底以及会审图纸的基础上按下列步骤进行：

1. 熟悉施工图纸和施工说明

熟悉施工图纸和施工说明是编制工程预算的关键。这是由于，设计图纸和设计施工说明上所表达的工程结构、材料品种、工程做法及规格质量，为编制该工程施工图预算提供并确定了所应套用的工程项目。施工图纸中的各种尺寸、标高等为计算每个工程项目的数量提供了基础数据。因此，只有在编制施工图预算之前，对工程全貌和设计意图较全面、详尽地了解后，方能结合定额项目的划分原则，正确地划分各分部分项的工程项目，方能按照工程量计算规则正确地计算工程量及工程费用。若在熟悉设计图纸过程中发现不合理或错误的地方，应及时向有关单位反映，以便于及时修改纠正。

在熟悉施工图纸和施工说明时，除了应注意以上所涉及的内容外，还应注意以下几点：

1）按图纸目录检查各类图纸是否齐全，图纸编号与图名是否一致以及设计选用的有关标准图集名称及代号是否明确。

2）在对图纸中的标高及尺寸的审查时，各图之间易发生矛盾和错误的地方应特别注意。

3）对图纸中采用有防水、防腐、耐酸等特殊要求的项目应单独记录，以便于计算项目时引起注意。如采用特殊材料的项目及新产品材料、新技术工艺等项目。

4）如在施工图纸和施工说明中遇到有与定额中的材料品种和规格质量不符或定额缺项时，应及时记录，以便在编制预算时进行调整、换算或根据规定编制补充定额及补充单价，并送有关部门审批。

2. 收集各种编制依据及材料

1）经有关部门批准的市政工程建设项目的审批文件和设计文件。

2）施工图纸是编制预算的主要依据。

3）经批准的初步设计概算书，为工程投资的最高限价，不得任意突破。

4）经有关部门批准颁发执行的市政工程预算定额、单位估价表、机械台班费用定额、设备材料预算价格、间接费定额，以及有关费用规定的文件。

5）经批准的施工组织设计和施工方案及技术措施等。

6）有关标准定型图集、建筑材料手册及预算手册。

7）国务院有关颁发的专用定额和地区规定的其他各类建设费用取费标准。

8）有关市政工程的施工技术验收规范和操作规程等。

9）招投标文件和工程承包合同或协议书。

10）市政工程预算编制办法及动态管理办法。

3. 熟悉施工组织设计和现场情况

施工组织设计是施工单位根据工程特点及施工现场条件等情况编制的工程实施方案。由于施工方案的不同则直接影响工程造价，如需要进行地下降水、打桩、机械的选择或因场地狭小引起材料多次搬运等，都应在施工组织设计中确定下来，这些内容与预算项目的选用和费用的计算都有密切关系。因此，预算人员熟悉施工组织设计及现场情况，对提高编制预算质量是十分重要的。

4. 学习并掌握工程定额内容及有关规定

预算定额、单位估价表及有关规定文件是编制施工图预算的重要依据。随着建筑业新材料、新技术、新工艺的不断出现和推广，有关部门不断地对已颁的定额进行补充和修改。因此预算人员应学习和掌握所使用定额的内容及使用方法，弄清楚定额项目的划分及各项目所包括的内容、适用范围、计量单位、工程量计算规则，以及允许调整换算项目的条件和方法等，以便于在使用时能够较快地查找并正确地应用。

另外，由于材料价格的调整，各地区也需要根据具体情况调整费用内容及取费标准，该资料将直接体现在预算文件中。因此，学习和掌握有关规定文件也是搞好工程施工图预算工作不可忽视的一个方面。

5. 确定工程项目的计算工程量

确定工程项目的计算工程量是编制施工图预算的重要基础数据，工程量计算准确与否将直接影响到工程造价的准确性，同时也是施工企业编制施工作业计划，合理安排施工进度调配劳动力、材料和机械设备及加强成本核算的重要依据。因此，为了准确地计算工程量，提高施工图预算的质量和速度，在计算工程时通常遵循以下原则：

（1）计算口径要一致　计算工程量时，根据施工图列出的分项工程口径与定额中相应分项工程的口径要相互一致，因此，在划分项目时一定要熟悉定额中该项目所包括的工程内容。

（2）计量单位要一致　按施工图纸计算工程量时，各分项工程的工程量计量单位，必须与定额中相应项目的计算单位一致，不能凭个人主观随意改变。

（3）严格执行定额中的工程量计算规则　在计算工程量时，必须严格执行工程量计算规则，以免造成工程量计算中的误差，从而影响工程造价的准确性。

（4）计算必须要准确　在计算工程量中，计算底稿要整洁，数字要清楚，项目部位要注明，计算精度要一致。工程量的数据一般精确到小数点后两位，使用钢材、木材及贵重材料的项目的数据可精确到小数点后三位。

（5）计算时要做到不重不漏　计算工程量时，为了快速准确不重不漏，通常应遵循一定的顺序进行。如按一定的方向计算工程量：先横后竖、先左后右、先上后下的计算；按图纸编号顺序；按图纸上注明的不同类别的构件、配件的编号进行计算工程量。

6. 汇总工程量套用定额子目，编制工程预算书

将工程量计算底稿中的预算项目及数量按定额分部顺序填入工程预算表中，套用相应的定额子目，计算工程直接费，按预算费用程序表及有关费用定额计取间接费、利润和税金，将工程直接费、间接费、利润及税金汇总后，即求出该工程的工程造价及单位造价指标。

7. 编制工料分析表

根据工程量及定额编制工料分析表，计算出用工用料数量。

8. 审核、编写说明、装订、签章及审批

市政工程施工图预算书计算完毕后，为确保其准确性，应经自审及有关人员审核后编写说明及预算书封面，装订成册，再经有关部门复审后送建设单位签证、盖章，最后送至有关部门审批后才能确定其合法性。

二、施工图预算的编制方法

编制施工图预算的编制方法通常有实物法和单价法两种。

1. 实物法编制施工图预算

实物法是指根据建筑安装工程每一对象（分部分项工程）所需人工、材料、施工机械台班数量来编制施工图预算的方法。先根据施工图计算各个分项工程的工程量，然后从预算定额（手册）里查出各分项工程需要的人工、材料及施工机械台班数量（即工程量乘以各项目定额用量）加以汇总，就得出这个工程全部的人工、材料机械台班耗用量，再各自乘以工资单价、材料预算价格及机械台班单价，其总和就是该项工程的定额直接费，最后再计算各种费用，得出工程费用。

$$单位工程施工图预算直接费＝\sum（工程量×人工预算定额用量×$$
$$当地当时人工单价）＋\sum（工程量×材料预算定额用量×$$
$$当地当时材料单价）＋\sum（工程量×施工机械台班预算定额用量×$$
$$当地当时机械台班单价）\tag{3-17}$$

该方法适用于量价分离编制预算或人工、材料、机械台班因地因时发生价格变动的情况。

该方法编制后人工、材料、机械台班单价都可以进行调整，然而，工程的人工、材料、机械耗用台班数量是不变的，换算起来也是比较方便的。实物法编制预算所用人工、材料、机械的单价均为当时当地实际价格，编制而成的施工预算能够较为准确地反映实际水平、适合市场经济特点。然而，由于该法所用人工、材料、机械消耗量均须统计得到，因此，所用实际价格需要进行收集调查，工作量较大，计算繁琐，不便于进行分项经济分析与核算工作，但采用计算机及相应预算软件来计算就方便了。因此，实物法是与市场经济体制相适应的编制工程图预算的较好方法。

实物法编制施工图预算的具体步骤（图 3-2）应如下所述：

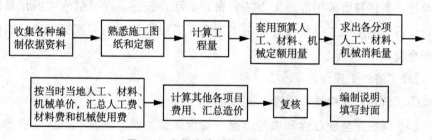

图 3-2　实物法编制施工图预算步骤

（1）熟悉市政工程预算定额和有关文件及资料　预算定额是编制施工图预算的主要依据。在编制时，只有熟悉市政预算定额的有关说明、工程量计算规则及附注说明，方能准确地套用定额。

由于市政工程施工采用了新工艺、新材料，因此，必须对某些市政预算定额的项目进行修改、调整和补充，由政府部门下达补充文件，作为市政预算补充定额。

在市政预算定额的具体应用时，应及时了解动态的市场价格信息及相应的费率，正确编制市政工程预算造价。

在编制施工图预算时还应参考相关的工具书、手册及标准通用图集等资料。

(2) 熟悉施工图纸、施工组织设计，了解施工现场

1) 熟悉施工图纸（基本图、详图和标准图）和设计说明。

①细致、耐心查看图纸目录、设计总说明、总平面图、平面图、立面图、剖面图、钢筋图、详图和标准图。

②注意图纸单位尺寸，如尺寸以"mm"计，标高以"m"计等。

③熟悉图纸上的各种图例、符号与代号。

④看图应从粗到细、从大到小。一套施工图纸是一个整体，看图时应彼此参照看、联系起来看、重点看懂关键部分。

⑤对施工图纸必须进行全面检查，检查施工图纸是否完整、有无错误，尺寸是否清楚完整。若在看图或审图中发现图纸有错漏、尺寸不符、用料及做法不清等问题时，应及时与主管部门、设计单位联系解决。

⑥熟悉施工组织设计。施工组织设计是施工单位根据工程特点、现场条件等拟订施工方案，保证施工技术措施在施工过程中很好地实施。施工图预算与施工条件和所采用的施工方法有密切关系，因此，在编制施工图预算以前，应首先熟悉施工组织设计和施工方案，了解设计意图和施工方法，明确工程全貌。

2) 了解施工现场。

①了解地形和构筑物位置，核对标高。

②了解土质坚硬程度和填挖情况、场内搬运、借土或弃土地点以便于确定运距等。

③了解现场是否有农作物、建筑障碍物、地下管线等需迁移或保护的设施。

④了解附近河道、池塘水位变化情况。

⑤了解水电供应和排水条件、交通运输等。

⑥了解周围空地，考虑搭建工棚、仓库、车间、堆物位置。

(3) 计算工程量

1) 施工图预算的列项。根据施工图纸和预算定额按照工程的施工程序进行列项。一般项目的列项和预算定额中的项目名称完全相同时，可以直接将预算定额中的项目列出。当有些项目和预算定额中的项目不一致时，要将定

额项目进行换算。如果预算定额中没有图纸上表示的项目，则必须按照有关规定补充定额项目及定额换算。在列项时，应注意不要出现重复列项或漏项。

2）列出工程量计算式并计算。工程量是编制预算的原始数据，也是一项工作量大又细致的工作。编制市政工程施工图预算，大部分时间是花在看图和计算工程量上，因此，工程量的计算精确程度和快慢直接影响预算编制的质量与速度。

在预算定额说明中，对工程量计算规则做了具体规定，在编制时应严格执行。工程量计算时，必须严格按照图纸所注尺寸为依据计算，不得任意加大或缩小，任意增加或丢失。工程项目列出后，根据施工图纸按照工程量计算规则和计算顺序分别列出简单明了的分项工程量计算式，并循着一定的计算顺序依次进行计算，做到准确无误。分项工程计量单位有 "m"、"m²"、"m³" 等，这在预算定额中都已注明，但在计算工程量时应该注意分清楚，以免由于计量单位搞错而影响计算工程量的准确性。在计算工程量时要注意将计算所得的工程量按照预算定额的计量单位（100m、100m²、100m³或10m、10m²、10m³或 t）进行调整，使其相同。

工程量计算完毕后必须进行自我检查复核，检查其列项、单位、计算式及数据等有无遗漏或错误。若发现错误，应及时进行改正。

工程量计算的顺序，一般应有以下几种：

①按施工顺序计算。按工程施工顺序先后计算工程量。

②按顺时针方向计算。先从图纸的左上角开始，按顺时针方向依次计算到左上角。

③按 "先横后直" 计算。在图纸上按 "先横后直"，从上到下、从左到右的顺序进行计算。

（4）套用预算定额计算各分项人工、材料、机械台班消耗数量 按施工图预算各分项子目名称、所用材料、施工方法等条件及定额编号，在预算定额中查出各分项工程的各种人工、材料、机械台班的定额用量，并填入分析表中各相应的分项工程栏内。预算分析表中内容主要有工程名称、序号、定额编号、分项工程名称、计算单位、工程量、劳动力、各种材料、各种施工机械的耗用台班数量等。

套用预算定额时，应注意分项工程名称、规格、计量单位、工程内容与定额单位估价表所列内容完全一致。如果需要套用预算定额的分项工程中没有的项目，则应编制补充预算定额，工料机分析是编制单位工程劳动计划和工料机具供应计划、开展班组经济核算的基础，是下达任务和考核人工材料使用情况，进行"两算"对比的依据。

工料机分析首先把预算中各分项工程量乘以该分项工程预算定额中用工、用料数量和机械台班数量，即可得到相应的各分项工程的人工用量、各种材料用量和各种机械台班用量。

$$各分项工程人工用量＝该分项工程工程量×相应人工时间定额 \quad (3\text{-}18)$$

$$各分项工程各种材料用量＝该分项工程工程量×相应材料消耗定额$$

$$(3\text{-}19)$$

$$各分项工程各种机械台班用量＝该分项工程工程量×相应机械台班消耗定额$$

$$(3\text{-}20)$$

然后按分部分项的顺序将各分部工程所需的人工、各种材料、各种机械数量分别进行汇总，得出该分部工程的各种人工、各种材料和各种机械的数量，最后将各分部工程进行再汇总，就得出该单位工程的各种人工、各种材料和各种机械台班的总数量。

（5）计算工程费用

1）计算直接费。按当地、当时的各类人工、各种材料和各种机械台班的市场单价分别乘以相应的人工、材料、机械台班数量，并汇总得出单位工程的人工费、材料费和机械使用费。

2）计算其他各项费用，汇总成工程预算总造价。市政工程施工费用由直接费、间接费、利润和税金组成。

（6）复核　复核是单位工程施工图预算编制完成后，由本单位有关人员对预算进行检查核对。复核人员应查阅有关图纸和工程量计算草稿，复核完毕应予以签章。

（7）计算技术经济指标　单位工程预算造价确定后，根据各种单位工程的特点，按规定选用不同的计算单位，计算技术经济指标。其计算公式为：

$$技术经济指标＝\frac{单位工程预算造价}{按规定计量单位计算的工程量} \quad (3\text{-}21)$$

（8）编制说明　编制说明主要是可以补充预算表格中表达不了的而又必须说明的问题。编制说明列于封面的下一页，其内容主要是工程修建的目的、施工图纸、工程概况、编制预算的主要依据、补充定额的编制和特殊材料的补充单价依据、特殊工程部位的技术处理方法、计算过程中对图纸不明确之处的处理、建设单位供应的材料费用的预算处理等。

（9）装订、签章 单位工程的预算书按预算封面、编制说明、预算表、造价计算表、工料分析表、工程量计算书等内容按顺序编排、装订成册。编制者应签字并盖有资格证号的印章，并由有关负责人审阅、签字或盖章，最后加盖单位公章。

2. 单价法编制施工图预算

单价法是指用事先编制好的分项工程的单位估价表（或综合单价表）来编制施工图预算的方法。单价法主要可以分为以下两种：

（1）工料单价法 工料单价法是指分部分项项目及施工技术措施项目单价采用工料单价（直接工程费单价）的一种计价方法，企业管理费、利润、规费、税金按规定程序另行计算。

工料单价（直接工程费单价）是指完成一个规定计量单位项目所需的人工费、材料费、施工机械使用费。

单位工程施工图预算直接工程费＝∑（工程量×预算定额单价）(3-22)

工料单价法编制施工图预算的步骤（图3-3）如下所述：

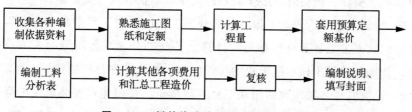

图3-3 工料单价法编制施工图预算步骤

1）收集各种编制依据资料。各种编制依据资料主要包括施工图纸、施工组织设计施工方案、现行市政工程预算定额、费用定额、统一的工程量计算规则，以及工程所在地区的材料、人工、机械台班预算价格与调价规定等。

2）熟悉施工图纸和定额。只有对施工图和预算定额进行全面详细的了解，才能全面准确地计算出工程量，进而合理地编制出施工图预算造价。

3）计算工程量。工程量的计算在整个预算过程中是最重要、最繁重的一个环节，不仅影响预算的及时性，更重要的是影响预算造价的准确性。因此，必须在工程量计算上下功夫，确保预算质量。

计算工程量通常可按下列具体步骤进行：

①根据施工图示的工程内容和定额项目，列出计算工程量的分部分项工程。

②根据一定的计算顺序和计算规则，列出计算式。

③根据施工图示尺寸及有关数据，代入计算式进行数学计算。

④按照定额中的分部分项工程的计量单位对相应的计算结果的计量单位进行调整，使之一致。

4）套用预算定额基价。工程量计算完毕并核对无误后，用所得到的分部分项工程量套用单位估价表中相应的定额基价，相乘后相加汇总，可求出单位工程的直接费。套用基价时应注意以下几点：

①分项工程量的名称、规格、计量单位必须与预算定额或单位估价表所列内容一致，否则重套、错套、漏套预算定额基价会引起直接工程费的偏差，将导致施工图预算单价偏高或偏低。

②当施工图纸的某些设计要求与定额基价的特征不完全相符时，必须根据定额使用说明对定额基价进行调整或换算。

③当施工图纸的某些设计要求与定额基价的特征相差甚远，既不能直接套用也不能换算、调整时，必须编制补充单位估价表或补充定额。

5）编制工料分析表。根据各分部分项工程的实物工程量和相应定额中的项目所列的人工工日及材料数目，计算出各分部分项工程所需的人工及材料数量，相加汇总得出该单位工程的所需要的各类人工和材料的数量。

6）计算其他各项应取费用和汇总工程造价。按照建筑安装单位工程造价构成的规定费用项目、费率及计费基数，分别计算出间接费、利润和税金，并将其汇总得到单位工程造价。

$$单位工程造价＝直接费＋间接费＋利润＋税金 \tag{3-23}$$

7）复核。单位工程预算编制后，有关人员对单位工程预算进行复核，以便及时发现差错，提高预算质量。复核时，应对工程量计算公式和结果、套用定额基价、各项费用的取费费率，以及计算基础和计算结果、材料和人工预算价格及其价格调整等方面是否正确，进行全面复核。

8）编制说明、填写封面。工料单价法具有计算简单、工作量较小和编制速度较快及便于工程造价管理部门集中管理的优点。但由于是采用事先编制好的统一的单位估价表，其价格水平只能反映定额编制年份的价格水平。在市场经济价格波动较大的情况下，单价法的计算结果会偏离实际价格水平，虽然可调价，但调价系数和指数从测定到颁布会滞后，且计算也比较繁琐。

（2）综合单价法 综合单价法是指分部分项项目及施工技术措施项目单价采用综合单价（全费用单价）的一种计价方法，规费、税金按规定程序另行计算。

综合单价（全费用单价）是指一个规定计量单位项目所需的除规费、税金以外的全部费用。综合单价主要包括：人工费、材料费、施工机械使用费、企业管理费、利润及风险费用。

$$单位工程造价 = \Sigma（工程量 \times 综合单价）+ 取费基数 \times$$
$$施工组织措施费率 + 规费 + 税金 \qquad (3\text{-}24)$$

综合单价法编制施工图预算的步骤如下：

1）收集、熟悉基础资料并了解现场。

①熟悉工程设计施工图纸和有关现场技术资料。

②了解施工现场情况和工程施工组织设计方案的有关要求。

2）计算工程量。

①熟悉现行市政工程预算定额的有关规定、项目划分、工程量计算规则。

②熟悉工程量清单计价规范，结合施工图纸、方案，正确划分清单工程量计算项目。

③根据清单工程量计算规则，正确计算清单项目工程量。

④根据工程量清单计价规范，结合施工图纸、方案，确定清单项目所包含的工程内容，并确定其定额子目，根据定额计算规则计算其报价工程量。

3）套用定额。工程量计算完毕，经整理汇总，即可套用定额，从而确定分部分项工程的定额人工、材料、机械台班消耗量，进而获得分部分项工程的综合单价。套用定额应当依据有关要求、定额说明、工程量计算规则及工程施工组织设计。

根据套用定额是否需要调整换算。套用定额通常有以下几种情况：

①直接套用。直接套用是指直接采用定额项目的人工、材料、机械台班消耗量，不做任何调整、换算。

②定额换算。当分部分项工程的工作内容与定额项目的工作内容不完全一致时，按定额规定对部分人工、材料或机械台班的定额消耗量等进行调整。

③定额合并。当工程量清单所包括的工作内容是几个定额项目工作内容

之和时，就必须将几个相关的定额项目进行合并。

④定额补充。随着建设工程中新技术、新材料、新工艺的不断推广应用，实际中有些分部分项工程在定额中没有相同、相近的项目可以套用，在这种情况下，就需要编制补充定额。

4）确定人工、材料、机械价格及各项费用取费基数、费率，计算综合单价及总造价。

①确定人工、材料、机械单价，并进行必要的定额调整换算。

②确定取费基数，并确定综合费用、利润费率，计算清单项目综合单价。

③确定施工组织措施费、规费、税金费率，计算工程总造价。

5）校核、修改。

6）编写施工图预算的编制说明。综合单价法计算时，人工、材料、机械台班的消耗量、单价均可按企业定额确定，可以体现各企业的生产力水平，也有利于市场竞争。目前，大部分施工企业是以国家或行业制定的预算定额作为编制施工图预算的依据，综合单价法计算时人工、材料、机械台班的消耗量均按预算定额确定。人工、材料、机械台班的单价，企业按市场价格信息，结合自身情况确定。

第四章 市政工程清单计价

第一节 工程量清单计价概述

一、工程量清单

1. 工程量清单的概念

工程量清单是表现拟建工程的分部分项工程项目、措施项目、其他项目、规费项目和税金项目的名称和相应数量的明细清单，由招标人按照《市政工程工程量计算规范》GB 50857—2013 中统一的项目编码、项目名称、计量单位和工程量计算规则、招标文件以及施工图、现场条件计算出的构成工程实体，可供编制招标控制价及投标报价的实物工程量的汇总清单，是工程招标文件的组成内容，其内容包括分部分项工程量清单、措施项目清单、其他项目清单、规费项目清单及税金项目清单。

2. 工程量清单的作用

工程量清单是工程量清单计价的基础，应作为编制招标控制价、投标报价、计算工程量支付工程款、调整合同价款、办理竣工结算及工程索赔等的重要依据。

工程量清单的作用主要表现在以下几方面：

1）工程量清单可作为编制招标控制价、投标报价的依据。

2）工程量清单可作为支付工程进度款和办理工程结算的依据。

3）工程量清单可作为调整工程量和工程索赔的依据。

二、工程量清单计价

1. 工程量清单计价的概念

工程量清单计价是指投标人完成由招标人提供的工程量清单所需的全部费用。其中包括分部分项工程费、措施项目费、其他项目费规费和税金。

工程量清单计价是建设工程招标投标中，按照国家统一的工程量清单计价规范，由招标人提供工程数量，投标人自主报价，经评审低价中标的工程造价计价模式。采用工程量清单计价能反映工程个别成本，有利于企业自主报价和公平竞争。

2. 工程量清单的作用

实行工程量清单计价具有深远的作用，主要表现在以下几个方面：

1）实行工程量清单计价是深化工程造价管理改革，推进建设市场化的重要途径。

2）在建设工程招标投标中实行工程量清单计价，是规范建筑市场秩序的治理措施之一，是适应社会主义市场经济的需要。

3）实行工程量清单计价，是与国际接轨的需要。

4）实行工程量清单计价，是促进建设市场有序竞争和企业健康发展的需要。

5）实行工程量清单计价，有利于我国工程造价政府职能的转变。

第二节 工程量清单编制

一、一般规定

1）招标工程量清单应由具有编制能力的招标人或受其委托、具有相应资质的工程造价咨询人或招标代理人编制。

2）招标工程量清单必须作为招标文件的组成部分，其准确性和完整性由招标人负责。

3）招标工程量清单是工程量清单计价的基础，应作为编制招标控制价、投标报价、计算工程量、工程索赔等的依据之一。

4）招标工程量清单应以单位（项）工程为单位编制，应由分部分项工程量清单、措施项目清单、其他项目清单、规费和税金项目清单组成。

5）编制工程量清单应依据：

①《市政工程工程量计算规范》GB 50857—2013 和现行国家标准《建设工程工程量清单计价规范》GB 50500—2013。

②国家或省级、行业建设主管部门颁发的计价依据和办法。

③建设工程设计文件。

④与建设工程项目有关的标准、规范、技术资料。

⑤拟定的招标文件。

⑥施工现场情况、工程特点及常规施工方案。

⑦其他相关资料。

6）其他项目、规费和税金项目清单应按照现行国家标准《建设工程工程量清单计价规范》GB 50500—2013 的相关规定编制。

7）编制工程量清单出现《市政工程工程量计算规范》GB 50857—2013 附录中未包括的项目时，编制人应做补充，并报省级或行业工程造价管理机构备案，省级或行业工程造价管理机构应汇总报住房和城乡建设部标准定额研究所。

补充项目的编码由《市政工程工程量计算规范》GB 50857—2013 的代码 04 与 B 和三位阿拉伯数字组成，并应从 04B001 起顺序编制，同一招标工程的项目不得重码。

补充的工程量清单需附有补充项目的名称、项目特征、计量单位、工程量计算规则、工作内容。不能计量的措施项目，需附有补充项目的名称、工作内容及包含范围。

二、分部分项工程

1）工程量清单必须根据《市政工程工程量计算规范》GB 50857—2013 附录规定的项目编码、项目名称、项目特征、计量单位和工程量计算规则进行编制。

2）工程量清单的项目编码，应采用前十二位阿拉伯数字表示，一至九位应按《市政工程工程量计算规范》GB 50857—2013 附录的规定设置，十至十二位应根据拟建工程的工程量清单项目名称设置，同一招标工程的项目编码不得有重码。

各位数字的含义是：一、二位为专业工程代码（01—房屋建筑与装饰工程；02—仿古建筑工程；03—通用安装工程；04—市政工程；05—园林绿化工程；06—矿山工程；07—构筑物工程；08—城市轨道交通工程；09—爆破工程。以后进入国标的专业工程代码以此类推）；三、四位为工程分类顺序码；五、六位为分部工程顺序码；七、八、九位为分项工程项目名称顺序码；十至十二位为清单项目名称顺序码。

当同一标段（或合同段）的一份工程量清单中含有多个单位工程且工程

量清单是以单位工程为编制对象时，在编制工程量清单时应特别注意对项目编码十至十二位的设置不得有重码的规定。例如，一个标段（或合同段）的工程量清单中含有 3 个单位工程，每一单位工程中都有项目特征相同的挖一般土方项目，在工程量清单中又需反映 3 个不同单位工程的挖一般土方工程量时，则第一个单位工程挖一般土方的项目编码应为 040101001001，第二个单位工程挖一般土方的项目编码应为 040101001002，第三个单位工程挖一般土方的项目编码应为 040101001003，并分别列出各单位工程挖一般土方的工程量。

3）工程量清单的项目名称应按《市政工程工程量计算规范》GB 50857—2013 附录的项目名称结合拟建工程的实际确定。

4）分部分项工程量清单项目特征应按《市政工程工程量计算规范》GB 50857—2013 附录中规定的项目特征，结合拟建工程项目的实际予以描述。

工程量清单的项目特征是确定一个清单项目综合单价不可缺少的重要依据，在编制工程量清单时，必须对项目特征进行准确和全面的描述。但有些项目特征用文字往往又难以准确和全面地描述清楚。因此，为达到规范、简洁、准确、全面描述项目特征的要求，在描述工程量清单项目特征时应按以下原则进行：

①项目特征描述的内容应按附录中的规定，结合拟建工程的实际，能满足确定综合单价的需要。

②若采用标准图集或施工图纸能够全部或部分满足项目特征描述的要求，项目特征描述可直接采用详见××图集或××图号的方式。对不能满足项目特征描述要求的部分，仍应用文字描述。

5）工程量清单中所列工程量应按《市政工程工程量计算规范》GB 50857—2013 附录中规定的工程量计算规则计算。

6）分部分项工程量清单的计量单位应按《市政工程工程量计算规范》GB 50857—2013 附录中规定的计量单位确定。

7）现浇混凝土工程项目"工作内容"中包括模板工程的内容，同时又在"措施项目"中单列了现浇混凝土模板工程项目。对此，由招标人根据工程实际情况选用，若招标人在措施项目清单中未编列现浇混凝土模板项目清单，即表示现浇混凝土模板项目不单列，现浇混凝土工程项目的综合单价中应包括模板工程费用。

8）对预制混凝土构件按现场制作编制项目，"工作内容"中包括模板工程，不再另列。若采用成品预制混凝土构件时，构件成品价（包括模板、钢筋、混凝土等所有费用）应计入综合单价中。

9）金属结构构件按成品编制项目，构件成品价应计入综合单价中，若采用现场制作，包括制作的所有费用。

三、措施项目

1）措施项目清单必须根据相关工程现行国家计量规范的规定编制，应根据拟建工程的实际情况列项。

2）措施项目中列出了项目编码、项目名称、项目特征、计量单位、工程量计算规则的项目。编制工程量清单时，应按照"分部分项工程"的规定执行。

3）措施项目中仅列出项目编码、项目名称，未列出项目特征、计量单位和工程量计算规则的项目，编制工程量清单时，应按本书第五章第十节"措施项目"规定的项目编码、项目名称确定。

四、其他项目

1）其他项目清单应按照下列内容列项：

①暂列金额。招标人暂定并包括在合同价款中的一笔款项。不管采用何种合同形式，其理想的标准是，一份合同的价格就是其最终的竣工结算价格，或者至少两者应尽可能接近。我国规定对政府投资工程实行概算管理，经项目审批部门批复的设计概算是工程投资控制的刚性指标，即使商业性开发项目也有成本的预先控制问题，否则，无法相对准确地预测投资的收益和科学合理地进行投资控制。但工程建设自身的特性决定了工程的设计需要根据工程进展不断地进行优化和调整，业主需求可能会随工程建设进展而出现变化，工程建设过程还会存在一些不能预见、不能确定的因素。消化这些因素必然会影响合同价格的调整，暂列金额正是因应这类不可避免的价格调整而设立，以便达到合理确定和有效控制工程造价的目标。

有一种错误的观念认为：暂列金额列入合同价格就属于承包人（中标人）所有了。事实上，即便是总价包干合同，也不是列入合同价格的任何金额都属于中标人的，是否属于中标人应得金额取决于具体的合同约定，暂列金额从定义开始就明确，只有按照合同约定程序实际发生后，才能成为中标人的应得金额，纳入合同结算价款中。扣除实际发生金额后的暂列金额余额仍属于招标人所有。设立暂列金额并不能保证合同结算价格不会再出现超过已签约合同价的情况，是否超出已签约合同价完全取决于对暂列金额预测的准确性，以及工程建设过程是否出现了其他事先未预测到的事件。

②暂估价。暂估价是指招标阶段直至签定合同协议时，招标人在招标文件中提供的用于支付必然要发生但暂时不能确定价格的材料及专业工程的金额。其中包括材料暂估价、工程设备暂估单价、专业工程暂估价。

为方便合同管理和计价，需要纳入工程量清单项目综合单价中的暂估价最好只是材料费，以方便投标人组价。对专业工程暂估价一般应是综合暂估价，包括除规费、税金以外的管理费、利润等。

③计日工。计日工是为了解决现场发生的零星工作的计价而设立的。国际上常见的标准合同条款中，大多数都设立了计日工（Daywork）计价机制。计日工对完成零星工作所消耗的人工工时、材料数量、施工机械台班进行计量，并按照计日工表中填报的适用项目的单价进行计价支付。计日工适用的所谓零星工作一般是指合同约定之外或者因变更而产生的、工程量清单中没有相应项目的额外工作，尤其是那些时间不允许事先商定价格的额外工作。

④总承包服务费。总承包服务费是为了解决招标人在法律、法规允许的条件下进行专业工程发包及自行供应材料、工程设备，并需要总承包人对发包的专业工程提供协调和配合服务，对甲供材料、工程设备提供收、发和保管服务，以及进行施工现场管理时发生并向总承包人支付的费用。招标人应预计该项费用，并按投标人的投标报价向投标人支付该项费用。

2）暂列金额应根据工程特点按有关计价规定估算。

为保证工程施工建设的顺利实施，应针对施工过程中可能出现的各种不确定因素对工程造价的影响，在招标控制价中估算一笔暂列金额。暂列金额可根据工程的复杂程度、设计深度、工程环境条件（包括地质、水文、气候条件等）进行估算，一般可按分部分项工程费和措施项目费的10%～15%作参考。

3）暂估价中的材料、工程设备暂估价应根据工程造价信息或参照市场价格估算，列出明细表；专业工程暂估价应分不同专业，按有关计价规定估算，列出明细表。

4）计日工应列出项目名称、计量单位和暂估数量。

5）综合承包服务费应列出服务项目及其内容等。

6）出现第 1）条未列的项目，应根据工程实际情况补充。

五、规费项目

1）规费项目清单应按照下列内容列项：

①社会保障费：包括养老保险费、失业保险费、医疗保险费、工伤保险费、生育保险费。

②住房公积金。

③工程排污费。

2）出现第 1）条未列的项目，应根据省级政府或省级有关部门的规定列项。

六、税金项目

1）税金项目清单应包括下列内容：

①营业税。

②城市维护建设税。

③教育费附加。

④地方教育附加。

2）出现第 1）条未列的项目，应根据税务部门的规定列项。

第三节　工程量清单计价编制

一、一般规定

1. 计价方式

1）使用国有资金投资的建设工程发承包，必须采用工程量清单计价。

2）非国有资金投资的建设工程，宜采用工程量清单计价。

3）不采用工程量清单计价的建设工程，应执行《建设工程工程量清单计价规范》GB 50500—2013 除工程量清单等专门性规定外的其他规定。

4）工程量清单应采用综合单价计价。

5）措施项目中的安全文明施工费必须按国家或省级、行业建设主管部门的规定计算。不得作为竞争性费用。

6）规费和税金必须按国家或省级、行业建设主管部门的规定计算。不得作为竞争性费用。

2. 发包人提供材料和工程设备

1) 发包人提供的材料和工程设备（以下简称"甲供材料"）应在招标文件中按照《建设工程工程量清单计价规范》GB 50500—2013 附录 L.1 的规定填写"发包人提供材料和工程设备一览表"，写明甲供材料的名称、规格、数量、单价、交货方式、交货地点等。

承包人投标时，甲供材料单价应计入相应项目的综合单价中，签约后，发包人应按合同约定扣除甲供材料款，不予支付。

2) 承包人应根据合同工程进度计划的安排，向发包人提交甲供材料交货的日期计划。发包人应按计划提供。

3) 发包人提供的甲供材料如规格、数量或质量不符合合同要求，或由于发包人原因发生交货日期延误、交货地点及交货方式变更等情况的，发包人应承担由此增加的费用和（或）工期延误，并应向承包人支付合理利润。

4) 发承包双方对甲供材料的数量发生争议不能达成一致的，应按照相关工程的计价定额同类项目规定的材料消耗量计算。

5) 若发包人要求承包人采购已在招标文件中确定为甲供材料的，材料价格应由发承包双方根据市场调查确定，并应另行签订补充协议。

3. 承包人提供材料和工程设备

1) 除合同约定的发包人提供的甲供材料外，合同工程所需的材料和工程设备应由承包人提供，承包人提供的材料和工程设备均应由承包人负责采购、运输和保管。

2) 承包人应按合同约定将采购材料和工程设备的供货人及品种、规格、数量和供货时间等提交发包人确认，并负责提供材料和工程设备的质量证明文件，满足合同约定的质量标准。

3) 对承包人提供的材料和工程设备经检测不符合合同约定的质量标准，发包人应立即要求承包人更换，由此增加的费用和（或）工期延误应由承包人承担。对发包人要求检测承包人已具有合格证明的材料、工程设备，但经检测证明该项材料、工程设备符合合同约定的质量标准，发包人应承担由此增加的费用和（或）工期延误，并向承包人支付合理利润。

4. 计价风险

1) 建设工程发承包。必须在招标文件、合同中明确计价中的风险内容及其范围。不得采用"无限风险""所有风险"或类似语句规定计价中的风险内容及范围。

2）由于下列因素出现，影响合同价款调整的，应由发包人承担：

①国家法律、法规、规章和政策发生变化。

②省级或行业建设主管部门发布的人工费调整，但承包人对人工费或人工单价的报价高于发布的除外。

③由政府定价或政府指导价管理的原材料等价格进行了调整。

3）由于市场物价波动影响合同价款的，应由发承包双方合理分摊，按《建设工程工程量清单计价规范》GB 50500—2013 中附录 L.2 或 L.3 填写"承包人提供主要材料和工程设备一览表"作为合同附件；当合同中没有约定，发承包双方发生争议时，应按本节中"合同价款调整"第 8 条"物价变化"的规定调整合同价款。

4）由于承包人使用机械设备、施工技术及组织管理水平等自身原因造成施工费用增加的，应由承包人全部承担。

5）当不可抗力发生，影响合同价款时，应按本节中"六、合同价款调整"第 10 条"不可抗力"的规定执行。

二、招标控制价

1. 一般规定

1）国有资金投资的建设工程招标。招标人必须编制招标控制价。

我国对国有资金投资项目的投资控制实行的是投资概算审批制度，国有资金投资的工程原则上不能超过批准的投资概算。

国有资金投资的工程实行工程量清单招标，为了客观、合理地评审投标报价和避免哄抬标价，避免造成国有资产流失，招标人必须编制招标控制价，规定最高投标限价。

2）招标控制价应由具有编制能力的招标人或受其委托具有相应资质的工程造价咨询人编制和复核。

3）工程造价咨询人接受招标人委托编制招标控制价，不得再就同一工程接受投标人委托编制投标报价。

4）招标控制价应按照第 2 条"编制与复核"1）规定编制，不应上调或下浮。

5）当招标控制价超过批准的概算时，招标人应将其报原概算审批部门审核。

6）招标人应在发布招标文件时公布招标控制价，同时应将招标控制价及有关资料报送工程所在地或有该工程管辖权的行业管理部门工程造价管理机构备查。

招标控制价的作用决定了招标控制价不同于标底，无需保密。为体现招标的公平、公正性，防止招标人有意抬高或压低工程造价，招标人应在招标文件中如实公布招标控制价，同时，招标人应将招标控制价报工程所在地或有该工程管辖权的行业管理部门的工程造价管理机构备查。

2. 编制与复核

1）招标控制价应根据下列依据编制与复核：

①《建设工程工程量清单计价规范》GB 50500—2013。

②国家或省级、行业建设主管部门颁发的计价定额和计价办法。

③建设工程设计文件及相关资料。

④拟定的招标文件及招标工程量清单。

⑤与建设项目相关的标准、规范、技术资料。

⑥施工现场情况、工程特点及常规施工方案。

⑦工程造价管理机构发布的工程造价信息，当工程造价信息没有发布时，参照市场价。

⑧其他的相关资料。

2）综合单价中应包括招标文件中划分的应由投标人承担的风险范围及其费用。招标文件中没有明确的，如是工程造价咨询人编制，应提请招标人明确；如是招标人编制，应予明确。

3）分部分项工程和措施项目中的单价项目，应根据拟定的招标文件和招标工程量清单项目中的特征描述及有关要求确定综合单价计算。

4）措施项目中的总价项目应根据拟定的招标文件和常规施工方案按本节"一、一般规定"中第1条"计价方式"4）、5）的规定计价。

5）其他项目应按下列规定计价：

①暂列金额应按招标工程量清单中列出的金额填写。

②暂估价中的材料、工程设备单价应按招标工程量清单中列出的单价计入综合单价。

③暂估价中的专业工程金额应按招标工程量清单中列出的金额填写。

④计日工应按招标工程量清单中列出的项目根据工程特点和有关计价依

据确定综合单价计算。

⑤总承包服务费应根据招标工程量清单列出的内容和要求估算。

6）规费和税金应按本节"一、一般规定"中第 1 条"计价方式"6）的规定计算。

3. 投诉与处理

1）投标人经复核认为招标人公布的招标控制价未按照《建设工程工程量清单计价规范》GB 50500—2013 的规定进行编制的，应在招标控制价公布后 5d 内向招投标监督机构和工程造价管理机构投诉。

2）投诉人投诉时，应当提交由单位盖章和法定代表人或其委托人签名或盖章的书面投诉书，投诉书应包括下列内容：

①投诉人与被投诉人的名称、地址及有效联系方式。

②投诉的招标工程名称、具体事项及理由。

③投诉依据及相关证明材料。

④相关的请求及主张。

3）投诉人不得进行虚假、恶意投诉，阻碍投标活动的正常进行。

4）工程造价管理机构在接到投诉书后应在 2 个工作日内进行审查，对有下列情况之一的，不予受理：

①投诉人不是所投诉招标工程招标文件的收受人。

②投诉书提交的时间不符合上述 1）规定的；投诉书不符合上述 2）规定的。

③投诉事项已进入行政复议或行政诉讼程序的。

5）工程造价管理机构应在不迟于结束审查的次日将是否受理投诉的决定书面通知投诉人、被投诉人及负责该工程招投标监督的招投标管理机构。

6）工程造价管理机构受理投诉后，应立即对招标控制价进行复查，组织投诉人、被投诉人或其委托的招标控制价编制人等单位人员对投诉问题逐一核对。有关当事人应当予以配合，并应保证所提供资料的真实性。

7）工程造价管理机构应当在受理投诉的 10d 内完成复查，特殊情况下可适当延长，并作出书面结论通知投诉人、被投诉人及负责该工程招投标监督的招投标管理机构。

8）当招标控制价复查结论与原公布的招标控制价误差大于±3％时，应当责成招标人改正。

9）招标人根据招标控制价复查结论需要重新公布招标控制价的，其最终公布的时间至招标文件要求提交投标文件截止时间不足 15d 的，应相应延长投标文件的截止时间。

三、投标报价

1. 一般规定

1）投标价应由投标人或受其委托具有相应资质的工程造价咨询人编制。

2）投标人应依据《建设工程工程量清单计价规范》GB 50500—2013 的规定自主确定投标报价。

3）投标报价不得低于工程成本。

4）投标人必须按招标工程量清单填报价格。项目编码、项目名称、项目特征、计量单位、工程量必须与招标工程量清单一致。

5）投标人的投标报价高于招标控制价的应予废标。

2. 编制与复核

1）投标报价应根据下列依据编制和复核：

①《建设工程工程量清单计价规范》GB 50500—2013。

②国家或省级、行业建设主管部门颁发的计价办法。

③企业定额，国家或省级、行业建设主管部门颁发的计价定额和计价办法。

④招标文件、招标工程量清单及其补充通知、答疑纪要。

⑤建设工程设计文件及相关资料。

⑥施工现场情况、工程特点及投标时拟订的施工组织设计或施工方案。

⑦与建设项目相关的标准、规范等技术资料。

⑧市场价格信息或工程造价管理机构发布的工程造价信息。

⑨其他的相关资料。

2）综合单价中应包括招标文件中划分的应由投标人承担的风险范围及其费用，招标文件中没有明确的，应提请招标人明确。

3）分部分项工程和措施项目中的单价项目，应根据招标文件和招标工程量清单项目中的特征描述确定综合单价计算。

4）措施项目中的总价项目金额应根据招标文件和投标时拟订的施工组织设计或施工方案按本节"一、一般规定"中第 1 条"计价方式"4）的规定自主确定。其中安全文明施工费应按照本节"一、一般规定"中第 1 条"计价方式"5）的规定确定。

5）其他项目费应按下列规定报价：

①暂列金额应按招标工程量清单中列出的金额填写。

②材料、工程设备暂估价应按招标工程量清单中列出的单价计入综合单价。

③专业工程暂估价应按招标工程量清单中列出的金额填写。

④计日工应按招标工程量清单中列出的项目和数量，自主确定综合单价并计算计日工金额。

⑤总承包服务费应根据招标工程量清单中列出的内容和提出的要求自主确定。

6）规费和税金应按本节"一、一般规定"中第 1 条"计价方式"6）的规定确定。

7）招标工程量清单与计价表中列明的所有需要填写单价和合价的项目，投标人均应填写，且只允许有一个报价。未填写单价和合价的项目，可视为此项费用已包含在已标价工程量清单中其他项目的单价和合价之中。当竣工结算时，此项目不得重新组价予以调整。

8）投标总价应当与分部分项工程费、措施项目费、其他项目费和规费、税金的合计金额一致。

四、合同价款约定

1. 一般规定

1）实行招标的工程合同价款应在中标通知书发出之日起 30d 内，由发承包双方依据招标文件和中标人的投标文件在书面合同中约定。

合同约定不得违背招标、投标文件中关于工期、造价、质量等方面的实质性内容。招标文件与中标人投标文件不一致的地方，应以投标文件为准。

2）不实行招标的工程合同价款，应在发承包双方认可的工程价款基础上，由发承包双方在合同中约定。

3）实行工程量清单计价的工程，应采用单价合同；建设规模较小，技术难度较低，工期较短，且施工图设计已审查批准的建设工程可采用总价合同；紧急抢险、救灾及施工技术特别复杂的建设工程可采用成本加酬金合同。

2. 约定内容

1）发承包双方应在合同条款中对下列事项进行约定：

①预付工程款的数额、支付时间及抵扣方式。

②安全文明施工措施的支付计划、使用要求等。

③工程计量与支付工程进度款的方式、数额及时间。

④工程价款的调整因素、方法、程序、支付及时间。

⑤施工索赔与现场签证的程序、金额确认与支付时间。

⑥承担计价风险的内容、范围，以及超出约定内容、范围的调整办法。

⑦工程竣工价款结算编制与核对、支付及时间。

⑧工程质量保证金的数额、预留方式及时间。

⑨违约责任及发生合同价款争议的解决方法和时间。

⑩与履行合同、支付价款有关的其他事项等。

2）合同中没有按照上述 1）的要求约定或约定不明的，若发承包双方在合同履行中发生争议由双方协商确定；当协商不能达成一致时，应按《建设工程工程量清单计价规范》GB 50500—2013 的规定执行。

五、工程计量

1）工程量计算除依据《市政工程工程量计算规范》GB 50857—2013 各项规定外，尚应依据以下文件：

①经审定通过的施工设计图纸及其说明。

②经审定通过的施工组织设计或施工方案。

③经审定通过的其他有关技术经济文件。

2）工程实施过程中的计量应按照以下几点执行：

①一般规定。

a. 工程量必须按照相关工程现行国家计量规范规定的工程量计算规则计算。

b. 工程计量可选择按月或按工程形象进度分段计量，具体计量周期应在合同中约定。

c. 因承包人原因造成的超出合同工程范围施工或返工的工程量，发包人不予计量。

d. 成本加酬金合同应按下述②"单价合同的计量"的规定计量。

②单价合同的计量。

a. 工程量必须以承包人完成合同工程应予计量的工程量确定。

b. 施工中进行工程计量，当发现招标工程量清单中出现缺项、工程量偏差，或因工程变更引起工程量增减时，应按承包人在履行合同义务中完成的工程量计算。

c. 承包人应当按照合同约定的计量周期和时间向发包人提交当期已完工程量报告。发包人应在收到报告后7d内核实，并将核实计量结果通知承包人。发包人未在约定时间内进行核实的，承包人提交的计量报告中所列的工程量应视为承包人实际完成的工程量。

d. 发包人认为需要进行现场计量核实时，应在计量前24h通知承包人，承包人应为计量提供便利条件并派人参加。当双方均同意核实结果时，双方应在上述记录上签字确认。承包人收到通知后不派人参加计量，视为认可发包人的计量核实结果。发包人不按照约定时间通知承包人，致使承包人未能派人参加计量，计量核实结果无效。

e. 当承包人认为发包人核实后的计量结果有误时，应在收到计量结果通知后的7d内向发包人提出书面意见，并应附上其认为正确的计量结果和详细的计算资料。发包人收到书面意见后，应在7d内对承包人的计量结果进行复核后通知承包人。承包人对复核计量结果仍有异议的，按照合同约定的争议解决办法处理。

f. 承包人完成已标价工程量清单中每个项目的工程量并经发包人核实无误后，发承包双方应对每个项目的历次计量报表进行汇总，以核实最终结算工程量，并应在汇总表上签字确认。

③总价合同的计量。

a. 采用工程量清单方式招标形成的总价合同，其工程量应按照上述②"单价合同的计量"的规定计算。

b. 采用经审定批准的施工图纸及其预算方式发包形成的总价合同，除按照工程变更规定的工程量增减外，总价合同各项目的工程量应为承包人用于结算的最终工程量。

c. 总价合同约定的项目计量应以合同工程经审定批准的施工图纸为依据，发承包双方应在合同中约定工程计量的形象目标或时间节点进行计量。

d. 承包人应在合同约定的每个计量周期内对已完成的工程进行计量，并向发包人提交达到工程形象目标完成的工程量和有关计量资料的报告。

e. 发包人应在收到报告后7d内对承包人提交的上述资料进行复核，以确定实际完成的工程量和工程形象目标。对其有异议的，应通知承包人进行共同复核。

3）有两个或两个以上计量单位的，应结合拟建工程项目的实际情况，确定其中一个为计量单位。同一工程项目的计量单位应一致。

4）工程计量时每一项目汇总的有效位数应遵守下列规定：

①以"t"为单位，应保留小数点后三位数字，第四位小数四舍五入。

②以"m""m²""m³""kg"为单位，应保留小数点后两位数字，第三位小数四舍五入。

③以"个""件""根""组""系统"为单位，应取整数。

5）工程量清单项目仅列出了主要工作内容，除另有规定和说明外，应视为已经包括完成该项目所列或未列的全部工作内容。

6）市政工程涉及房屋建筑和装饰装修工程的项目，按照现行国家标准《房屋建筑与装饰工程工程量计算规范》GB 50854—2013的相应项目执行；涉及电气、给排水、消防等安装工程的项目，按照现行国家标准《通用安装工程工程量计算规范》GB 50856—2013的相应项目执行；涉及园林绿化工程的项目，按照现行国家标准《园林绿化工程工程量计算规范》GB 50858—2013的相应项目执行；采用爆破法施工的石方工程按照现行国家标准《爆破工程工程量计算规范》GB 50862—2013的相应项目执行。具体划分界限确定如下：

①市政管网工程与现行国家标准《通用安装工程工程量计算规范》GB 50856—2013中工业管道工程的界定：给水管道以厂区入口水表井为界；排水管道以厂区围墙外第一个污水井为界；热力和燃气管道以厂区入口第一个计量表（阀门）为界。

②市政管网工程与现行国家标准《通用安装工程工程量计算规范》GB 50856—2013中给排水、采暖、燃气工程的界定：室外给排水、采暖、燃气管道以与市政管道碰头井为界；厂区、住宅小区的庭院喷灌及喷泉水设备安装按现行国家标准《通用安装工程工程量计算规范》GB 50856—2013中的相应项目执行；市政庭院喷灌及喷泉水设备安装按《市政工程工程量计算规范》GB 50857—2013的相应项目执行。

③市政水处理工程、生活垃圾处理工程与现行国家标准《通用安装工程工程量计算规范》GB 50856—2013中设备安装工程的界定：《市政工程工程量计算规范》GB 50857—2013只列了水处理工程和生活垃圾处理工程专用设

备的项目，各类仪表、泵、阀门等标准、定型设备应按现行国家标准《通用安装工程工程量计算规范》GB 50856—2013 中相应项目执行。

④市政路灯工程与现行国家标准《通用安装工程工程量计算规范》GB 50856—2013 中电气设备安装工程的界定：市政道路路灯安装工程、市政庭院艺术喷泉等电气安装工程的项目，按《市政工程工程量计算规范》GB 50857—2013 路灯工程的相应项目执行；厂区、住宅小区的道路路灯安装工程、庭院艺术喷泉等电气设备安装工程按现行国家标准《通用安装工程工程量计算规范》GB 50856—2013 附录 D 电气设备安装工程的相应项目执行。

7）由水源地取水点至厂区或市、镇第一个储水点之间距离 10km 以上的输水管道，按"管网工程"相应项目执行。

六、合同价款调整

1. 一般规定

1）下列事项（但不限于）发生，发承包双方应当按照合同约定调整合同价款：法律法规变化；工程变更；项目特征不符；工程量清单缺项；工程量偏差；计日工；物价变化；暂估价；不可抗力；提前竣工（赶工补偿）；误期赔偿；索赔；现场签证；暂列金额；发承包双方约定的其他调整事项。

2）出现合同价款调增事项（不含工程量偏差、计日工、现场签证、索赔）后的 14d 内，承包人应向发包人提交合同价款调增报告并附上相关资料；承包人在 14d 内未提交合同价款调增报告的，应视为承包人对该事项不存在调整价款请求。

3）出现合同价款调减事项（不含工程量偏差、索赔）后的 14d 内，发包人应向承包人提交合同价款调减报告并附相关资料；发包人在 14d 内未提交合同价款调减报告的，应视为发包人对该事项不存在调整价款请求。

4）发（承）包人应在收到承（发）包人合同价款调增（减）报告及相关资料之日起 14d 内对其核实，予以确认的应书面通知承（发）包人。当有疑问时，应向承（发）包人提出协商意见。发（承）包人在收到合同价款调增（减）报告之日起 14d 内未确认也未提出协商意见的，应视为承（发）包人提交的合同价款调增（减）报告已被发（承）包人认可。发（承）包人提出协商意见的，承（发）包人应在收到协商意见后的 14d 内对其核实，予以确认的应书面通知发（承）包人。承（发）包人在收到发（承）包人的协商意见后 14d 内既不确认也未提出不同意见的，应视为发（承）包人提出的意见已被承（发）包人认可。

5）发包人与承包人对合同价款调整的不同意见不能达成一致的，只要对发承包双方履约不产生实质影响，双方应继续履行合同义务，直到其按照合同约定的争议解决方式得到处理。

6）经发承包双方确认调整的合同价款，作为追加（减）合同价款，应与工程进度款或结算款同期支付。

2．法律法规变化

1）招标工程以投标截止日前28d、非招标工程以合同签订前28d为基准日，其后因国家的法律、法规、规章和政策发生变化引起工程造价增减变化的，发承包双方应按照省级或行业建设主管部门或其授权的工程造价管理机构据此发布的规定调整合同价款。

2）因承包人原因导致工期延误的，按上述1）规定的调整时间，在合同工程原定竣工时间之后，合同价款调增的不予调整，合同价款调减的予以调整。

3．工程变更

1）因工程变更引起已标价工程量清单项目或其工程数量发生变化时，应按照下列规定调整：

①已标价工程量清单中有适用于变更工程项目的，应采用该项目的单价；但当工程变更导致该清单项目的工程数量发生变化，且工程量偏差超过15％时，该项目单价应按照本节"六、合同价款调整"第6条"工程量偏差"的规定调整。

②已标价工程量清单中没有适用但有类似于变更工程项目的，可在合理范围内参照类似项目的单价。

③已标价工程量清单中没有适用也没有类似于变更工程项目的，应由承包人根据变更工程资料、计量规则和计价办法、工程造价管理机构发布的信息价格和承包人报价浮动率提出变更工程项目的单价，并应报发包人确认后调整。承包人报价浮动率可按下列公式计算：

招标工程：承包人报价浮动率 $L=$ （1－中标价/招标控制价）$\times100\%$　（4-1）

非招标工程：承包人报价浮动率 $L=$ （1－报价/施工图预算）$\times100\%$　（4-2）

④已标价工程量清单中没有适用也没有类似于变更工程项目，且工程造

价管理机构发布的信息价格缺价的，应由承包人根据变更工程资料、计量规则、计价办法和通过市场调查等取得有合法依据的市场价格提出变更工程项目的单价，并应报发包人确认后调整。

2）工程变更引起施工方案改变并使措施项目发生变化时，承包人提出调整措施项目费的，应事先将拟实施的方案提交发包人确认，并应详细说明与原方案措施项目相比的变化情况。拟实施的方案经发承包双方确认后执行，并应按照下列规定调整措施项目费：

①安全文明施工费应按照实际发生变化的措施项目依据本节"一、一般规定"中第 1 条"计价方式"5）的规定计算。

②采用单价计算的措施项目费，应按照实际发生变化的措施项目，按 1）的规定确定单价。

③按总价（或系数）计算的措施项目费，按照实际发生变化的措施项目调整，但应考虑承包人报价浮动因素，即调整金额按照实际调整金额乘以 1）规定的承包人报价浮动率计算。

如果承包人未事先将拟实施的方案提交给发包人确认，则应视为工程变更不引起措施项目费的调整或承包人放弃调整措施项目费的权利。

3）当发包人提出的工程变更因非承包人原因删减了合同中的某项原定工作或工程，致使承包人发生的费用或（和）得到的收益不能被包括在其他已支付或应支付的项目中，也未被包含在任何替代的工作或工程中时，承包人有权提出并应得到合理的费用及利润补偿。

4. 项目特征描述不符

1）发包人在招标工程量清单中对项目特征的描述，应被认为是准确的和全面的，并且与实际施工要求相符合。承包人应按照发包人提供的招标工程量清单，根据项目特征描述的内容及有关要求实施合同工程，直到项目被改变为止。

2）承包人应按照发包人提供的设计图纸实施合同工程，若在合同履行期间出现设计图纸（含设计变更）与招标工程量清单任一项目的特征描述不符，且该变化引起该项目工程造价增减变化的，应按照实际施工的项目特征，按本节"合同价款调整"中第 3 条"工程变更"的相关条款的规定重新确定相应工程量清单项目的综合单价，并调整合同价款。

5. 工程量清单缺项

1）合同履行期间，由于招标工程量清单中缺项，新增分部分项工程清单项目的，应按照本节"六、合同价款调整"中第 3 条"工程变更"1）的规定确定单价，并调整合同价款。

2）新增分部分项工程清单项目后，引起措施项目发生变化的，应按照本节"六、合同价款调整"中第 3 条"工程变更"2）的规定，在承包人提交的实施方案被发包人批准后调整合同价款。

3）由于招标工程量清单中措施项目缺项，承包人应将新增措施项目实施方案提交发包人批准后，按照本节"六、合同价款调整"中第 3 条"工程变更"1）、2）的规定调整合同价款。

6. 工程量偏差

1）合同履行期间，当应予计算的实际工程量与招标工程量清单出现偏差，且符合 2）、3）规定时，发承包双方应调整合同价款。

2）对于任一招标工程量清单项目，当因工程量偏差规定的"工程量偏差"和"工程变更"规定的工程变更等原因导致工程量偏差超过 15％时，可进行调整。当工程量增加 15％以上时，增加部分的工程量的综合单价应予调低；当工程量减少 15％以上时，减少后剩余部分的工程量的综合单价应予调高。

上述调整参考如下公式：

①当 $Q_1 > 1.15Q_0$ 时：

$$S = 1.15Q_0P_0 + (Q_1 \sim 1.15Q_0) P_1 \tag{4-3}$$

②当 $Q_1 < 0.85Q_0$ 时：

$$S = Q_1P_1 \tag{4-4}$$

式中　S——调整后的某一分部分项工程费结算价；

　　Q_1——最终完成的工程量；

　　Q_0——招标工程量清单中列出的工程量；

　　P_1——按照最终完成工程量重新调整后的综合单价；

　　P_0——承包人在工程量清单中填报的综合单价。

采用上述两式的关键是确定新的综合单价，即 P_1。确定的方法，一是发承包双方协商确定，二是与招标控制价相联系。当工程量偏差项目出现承包人在工程量清单中填报的综合单价与发包人招标控制价相应清单项目的综合单价偏差超过 15％时，工程量偏差项目综合单价的调整可参考以下公式：

③当 $P_0 < P_2$（$1-L$）（$1-15％$）时，该类项目的综合单价：

$$P_1 = P_2（1-L）（1-15％）\tag{4-5}$$

④当 $P_0 > P_2$（$1+15％$）时，该类项目的综合单价：

$$P_1 = P_2（1+15％）\tag{4-6}$$

式中　P_0——承包人在工程量清单中填报的综合单价；

　　　P_2——发包人招标控制价相应项目的综合单价；

　　　L——承包人报价浮动率。

【例 4-1】某工程项目招标控制价的综合单价为 350 元，投标报价的综合单价为 287 元，该工程投标报价下浮率为 6％，综合单价是否调整？

【解】

287÷350＝82％，偏差为 18％

按式（4-5）：350×（1-6％）×（1-15％）＝279.65 元

由于 287 元大于 279.65 元，该项目变更后的综合单价可不予调整。

【例 4-2】某一工程项目招标工程量清单数量为 1520m³，施工中由于设计变更调减为 1216m³，减少 20％，该项目招标控制价为 350 元，投标报价为 287 元，应如何调整？

【解】

见【例 4-1】，综合单价可不调整。

用式（4-4），S＝1216×287＝348992 元

3）当工程量出现 2）的变化，且该变化引起相关措施项目相应发生变化时，按系数或单一总价方式计价的，工程量增加的措施项目费调增，工程量减少的措施项目费调减。

7. 计日工

1）发包人通知承包人以计日工方式实施的零星工作，承包人应予执行。

2）采用计日工计价的任何一项变更工作，在该项变更的实施过程中，承包人应按合同约定提交下列报表和有关凭证送发包人复核：

①工作名称、内容和数量。

②投入该工作所有人员的姓名、工种、级别和耗用工时。

③投入该工作的材料名称、类别和数量。

④投入该工作的施工设备型号、台数和耗用台时。

⑤发包人要求提交的其他资料和凭证。

3）任一计日工项目持续进行时，承包人应在该项工作实施结束后的 24h 内向发包人提交有计日工记录汇总的现场签证报告一式三份。发包人在收到承包人提交现场签证报告后的 2d 内予以确认，并将其中一份返还给承包人，作为计日工计价和支付的依据。发包人逾期未确认也未提出修改意见的，应视为承包人提交的现场签证报告已被发包人认可。

4）任一计日工项目实施结束后，承包人应按照确认的计日工现场签证报告核实该类项目的工程数量，并应根据核实的工程数量和承包人已标价工程量清单中的计日工单价计算，提出应付价款；已标价工程量清单中没有该类计日工单价的，由发承包双方按本节"六、合同价款调整"第 3 条"工程变更"的规定商定计日工单价计算。

5）每个支付期末，承包人应按照"进度款"的规定向发包人提交本期间所有计日工记录的签证汇总表，并应说明本期间自己认为有权得到的计日工金额，调整合同价款，列入进度款支付。

8. 物价变化

1）合同履行期间，因人工、材料、工程设备、机械台班价格波动影响合同价款时，应根据合同约定，按物价变化合同价款调整方法调整合同价款。物价变化合同价款调整方法主要有以下两种：

①价格指数调整价格差额。

a. 价格调整公式。因人工、材料和工程设备、施工机械台班等价格波动影响合同价格时，根据招标人提供的"承包人提供主要材料和工程设备一览表（适用于价格指数差额调整法）"（见附录中的表-22），并由投标人在投标函附录中的价格指数和权重表约定的数据，应按下式计算差额并调整合同价款：

$$\Delta P = P_0 \left[A + \left(B_1 \times \frac{F_{t1}}{F_{01}} + B_2 \times \frac{F_{t2}}{F_{02}} + B_3 \times \frac{F_{t3}}{F_{03}} + \cdots + B_n \times \frac{F_{tn}}{F_{0n}} \right)^{-1} \right]$$

$$(4-7)$$

式中　ΔP——需调整的价格差额；

　　　P_0——约定的付款证书中承包人应得到的已完成工程量的金额；此项

金额应不包括价格调整、不计质量保证金的扣留和支付、预付款的支付和扣回；约定的变更及其他金额已按现行价格计价的，也不计在内；

A——定值权重（即不调部分的权重）；

B_1、B_2、B_3……B_n——各可调因子的变值权重（即可调部分的权重），为各可调因子在投标函投标总报价中所占的比例；

F_{t1}、F_{t2}、F_{t3}……F_{tn}——各可调因子的现行价格指数，指约定的付款证书相关周期最后一天的前42d的各可调因子的价格指数；

F_{01}、F_{02}、F_{03}……F_{0n}——各可调因子的基本价格指数，指基准日期的各可调因子的价格指数。

以上价格调整公式中的各可调因子、定值和变值权重，以及基本价格指数及其来源，在投标函附录价格指数和权重表中约定。价格指数应首先采用工程造价管理机构提供的价格指数，缺乏上述价格指数时，可采用工程造价管理机构提供的价格代替。

b. 暂时确定调整差额。在计算调整差额时得不到现行价格指数的，可暂用上一次价格指数计算，并在以后的付款中再按实际价格指数进行调整。

c. 权重的调整。约定的变更导致原定合同中的权重不合理时，由承包人和发包人协商后进行调整。

d. 承包人工期延误后的价格调整。由于承包人原因未在约定的工期内竣工的，对原约定竣工日期后继续施工的工程，在使用第 a 条的价格调整公式时，应采用原约定竣工日期与实际竣工日期的两个价格指数中较低的一个作为现行价格指数。

e. 若可调因子包括了人工在内，则不适用"工程造价比较分析"的规定。

【例 4-3】某工程约定采用价格指数法调整合同价款，具体约定见表 4-1 中的数据，本期完成合同价款为 1584629.37 元，其中，已按现行价格计算的计日工价款 5600 元，发承包双方确认应增加的索赔金额为 2135.87 元，请计算应调整的合同价款差额。

表 4-1　承包人提供材料和工程设备一览表（适用于价格指数调整法）

工程名称：某工程　　　　　　　　　标段：　　　　　　第 1 页共 1 页

序号	名称、规格、型号	变值权重 B	基本价格指数 F_0	现行价格指数 F_t	备注
1	人工费	0.18	110%	120%	
2	钢材	0.11	4000 元/t	4320 元/t	
3	预拌混凝土 C30	0.16	340 元/m³	357 元/m³	
4	页岩砖	0.05	300 元/千匹	318 元/千匹	
5	机械费	0.08	100%	100%	
	定值权重 A	0.42	—	—	
	合计	1			

【解】

1）本期完成合同价款应扣除已按现行价格计算的计日工价款和确认的索赔金额。

1584629.37－5600－2135.87＝1576893.50（元）

2）用式（4-7）计算：

$$\Delta P=1576893.50\left[0.42+0.18\times\frac{121}{110}+0.11\times\frac{4320}{4000}+0.16\times\frac{353}{340}+0.05\right.$$

$$\left.\times\frac{317}{300}+0.08\times\frac{100}{100}\right)-1]$$

$$=59606.57\ 元$$

本期应增加合同价款 59606.57 元。

假如此例中人工费单独按照本节"一、一般规定"第 4 条"计价风险" 2）中②的规定进行调整，则应扣除人工费所占变值权重，将其列入定值权重。用式（4-7）：

$$\Delta P=1576893.50\left[0.6+\left(0.11\times\frac{4320}{4000}+0.16\times\frac{353}{340}+0.05\times\frac{317}{300}+\right.\right.$$

$$\left.\left.0.08\times\frac{100}{100}\right)-1\right]$$

$$=31222.49\ 元$$

本期应增加合同价款 31222.49 元。

②造价信息调整价格差额。

a. 施工期内，因人工、材料和工程设备、施工机械台班价格波动影响合同价格时，人工、机械使用费按照国家或省、自治区、直辖市建设行政管理部门、行业建设管理部门或其授权的工程造价管理机构发布的人工成本信息、机械台班单价或机械使用费系数进行调整；需要进行价格调整的材料，其单价和采购数应由发包人复核，发包人确认需调整的材料单价及数量，作为调整合同价款差额的依据。

b. 人工单价发生变化且符合本节"一、一般规定"第 4 条"计价风险" 2）中②的规定的条件时，发承包双方应按省级或行业建设主管部门或其授权的工程造价管理机构发布的人工成本文件调整合同价款。

c. 材料、工程设备价格变化按照发包人提供的"承包人提供主要材料和工程设备一览表（适用于造价信息差额调整法）"（见本书附录中表-21），由发承包双方约定的风险范围按下列规定调整合同价款：

a）承包人投标报价中材料单价低于基准单价：施工期间材料单价涨幅以基准单价为基础超过合同约定的风险幅度值，或材料单价跌幅以投标报价为基础超过合同约定的风险幅度值时，其超过部分按实调整。

b）承包人投标报价中材料单价高于基准单价：施工期间材料单价跌幅以基准单价为基础超过合同约定的风险幅度值，或材料单价涨幅以投标报价为基础超过合同约定的风险幅度值时，其超过部分按实调整。

c）承包人投标报价中材料单价等于基准单价：施工期间材料单价涨、跌幅以基准单价为基础超过合同约定的风险幅度值时，其超过部分按实调整。

d）承包人应在采购材料前将采购数量和新的材料单价报送发包人核对，确认用于本合同工程时，发包人应确认采购材料的数量和单价。发包人在收到承包人报送的确认资料后 3 个工作日不予答复的视为已经认可，作为调整合同价款的依据。如果承包人未报经发包人核对即自行采购材料，再报发包人确认调整合同价款的，如发包人不同意，则不做调整。

【例 4-4】某中学教学楼工程采用预拌混凝土，由承包人提供，所需品种见表 4-2，在施工期间，在采购预拌混凝土时，其单价分别为：C20，327 元/m³；C25，335 元/m³；C30，345 元/m³。合同约定的材料单价如何调整？

表 4-2　承包人提供主要材料和工程设备一览表（适用造价信息差额调整法）

工程名称：某中学教学楼工程　　　　　　　标段：　　　　　第 1 页共 1 页

序号	名称、规格、型号	单位	数量	风险系数（%）	基准单价/元	投标单价/元	发承包人确认单价/元	备注
1	预拌混凝土 C20	m³	25	≤5	310	308	309.50	
2	预拌混凝土 C25	m³	560	≤5	323	325	325	
3	预拌混凝土 C30	m³	3120	≤5	340	340	340	

【解】

1）C20：327÷310－1＝5.45%

投标单价低于基准价，按基准价算，已超过约定的风险系数，应予调整：

$$308＋310×0.45\%＝309.50 元$$

2）C25：335÷325－1＝3.08%

投标单价高于基准价，按报价算，未超过约定的风险系数，不予调整。

3）C30：345÷340－1＝1.39%

投标价等于基准价，以基准价算，未超过约定的风险系数，不予调整。

d. 施工机械台班单价或施工机械使用费发生变化超过省级或行业建设主管部门或其授权的工程造价管理机构规定的范围时，按其规定调整合同价款。

2）承包人采购材料和工程设备的，应在合同中约定主要材料、工程设备价格变化的范围或幅度；当没有约定，且材料、工程设备单价变化超过 5%时，超过部分的价格应按照以上两种物价变化合同价款调整方法计算，调整材料、工程设备费。

3）发生合同工程工期延误的，应按照下列规定确定合同履行期的价格调整：

①因非承包人原因导致工期延误的，计划进度日期后续工程的价格，应采用计划进度日期与实际进度日期两者的较高者。

②因承包人原因导致工期延误的，计划进度日期后续工程的价格，应采用计划进度日期与实际进度日期两者的较低者。

4）发包人供应材料和工程设备的，不适用 1）、2）规定，应由发包人按照实际变化调整，列入合同工程的工程造价内。

9. 暂估价

1）发包人在招标工程量清单中给定暂估价的材料、工程设备属于依法必须招标的，应由发承包双方以招标的方式选择供应商，确定价格，并应以此为依据取代暂估价，调整合同价款。

2）发包人在招标工程量清单中给定暂估价的材料、工程设备不属于依法必须招标的，应由承包人按照合同约定采购，经发包人确认单价后取代暂估价，调整合同价款。

3）发包人在工程量清单中给定暂估价的专业工程不属于依法必须招标的，应按照本节"六、合同价款调整"第 3 条"工程变更"的相应条款的规定确定专业工程价款，并应以此为依据取代专业工程暂估价，调整合同价款。

4）发包人在招标工程量清单中给定暂估价的专业工程，依法必须招标的，应当由发承包双方依法组织招标选择专业分包人，并接受有管辖权的建设工程招标投标管理机构的监督，还应符合下列要求：

①除合同另有约定外，承包人不参加投标的专业工程发包招标，应由承包人作为招标人，但拟定的招标文件、评标工作、评标结果应报送发包人批准。与组织招标工作有关的费用应当被认为已经包括在承包人的签约合同价（投标总报价）中。

②承包人参加投标的专业工程发包招标，应由发包人作为招标人，与组织招标工作有关的费用由发包人承担。同等条件下，应优先选择承包人中标。

③应以专业工程发包中标价为依据取代专业工程暂估价，调整合同价款。

10. 不可抗力

因不可抗力事件导致的人员伤亡、财产损失及其费用增加，发承包双方应按下列原则分别承担并调整合同价款和工期：

1）合同工程本身的损害、因工程损害导致第三方人员伤亡和财产损失，以及运至施工场地用于施工的材料和待安装的设备的损害，应由发包人承担。

2）发包人、承包人人员伤亡应由其所在单位负责，并应承担相应费用。

3）承包人的施工机械设备损坏及停工损失，应由承包人承担。

4）停工期间，承包人应发包人要求留在施工场地的必要的管理人员及保卫人员的费用应由发包人承担。

5）工程所需清理、修复费用，应由发包人承担。

11. 提前竣工（赶工补偿）

1）招标人应依据相关工程的工期定额合理计算工期，压缩的工期天数不得超过定额工期的 20％；超过者，应在招标文件中明示增加赶工费用。

2）发包人要求合同工程提前竣工的，应征得承包人同意后与承包人商定采取加快工程进度的措施，并应修订合同工程进度计划。发包人应承担承包人由此增加的提前竣工（赶工补偿）费用。

3）发承包双方应在合同中约定提前竣工每日历天应补偿额度。此项费用应作为增加合同价款列入竣工结算文件中，与结算款一并支付。

12. 误期赔偿

1）承包人未按照合同约定施工，导致实际进度迟于计划进度的，承包人应加快进度，实现合同工期。

合同工程发生误期，承包人应赔偿发包人由此造成的损失，并应按照合同约定向发包人支付误期赔偿费。即使承包人支付误期赔偿费，也不能免除承包人按照合同约定应承担的任何责任和应履行的任何义务。

2）发承包双方应在合同中约定误期赔偿费，并应明确每日历天应赔额度。误期赔偿费应列入竣工结算文件中，并应在结算款中扣除。

3）在工程竣工之前，合同工程内的某单项（位）工程已通过了竣工验收，且该单项（位）工程接收证书中表明的竣工日期并未延误，而是合同工程的其他部分产生了工期延误时，误期赔偿费应按照已颁发工程接收证书的单项（位）工程造价占合同价款的比例幅度予以扣减。

13. 索赔

1）当合同一方向另一方提出索赔时，应有正当的索赔理由和有效证据，并应符合合同的相关约定。

2）根据合同约定，承包人认为非承包人原因发生的事件造成了承包人的损失，应按下列程序向发包人提出索赔：

①承包人应在知道或应当知道索赔事件发生后 28d 内，向发包人提交索赔意向通知书，说明发生索赔事件的事由。承包人逾期未发出索赔意向通知书的，丧失索赔的权利。

②承包人应在发出索赔意向通知书后 28d 内，向发包人正式提交索赔通知书。索赔通知书应详细说明索赔理由和要求，并应附必要的记录和证明材料。

③索赔事件具有连续影响的，承包人应继续提交延续索赔通知，说明连续影响的实际情况和记录。

④在索赔事件影响结束后的 28d 内，承包人应向发包人提交最终索赔通知书，说明最终索赔要求，并应附必要的记录和证明材料。

3）承包人索赔应按下列程序处理：

①发包人收到承包人的索赔通知书后，应及时查验承包人的记录和证明材料。

②发包人应在收到索赔通知书或有关索赔的进一步证明材料后的 28d 内，将索赔处理结果答复承包人，如果发包人逾期未作出答复，视为承包人索赔要求已被发包人认可。

③承包人接受索赔处理结果的，索赔款项应作为增加合同价款，在当期进度款中进行支付；承包人不接受索赔处理结果的，应按合同约定的争议解决方式办理。

4）承包人要求赔偿时，可以选择下列一项或几项方式获得赔偿：

①延长工期。

②要求发包人支付实际发生的额外费用。

③要求发包人支付合理的预期利润。

④要求发包人按合同的约定支付违约金。

5）当承包人的费用索赔与工期索赔要求相关联时，发包人在作出费用索赔的批准决定时，应结合工程延期，综合作出费用赔偿和工程延期的决定。

6）发承包双方在按合同约定办理了竣工结算后，应被认为承包人已无权再提出竣工结算前所发生的任何索赔。承包人在提交的最终结清申请中，只限于提出竣工结算后的索赔，提出索赔的期限应自发承包双方最终结清时终止。

7）根据合同约定，发包人认为由于承包人的原因造成发包人的损失，宜按承包人索赔的程序进行索赔。

8）发包人要求赔偿时，可以选择下列一项或几项方式获得赔偿：

①延长质量缺陷修复期限。

②要求承包人支付实际发生的额外费用。

③要求承包人按合同的约定支付违约金。

9）承包人应付给发包人的索赔金额可从拟支付给承包人的合同价款中扣

除，或由承包人以其他方式支付给发包人。

14．现场签证

1）承包人应发包人要求完成合同以外的零星项目、非承包人责任事件等工作的，发包人应及时以书面形式向承包人发出指令，并应提供所需的相关资料；承包人在收到指令后，应及时向发包人提出现场签证要求。

2）承包人应在收到发包人指令后的 7d 内向发包人提交现场签证报告，发包人应在收到现场签证报告后的 48h 内对报告内容进行核实，予以确认或提出修改意见。发包人在收到承包人现场签证报告后的 48h 内未确认也未提出修改意见的，应视为承包人提交的现场签证报告已被发包人认可。

3）现场签证的工作如已有相应的计日工单价，现场签证中应列明完成该类项目所需的人工、材料、工程设备和施工机械台班的数量。

如现场签证的工作没有相应的计日工单价，应在现场签证报告中列明完成该签证工作所需的人工、材料设备和施工机械台班的数量及单价。

4）合同工程发生现场签证事项，未经发包人签证确认，承包人便擅自施工的，除非征得发包人书面同意，否则发生的费用应由承包人承担。

5）现场签证工作完成后的 7d 内，承包人应按照现场签证内容计算价款，报送发包人确认后，作为增加合同价款，与进度款同期支付。

6）在施工过程中，当发现合同工程内容因场地条件、地质水文、发包人要求等不一致时，承包人应提供所需的相关资料，并提交发包人签证认可，作为合同价款调整的依据。

15．暂列金额

1）已签约合同价中的暂列金额应由发包人掌握使用。

2）发包人按照第 1～14 条的规定支付后，暂列金额余额应归发包人所有。

七、合同价款期中支付

1．预付款

1）承包人应将预付款专用于合同工程。

2）包工包料工程的预付款的支付比例不得低于签约合同价（扣除暂列金额）的 10%，不宜高于签约合同价（扣除暂列金额）的 30%。

3）承包人应在签订合同或向发包人提供与预付款等额的预付款保函后向发包人提交预付款支付申请。

4）发包人应在收到支付申请的 7d 内进行核实，向承包人发出预付款支付证书，并在签发支付证书后的 7d 内向承包人支付预付款。

5）发包人没有按合同约定按时支付预付款的，承包人可催告发包人支付；发包人在预付款期满后的 7d 内仍未支付的，承包人可在付款期满后的第 8 天起暂停施工。发包人应承担由此增加的费用和延误的工期，并应向承包人支付合理利润。

6）预付款应从每一个支付期应支付给承包人的工程进度款中扣回，直到扣回的金额达到合同约定的预付款金额为止。

7）承包人的预付款保函的担保金额根据预付款扣回的数额相应递减，但在预付款全部扣回之前一直保持有效。发包人应在预付款扣完后的 14d 内将预付款保函退还给承包人。

2. 安全文明施工费

1）安全文明施工费包括的内容和使用范围，应符合国家有关文件和计量规范的规定。

2）发包人应在工程开工后的 28d 内预付不低于当年施工进度计划的安全文明施工费总额的 60％，其余部分应按照提前安排的原则进行分解，并应与进度款同期支付。

3）发包人没有按时支付安全文明施工费的，承包人可催告发包人支付；发包人在付款期满后的 7d 内仍未支付的，若发生安全事故，发包人应承担相应责任。

4）承包人对安全文明施工费应专款专用，在财务账目中应单独列项备查，不得挪作他用，否则发包人有权要求其限期改正；逾期未改正的，造成的损失和延误的工期应由承包人承担。

3. 进度款

1）发承包双方应按照合同约定的时间、程序和方法，根据工程计量结果，办理期中价款结算，支付进度款。

2）进度款支付周期应与合同约定的工程计量周期一致。

3）已标价工程量清单中的单价项目，承包人应按工程计量确认的工程量与综合单价计算；综合单价发生调整的，以发承包双方确认调整的综合单价计算进度款。

4）已标价工程量清单中的总价项目和按照本节"工程计量"中"工程计

量的要求"第③条"总价合同的计量"的 b 规定形成的总价合同，承包人应按合同中约定的进度款支付分解，分别列入进度款支付申请中的安全文明施工费和本周期应支付的总价项目的金额中。

5）发包人提供的甲供材料金额，应按照发包人签约提供的单价和数量从进度款支付中扣除，列入本周期应扣减的金额中。

6）承包人现场签证和得到发包人确认的索赔金额应列入本周期应增加金额中。

7）进度款的支付比例按照合同约定，按期中结算价款总额计，不低于60%，不高于90%。

8）承包人应在每个计量周期到期后的 7d 内向发包人提交已完工程进度款支付申请一式四份，详细说明此周期认为有权得到的款额，包括分包人已完工程的价款。支付申请应包括下列内容：

①累计已完成的合同价款。

②累计已实际支付的合同价款。

③本周期合计完成的合同价款。

a. 本周期已完成单价项目的金额。

b. 本周期应支付的总价项目的金额。

c. 本周期已完成的计日工价款。

d. 本周期应支付的安全文明施工费。

e. 本周期应增加的金额。

④本周期合计应扣减的金额。

a. 本周期应扣回的预付款。

b. 本周期应扣减的金额。

⑤本周期实际应支付的合同价款。

9）发包人应在收到承包人进度款支付申请后的 14d 内，根据计量结果和合同约定对申请内容予以核实，确认后向承包人出具进度款支付证书。若发承包双方对部分清单项目的计量结果出现争议，发包人应对无争议部分的工程计量结果向承包人出具进度款支付证书。

10）发包人应在签发进度款支付证书后的 14d 内，按照支付证书列明的金额向承包人支付进度款。

11）若发包人逾期未签发进度款支付证书，则视为承包人提交的进度款支付申请已被发包人认可，承包人可向发包人发出催告付款的通知。发包人应在收到通知后的 14d 内，按照承包人支付申请的金额向承包人支付进度款。

12）发包人未按照 9）～11）的规定支付进度款的，承包人可催告发包人支付，并有权获得延迟支付的利息；发包人在付款期满后的 7d 内仍未支付的，承包人可在付款期满后的第 8 天起暂停施工。发包人应承担由此增加的费用和延误的工期，向承包人支付合理利润，并应承担违约责任。

13）发现已签发的任何支付证书有错、漏或重复的数额，发包人有权予以修正，承包人也有权提出修正申请。经发承包双方复核同意修正的，应在本次到期的进度款中支付或扣除。

八、竣工结算与支付

1. 一般规定

1）工程完工后，发承包双方必须在合同约定时间内办理工程竣工结算。

2）工程竣工结算应由承包人或受其委托具有相应资质的工程造价咨询人编制，并应由发包人或受其委托具有相应资质的工程造价咨询人核对。

3）当发承包双方或一方对工程造价咨询人出具的竣工结算文件有异议时，可向工程造价管理机构投诉，申请对其进行执业质量鉴定。

4）工程造价管理机构对投诉的竣工结算文件进行质量鉴定，宜按工程造价鉴定的相关规定进行。

5）竣工结算办理完毕，发包人应将竣工结算文件报送工程所在地或有该工程管辖权的行业管理部门的工程造价管理机构备案，竣工结算文件应作为工程竣工验收备案、交付使用的必备文件。

2. 编制与复核

1）工程竣工结算应根据下列依据编制和复核：

①《建设工程工程量清单计价规范》GB 50500—2013。

②工程合同。

③发承包双方实施过程中已确认的工程量及其结算的合同价款。

④发承包双方实施过程中已确认调整后追加（减）的合同价款。

⑤建设工程设计文件及相关资料。

⑥投标文件。

⑦其他依据。

2）分部分项工程和措施项目中的单价项目应依据发承包双方确认的工程

量与已标价工程量清单的综合单价计算；发生调整的，应以发承包双方确认调整的综合单价计算。

3）措施项目中的总价项目应依据已标价工程量清单的项目和金额计算；发生调整的，应以发承包双方确认调整的金额计算，其中安全文明施工费应按本节"一、一般规定"第1条"计价方式"5）的规定计算。

4）其他项目应按下列规定计价：

①计日工应按发包人实际签证确认的事项计算。

②暂估价应按本节"六、合同价款调整"第9条"暂估价"的规定计算。

③总承包服务费应依据已标价工程量清单金额计算；发生调整的，应以发承包双方确认调整的金额计算。

④索赔费用应依据发承包双方确认的索赔事项和金额计算。

⑤现场签证费用应依据发承包双方签证资料确认的金额计算。

⑥暂列金额应减去合同价款调整（包括索赔、现场签证）金额计算，如有余额归发包人。

5）规费和税金应按本节"一、一般规定"第1条"计价方式"6）的规定计算。规费中的工程排污费应按工程所在地环境保护部门规定的标准缴纳后按实列入。

6）发承包双方在合同工程实施过程中已经确认的工程计量结果和合同价款，在竣工结算办理中应直接进入结算。

3. 竣工结算

1）合同工程完工后，承包人应在经发承包双方确认的合同工程期中价款结算的基础上汇总编制完成竣工结算文件，应在提交竣工验收申请的同时向发包人提交竣工结算文件。

承包人未在合同约定的时间内提交竣工结算文件，经发包人催告后14d内仍未提交或没有明确答复的，发包人有权根据已有资料编制竣工结算文件，作为办理竣工结算和支付结算款的依据，承包人应予以认可。

2）发包人应在收到承包人提交的竣工结算文件后的28d内核对。发包人经核实，认为承包人还应进一步补充资料和修改结算文件，应在上述时限内向承包人提出核实意见，承包人在收到核实意见后的28d内应按照发包人提出的合理要求补充资料，修改竣工结算文件，并应再次提交给发包人复核后批准。

3）发包人应在收到承包人再次提交的竣工结算文件后的 28d 内予以复核，将复核结果通知承包人，并应遵守下列规定：

①发包人、承包人对复核结果无异议的，应在 7d 内在竣工结算文件上签字确认，竣工结算办理完毕。

②发包人或承包人对复核结果认为有误的，无异议部分按照①规定办理不完全竣工结算；有异议部分由发承包双方协商解决；协商不成的，应按照合同约定的争议解决方式处理。

4）发包人在收到承包人竣工结算文件后的 28d 内，不核对竣工结算或未提出核对意见的，应视为承包人提交的竣工结算文件已被发包人认可，竣工结算办理完毕。

5）承包人在收到发包人提出的核实意见后的 28d 内，不确认也未提出异议的，应视为发包人提出的核实意见已被承包人认可，竣工结算办理完毕。

6）发包人委托工程造价咨询人核对竣工结算的，工程造价咨询人应在 28d 内核对完毕，核对结论与承包人竣工结算文件不一致的，应提交给承包人复核；承包人应在 14d 内将同意核对结论或不同意见的说明提交工程造价咨询人。工程造价咨询人收到承包人提出的异议后，应再次复核，复核无异议的，应按 3）条①的规定办理，复核后仍有异议的，按 3）条②的规定办理。

承包人逾期未提出书面异议的，应视为工程造价咨询人核对的竣工结算文件已经承包人认可。

7）对发包人或发包人委托的工程造价咨询人指派的专业人员与承包人指派的专业人员经核对后无异议并签名确认的竣工结算文件，除非发承包人能提出具体、详细的不同意见，发承包人都应在竣工结算文件上签名确认。如其中一方拒不签认的，按下列规定办理：

①若发包人拒不签认的，承包人可不提供竣工验收备案资料，并有权拒绝与发包人或其上级部门委托的工程造价咨询人重新核对竣工结算文件。

②若承包人拒不签认的，发包人要求办理竣工验收备案的，承包人不得拒绝提供竣工验收资料，否则，由此造成的损失，承包人承担相应责任。

8）合同工程竣工结算核对完成，发承包双方签字确认后，发包人不得要求承包人与另一个或多个工程造价咨询人重复核对竣工结算。

9）发包人对工程质量有异议，拒绝办理工程竣工结算的，已竣工验收或已竣工未验收但实际投入使用的工程，其质量争议应按该工程保修合同执行，竣工结算应按合同约定办理；已竣工未验收且未实际投入使用的工程以及停工、停建工程的质量争议，双方应就有争议的部分委托有资质的检测鉴定机构进行检测，并应根据检测结果确定解决方案，或按工程质量监督机构的处理决定执行后办理竣工结算，无争议部分的竣工结算应按合同约定办理。

4. 结算款支付

1）承包人应根据办理的竣工结算文件向发包人提交竣工结算款支付申请。申请包括下列内容：

①竣工结算合同价款总额。

②累计已实际支付的合同价款。

③应预留的质量保证金。

④实际应支付的竣工结算款金额。

2）发包人应在收到承包人提交竣工结算款支付申请后 7d 内予以核实，向承包人签发竣工结算支付证书。

3）发包人签发竣工结算支付证书后的 14d 内，应按照竣工结算支付证书列明的金额向承包人支付结算款。

4）发包人在收到承包人提交的竣工结算款支付申请后 7d 内不予核实，不向承包人签发竣工结算支付证书的，视为承包人的竣工结算款支付申请已被发包人认可；发包人应在收到承包人提交的竣工结算款支付申请 7d 后的 14d 内，按照承包人提交的竣工结算款支付申请列明的金额向承包人支付结算款。

5）发包人未按照 3）、4）规定支付竣工结算款的，承包人可催告发包人支付，并有权获得延迟支付的利息。发包人在竣工结算支付证书签发后或者在收到承包人提交的竣工结算款支付申请 7d 后的 56d 内仍未支付的，除法律另有规定外，承包人可与发包人协商将该工程折价，也可直接向人民法院申请将该工程依法拍卖。承包人应就该工程折价或拍卖的价款优先受偿。

5. 质量保证金

1）发包人应按照合同约定的质量保证金比例从结算款中预留质量保证金。

2）承包人未按照合同约定履行属于自身责任的工程缺陷修复义务的，发包人有权从质量保证金中扣除用于缺陷修复的各项支出。经查验，工程缺陷属于发包人原因造成的，应由发包人承担查验和缺陷修复的费用。

3）在合同约定的缺陷责任期终止后，发包人应按照本节"八、竣工结算与支付"第 6 条"最终结清"的规定，将剩余的质量保证金返还给承包人。

6. 最终结清

1）缺陷责任期终止后，承包人应按照合同约定向发包人提交最终结清支付申请。发包人对最终结清支付申请有异议的，有权要求承包人进行修正和提供补充资料。承包人修正后，应再次向发包人提交修正后的最终结清支付申请。

2）发包人应在收到最终结清支付申请后的 14d 内予以核实，并应向承包人签发最终结清支付证书。

3）发包人应在签发最终结清支付证书后的 14d 内，按照最终结清支付证书列明的金额向承包人支付最终结清款。

4）发包人未在约定的时间内核实，又未提出具体意见的，应视为承包人提交的最终结清支付申请已被发包人认可。

5）发包人未按期支付最终结清款的，承包人可催告发包人支付，并有权获得延迟支付最终结清款的利息。

6）最终结清时，承包人被预留的质量保证金不足以抵减发包人工程缺陷修复费用的，承包人应承担不足部分的补偿责任。

7）承包人对发包人支付的最终结清款有异议的，应按照合同约定的争议解决方式处理。

九、合同解除的价款结算与支付

1）发承包双方协商一致解除合同的，应按照达成的协议办理结算和支付合同价款。

2）由于不可抗力致使合同无法履行解除合同的，发包人应向承包人支付合同解除之日前已完成工程但尚未支付的合同价款，此外，还应支付下列金额：

①本节"合同价款调整"第 11 条"提前竣工（赶工补偿）"规定的由发包人承担的费用。

②已实施或部分实施的措施项目应付价款。

③承包人为合同工程合理订购且已交付的材料和工程设备货款。

④承包人撤离现场所需的合理费用，包括员工遣送费和临时工程拆除、施工设备运离现场的费用。

⑤承包人为完成合同工程而预期开支的任何合理费用，且该项费用未包括在本款其他各项支付之内。

发承包双方办理结算合同价款时，应扣除合同解除之日前发包人应向承包人收回的价款。当发包人应扣除的金额超过了应支付的金额，承包人应在合同解除后的56d内将其差额退还给发包人。

3）因承包人违约解除合同的，发包人应暂停向承包人支付任何价款。发包人应在合同解除后28d内核实合同解除时承包人已完成的全部合同价款，以及按施工进度计划已运至现场的材料和工程设备货款，按合同约定核算承包人应支付的违约金及造成损失的索赔金额，并将结果通知承包人。发承包双方应在28d内予以确认或提出意见，并应办理结算合同价款。如果发包人应扣除的金额超过了应支付的金额，承包人应在合同解除后的56d内将其差额退还给发包人。发承包双方不能就解除合同后的结算达成一致的，按照合同约定的争议解决方式处理。

4）因发包人违约解除合同的，发包人除应按2）的规定向承包人支付各项价款外，应按合同约定核算发包人应支付的违约金及给承包人造成损失或损害的索赔金额费用。该笔费用应由承包人提出，发包人核实后应与承包人协商确定后的7d内向承包人签发支付证书。协商不能达成一致的，应按照合同约定的争议解决方式处理。

十、合同价款争议的解决

1. 监理或造价工程师暂定

1）若发包人和承包人之间就工程质量、进度、价款支付与扣除、工期延期、索赔、价款调整等发生任何法律上、经济上或技术上的争议，首先应根据已签约合同的规定，提交合同约定职责范围内的总监理工程师或造价工程师解决，并应抄送另一方。总监理工程师或造价工程师在收到此提交件后14d内应将暂定结果通知发包人和承包人。发承包双方对暂定结果认可的，应以书面形式予以确认，暂定结果成为最终决定。

2）发承包双方在收到总监理工程师或造价工程师的暂定结果通知之后的14d内未对暂定结果予以确认也未提出不同意见的，应视为发承包双方已认可该暂定结果。

3）发承包双方或一方不同意暂定结果的，应以书面形式向总监理工程师或造价工程师提出，说明自己认为正确的结果，同时抄送另一方，此时该暂定结果成为争议。在暂定结果对发承包双方当事人履约不产生实质影响的前提下，发承包双方应实施该结果，直到按照发承包双方认可的争议解决办法被改变为止。

2. 管理机构的解释或认定

1）合同价款争议发生后，发承包双方可就工程计价依据的争议以书面形式提请工程造价管理机构对争议以书面文件进行解释或认定。

2）工程造价管理机构应在收到申请的 10 个工作日内就发承包双方提请的争议问题进行解释或认定。

3）发承包双方或一方在收到工程造价管理机构书面解释或认定后仍可按照合同约定的争议解决方式提请仲裁或诉讼。除工程造价管理机构的上级管理部门作出了不同的解释或认定，或在仲裁裁决或法院判决中不予采信的外，工程造价管理机构作出的书面解释或认定应为最终结果，并应对发承包双方均有约束力。

3. 协商和解

1）合同价款争议发生后，发承包双方任何时候都可以进行协商。协商达成一致的，双方应签订书面和解协议，和解协议对发承包双方均有约束力。

2）如果协商不能达成一致协议，发包人或承包人都可以按合同约定的其他方式解决争议。

4. 调解

1）发承包双方应在合同中约定或在合同签订后共同约定争议调解人，负责双方在合同履行过程中发生争议的调解。

2）合同履行期间，发承包双方可协议调换或终止任何调解人，但发包人或承包人都不能单独采取行动。除非双方另有协议，在最终结清支付证书生效后，调解人的任期应立即终止。

3）如果发承包双方发生了争议，任何一方可将该争议以书面形式提交调解人，并将副本抄送另一方，委托调解人调解。

4）发承包双方应按照调解人提出的要求，给调解人提供所需要的资料、现场进入权及相应设施。调解人应被视为不是在进行仲裁人的工作。

5）调解人应在收到调解委托后 28d 内或由调解人建议并经发承包双方认可的其他期限内提出调解书，发承包双方接受调解书的，经双方签字后作为合同的补充文件，对发承包双方均具有约束力，双方都应立即遵照执行。

6）当发承包双方中任一方对调解人的调解书有异议时，应在收到调解书后28d内向另一方发出异议通知，并应说明争议的事项和理由。但除非并直到调解书在协商和解或仲裁裁决、诉讼判决中作出修改，或合同已经解除，承包人应继续按照合同实施工程。

7）当调解人已就争议事项向发承包双方提交了调解书，而任一方在收到调解书后28天内均未发出表示异议的通知时，调解书对发承包双方应均具有约束力。

5. 仲裁、诉讼

1）发承包双方的协商和解或调解均未达成一致意见，其中的一方已就此争议事项根据合同约定的仲裁协议申请仲裁，应同时通知另一方。

2）仲裁可在竣工之前或之后进行，但发包人、承包人、调解人各自的义务不得因在工程实施期间进行仲裁而有所改变。当仲裁是在仲裁机构要求停止施工的情况下进行时，承包人应对合同工程采取保护措施，由此增加的费用应由败诉方承担。

3）在1）～4）的期限之内，暂定或和解协议或调解书已经有约束力的情况下，当发承包中一方未能遵守暂定或和解协议或调解书时，另一方可在不损害他可能具有的任何其他权利的情况下，将未能遵守暂定或不执行和解协议或调解书达成的事项提交仲裁。

4）发包人、承包人在履行合同时发生争议，双方不愿和解、调解或者和解、调解不成，又没有达成仲裁协议的，可依法向人民法院提起诉讼。

十一、工程造价鉴定

1. 一般规定

1）在工程合同价款纠纷案件处理中，需作工程造价司法鉴定的，应委托具有相应资质的工程造价咨询人进行。

2）工程造价咨询人接受委托时提供工程造价司法鉴定服务，应按仲裁、诉讼程序和要求进行，并应符合国家关于司法鉴定的规定。

3）工程造价咨询人进行工程造价司法鉴定时，应指派专业对口、经验丰富的注册造价工程师承担鉴定工作。

4）工程造价咨询人应在收到工程造价司法鉴定资料后10d内，根据自身专业能力和证据资料判断能否胜任该项委托，如不能，应辞去该项委托。工程造价咨询人不得在鉴定期满后以上述理由不作出鉴定结论，影响案件处理。

5）接受工程造价司法鉴定委托的工程造价咨询人或造价工程师如是鉴定项目一方当事人的近亲属或代理人、咨询人及其他关系，可能影响鉴定公正的，应当自行回避；未自行回避，鉴定项目委托人以该理由要求其回避的，必须回避。

6）工程造价咨询人应当依法出庭接受鉴定项目当事人对工程造价司法鉴定意见书的质询。如确因特殊原因无法出庭的，经审理该鉴定项目的仲裁机关或人民法院准许，可以书面形式答复当事人的质询。

2. 取证

1）工程造价咨询人进行工程造价鉴定工作时，应自行收集以下（但不限于）鉴定资料：

①适用于鉴定项目的法律、法规、规章、规范性文件及规范、标准、定额。

②鉴定项目同时期同类型工程的技术经济指标及其各类要素价格等。

2）工程造价咨询人收集鉴定项目的鉴定依据时，应向鉴定项目委托人提出具体书面要求，其内容包括：

①与鉴定项目相关的合同、协议及其附件。

②相应的施工图纸等技术经济文件。

③施工过程中的施工组织、质量、工期和造价等工程资料。

④存在争议的事实及各方当事人的理由。

⑤其他有关资料。

3）工程造价咨询人在鉴定过程中要求鉴定项目当事人对缺陷资料进行补充的，应征得鉴定项目委托人同意，或者协调鉴定项目各方当事人共同签认。

4）根据鉴定工作需要现场勘验的，工程造价咨询人应提请鉴定项目委托人组织各方当事人对被鉴定项目所涉及的实物标的进行现场勘验。

5）勘验现场应制作勘验记录、笔录或勘验图表，记录勘验的时间、地点、勘验人、在场人、勘验经过、结果，由勘验人、在场人签名或者盖章确认。绘制的现场图应注明绘制的时间、测绘人姓名、身份等内容。必要时应采取拍照或摄像取证，留下影像资料。

6）鉴定项目当事人未对现场勘验图表或勘验笔录等签字确认的，工程造价咨询人应提请鉴定项目委托人决定处理意见，并在鉴定意见书中作出表述。

3. 鉴定

1）工程造价咨询人在鉴定项目合同有效的情况下应根据合同约定进行鉴定，不得任意改变双方合法的合意。

2）工程造价咨询人在鉴定项目合同无效或合同条款约定不明确的情况下应根据法律法规、相关国家标准和《建设工程工程量清单计价规范》GB 50500—2013的规定，选择相应专业工程的计价依据和方法进行鉴定。

3）工程造价咨询人出具正式鉴定意见书之前，可报请鉴定项目委托人向鉴定项目各方当事人发出鉴定意见书征求意见稿，并指明应书面答复的期限及其不答复的相应法律责任。

4）工程造价咨询人收到鉴定项目各方当事人对鉴定意见书征求意见稿的书面复函后，应对不同意见认真复核，修改完善后再出具正式鉴定意见书。

5）工程造价咨询人出具的工程造价鉴定书应包括下列内容：

①鉴定项目委托人名称、委托鉴定的内容。

②委托鉴定的证据材料。

③鉴定的依据及使用的专业技术手段。

④对鉴定过程的说明。

⑤明确的鉴定结论。

⑥其他需说明的事宜。

⑦工程造价咨询人盖章及注册造价工程师签名盖执业专用章。

6）工程造价咨询人应在委托鉴定项目的鉴定期限内完成鉴定工作，如确因特殊原因不能在原定期限内完成鉴定工作时，应按照相应法规提前向鉴定项目委托人申请延长鉴定期限，并应在此期限内完成鉴定工作。

经鉴定项目委托人同意等待鉴定项目当事人提交、补充证据的，质证所用的时间不应计入鉴定期限。

7）对于已经出具的正式鉴定意见书中有部分缺陷的鉴定结论，工程造价咨询人应通过补充鉴定作出补充结论。

十二、工程计价资料与档案

1. 计价资料

1）发承包双方应当在合同中约定各自在合同工程中现场管理人员的职责范围，双方现场管理人员在职责范围内签字确认的书面文件是工程计价的有效凭证，但如有其他有效证据或经实证证明其是虚假的除外。

2）发承包双方不论在何种场合对与工程计价有关的事项所给予的批准、证明、同意、指令、商定、确定、确认、通知和请求，或表示同意、否定、提出要求和意见等，均应采用书面形式，口头指令不得作为计价凭证。

3）任何书面文件送达时，应由对方签收，通过邮寄应采用挂号、特快专递传送，或以发承包双方商定的电子传输方式发送，交付、传送或传输至指定的接收人的地址。如接收人通知了另外地址时，随后通信信息应按新地址发送。

4）发承包双方分别向对方发出的任何书面文件，均应将其抄送现场管理人员，如系复印件应加盖合同工程管理机构印章，证明与原件相同。双方现场管理人员向对方所发任何书面文件，也应将其复印件发送给发承包双方，复印件应加盖合同工程管理机构印章，证明与原件相同。

5）发承包双方均应当及时签收另一方送达其指定接收地点的来往信函，拒不签收的，送达信函的一方可以采用特快专递或者公证方式送达，所造成的费用增加（包括被迫采用特殊送达方式所发生的费用）和延误的工期由拒绝签收一方承担。

6）书面文件和通知不得扣压，一方能够提供证据证明另一方拒绝签收或已送达的，应视为对方已签收并应承担相应责任。

2. 计价档案

1）发承包双方及工程造价咨询人对具有保存价值的各种载体的计价文件，均应收集齐全，整理立卷后归档。

2）发承包双方和工程造价咨询人应建立完善的工程计价档案管理制度，并应符合国家和有关部门发布的档案管理相关规定。

3）工程造价咨询人归档的计价文件，保存期不宜少于 5 年。

4）归档的工程计价成果文件应包括纸质原件和电子文件，其他归档文件及依据可为纸质原件、复印件或电子文件。

5）归档文件应经过分类整理，并应组成符合要求的案卷。

6）归档可以分阶段进行，也可以在项目竣工结算完成后进行。

7）向接受单位移交档案时，应编制移交清单，双方应签字、盖章后可交接。

第四节　工程量清单计价表格

一、计价表格的填制

1. 工程计价文件封面

1）"招标工程量清单"封面：封-1。

2）"招标控制价"封面：封-2。

填制说明："招标工程量清单"封面、"招标控制价"封面应填写招标工程项目的具体名称，招标人应盖单位公章，如委托工程造价咨询人编制，还应由其加盖相同单位公章。

3）"投标总价"封面：封-3。

填制说明："投标总价"封面应填写投标工程的具体名称，投标人应盖单位公章。

4）"竣工结算书"封面：封-4。

填制说明："竣工结算书"封面应填写竣工工程的具体名称，发承包双方应盖其单位公章，如委托工程造价咨询人办理的，还应加盖其单位公章。

5）"工程造价鉴定意见书"封面：封-5。

填制说明："工程造价鉴定意见书"封面应填写鉴定工程项目的具体名称，填写意见书文号，工程造价咨询人盖单位公章。

2. 工程计价文件扉页

1）"招标工程量清单"扉页：扉-1。

填制说明：

①招标人自行编制工程量清单时，由招标人单位注册的造价人员编制，招标人盖单位公章，法定代表人或其授权人签字或盖章。编制人是造价工程师的，由其签字盖执业专用章；编制人是造价员的，在编制人栏签字盖专用章，应由造价工程师复核，并在复核人栏签字盖执业专用章。

②招标人委托工程造价咨询人编制工程量清单时，由工程造价咨询人单位注册的造价人员编制，工程造价咨询人盖单位资质专用章，法定代表人或其授权人签字或盖章。编制人是造价工程师的，由其签字盖执业专用章；编制人是造价员的，在编制人栏签字盖专用章，应由造价工程师复核，并在复核人栏签字盖执业专用章。

2）"招标控制价"扉页：扉-2。

填制说明：

①招标人自行编制招标控制价时，由招标人单位注册的造价人员编制，招标人盖单位公章，法定代表人或其授权人签字或盖章。编制人是造价工程师的，由其签字盖执业专用章；编制人是造价员的，由其在"编制人"栏签字盖专用章，应由造价工程师复核，并在"复核人"栏签字盖执业专用章。

②招标人委托工程造价咨询人编制招标控制价时，由工程造价咨询人单位注册的造价人员编制，工程造价咨询人盖单位资质专用章，法定代表人或其授权人签字或盖章。编制人是造价工程师的，由其签字盖执业专用章；编制人是造价员的，在编制人栏签字盖专用章，应由造价工程师复核，并在"复核人"栏签字盖执业专用章。

3）"投标总价"扉页：扉-3。

填制说明：投标人编制投标报价时，由投标人单位注册的造价人员编制，投标人盖单位公章，法定代表人或其授权人签字或盖章，编制的造价人员（造价工程师或造价员）签字盖执业专用章。

4）"竣工结算总价"扉页：扉-4。

填制说明：

①承包人自行编制竣工结算总价，由承包人单位注册的造价人员编制，承包人盖单位公章，法定代表人或其授权人签字或盖章，编制的造价人员（造价工程师或造价员）在"编制人"栏签字盖执业专用章。

发包人自行核对竣工结算时，由发包人单位注册的造价工程师核对，发包人盖单位公章，法定代表人或其授权人签字或盖章，造价工程师在"核对人"栏签字盖执业专用章。

②发包人委托工程造价咨询人核对竣工结算时，由工程造价咨询人单位注册的造价工程师核对，发包人盖单位公章，法定代表人或其授权人签字或盖章；工程造价咨询人盖单位资质专用章，法定代表人或其授权人签字或盖章，造价工程师在"核对人"栏签字盖执业专用章。

除非出现发包人拒绝或不答复承包人竣工结算书的特殊情况，竣工结算办理完毕后，竣工结算总价封面发承包双方的签字、盖章应当齐全。

5）"工程造价鉴定意见书"扉页：扉-5

填制说明：工程造价咨询人应盖单位资质专用章，法定代表人或其授权人签字或盖章，造价工程师签字盖章执业专用章。

3. 工程计价总说明

总说明：表-01。

填制说明：

1）工程量清单，总说明的内容应包括：

①工程概况：如建设地址、建设规模、工程特征、交通状况、环保要求等。

②工程发包、分包范围。

③工程量清单编制依据：如采用的标准、施工图纸、标准图集等。

④使用材料设备、施工的特殊要求等。

⑤其他需要说明的问题。

2）招标控制价，总说明的内容应包括：

①采用的计价依据。

②采用的施工组织设计。

③采用的材料价格来源。

④综合单价中风险因素、风险范围（幅度）。

⑤其他。

3）投标报价，总说明的内容应包括：

①采用的计价依据。

②采用的施工组织设计。

③综合单价中风险因素、风险范围（幅度）。

④措施项目的依据。

⑤其他有关内容的说明等。

4）竣工结算，总说明的内容应包括：

①工程概况。

②编制依据。

③工程变更。

④工程价款调整。

⑤索赔。

⑥其他等。

4. 工程计价汇总表

1）建设项目招标控制价/投标报价汇总表：表-02。

2）单项工程招标控制价/投标报价汇总表：表-03。

3）单位工程招标控制价/投标报价汇总表：表-04。

填制说明：

①招标控制价使用表-02、表-03、表-04。

由于编制招标控制价和投标控制价包含的内容相同，只是对价格的处理不同，因此，对招标控制价和投标报价汇总表的设计使用同一表格。实践中，招标控制价或投标报价可分别印制该表格。

②投标报价使用表-02、表-03、表-04。

与招标控制价的表样一致，此处需要说明的是，投标报价汇总表与投标函中投标报价金额应当一致。就投标文件的各个组成部分而言，投标函是最重要的文件，其他组成部分都是投标函的支持性文件，投标函是必须经过投标人签字盖章，并且在开标会上必须当众宣读的文件。如果投标报价汇总表的投标总价与投标函填报的投标总价不一致，应当以投标函中填写的大写金额为准。实践中，对该原则一直缺少一个明确的依据，为了避免出现争议，可以在"投标人须知"中给予明确，用在招标文件中预先给予明示约定的方式来弥补法律法规依据的不足。

4）建设项目竣工结算汇总表：表-05。

5）单项工程竣工结算汇总表：表-06。

6）单位工程竣工结算汇总表：表-07。

5. 分部分项工程和措施项目计价表

1）分部分项工程和单价措施项目清单与计价表：表-08。

填制说明：

①编制工程量清单时，"工程名称"栏应填写具体的工程称谓。"项目编码"栏应按相关工程国家计量规范项目编码栏内规定的 9 位数字另加 3 位顺序码填写。"项目名称"栏应按相关工程国家计量规范根据拟建工程实际确定填写。"项目描述"栏应按相关工程国家计量规范根据拟建工程实际予以描述。

②编制招标控制价时，其"项目编码""项目名称""项目特征""计量单位""工程量"栏不变，对"综合单价"、"合价"及"其中：暂估价"按相关

规定填写。

③编制投标报价时，招标人对表中的"项目编码""项目名称""项目特征""计量单位""工程量"栏均不应作改动。"综合单价""合价"栏自主决定填写，对其中的"暂估价"栏，投标人应将招标文件中提供的暂估材料单价的暂估价进入综合单价，并应计算出暂估单价的"材料"栏"综合单价"中的"暂估价"。

④编制竣工结算时，使用本表可取消"暂估价"。

2）综合单价分析表：表-09。

填制说明：工程量清单综合单价分析表是评标委员会评审和判别综合单价组成及其价格完整性、合理性的主要基础，对因工程变更、工程量偏差等原因调整综合单价也是必不可少的基础价格数据来源。采用经评审的最低投标价法评标时，该分析表的重要性更加突出。

综合单价分析表集中反映了构成每一个清单项目综合单价的各个价格要素的价格及主要的"工""料""机"消耗量。投标人在投标报价时，需要对每一个清单项目进行组价，为了使组价工作具有可追溯性（回复评标质疑时尤其需要），需要表明每一个数据的来源。该分析表实际上是投标人投标组价工作的一个阶段性成果文件，借助计算机辅助报价系统，可以由电脑自动生成，并不需要投标人付出太多额外劳动。

综合单价分析表一般随投标文件一同提交，作为已标价工程量清单的组成部分，以便中标后作为合同文件的附属文件。"投标人须知"中需要就该分析表提交的方式作出规定，该规定需要考虑是否有必要对该分析表的合同地位给予定义。一般而言，该分析表所载明的价格数据对投标人是有约束力的，但是投标人能否以此作为投标报价中的错报和漏报等的依据而寻求招标人的补偿是实践中值得注意的问题。比较恰当的做法似乎应当是：通过评标过程中的清标、质疑、澄清、说明和补正机制，不但解决工程量清单综合单价的合理性问题，而且将合理化的综合单价反馈到综合单价分析表中，形成相互衔接、相互呼应的最终成果，在这种情况下，即便是将综合单价分析表定义为有合同约束力的文件，上述顾虑也就没有必要了。

编制综合单价分析表对辅助性材料不必细列，可归并到其他材料费中以金额表示。

3）综合单价调整表：表-10。

填制说明：综合单价调整表用于由于各种合同约定调整因素出现时调整综合单价。此表实际上是一个汇总性质的表，各种调整依据应附表后，并且注意，项目编码、项目名称必须与已标价工程量清单保持一致，不得发生错漏，以免发生争议。

4）总价措施项目清单与计价表：表-11。

填制说明：

①编制工程量清单时，表中的项目可根据工程实际情况进行增减。

②编制招标控制价时，计费基础、费率应按省级或行业建设主管部门的规定记取。

③编制投标报价时，除"安全文明施工费"必须按《建设工程工程量清单计价规范》GB 50500—2013 的强制性规定，按省级或行业建设主管部门的规定记取外，其他措施项目均可根据投标施工组织设计自主报价。

④编制工程结算时，如省级或行业建设主管部门调整了安全文明施工费，应按调整后的标准计算此费用，其他总价措施项目经发承包双方协商进行了调整的，按调整后的标准计算。

6. 其他项目计价表

1）其他项目清单与计价汇总表：表-12。

填制说明：使用本表时，由于计价阶段的差异，应注意：

①编制招标工程量清单时，应汇总"暂列金额"和"专业工程暂估价"，以提供给投标报价。

②编制招标控制价时，应按有关计价规定估算"计日工"和"总承包服务费"。如招标工程量清单中未列"暂列金额"，应按有关规定编列。

③编制投标报价时，应按招标工程量清单提供的"暂估金额"和"专业工程暂估价"填写金额，不得变动。"计日工""总承包服务费"自主确定报价。

④编制或核对工程结算，"专业工程暂估价"按实际分包结算价填写，"计日工""总承包服务费"按双方认可的费用填写，如发生"索赔"或"现场签证"费用，按双方认可的金额计入该表。

2）暂列金额明细表：表-12-1。

填制说明：要求招标人能将暂列金额与拟用项目列出明细，但如确实不能详列，也可只列暂定金额总额，投标人应将上述暂列金额计入投标总价中。

3）材料（工程设备）暂估单价及调整表：表-12-2。

填制说明：暂估价是在招标阶段预见肯定要发生，只是因为标准不明确或者需要由专业承包人完成，暂时无法确定材料、工程设备的具体价格而采用的一种临时性计价方式。暂估价的材料、工程设备数量应在表内填写，拟用项目应在本表备注栏给予补充说明。

要求招标人针对每一类暂估价给出相应的拟用项目，即按照材料、工程设备的名称分别给出，这样的材料、工程设备暂估价能够纳入到清单项目的综合单价中。

还有一种是给一个原则性的说明，原则性说明对招标人编制工程量清单而言比较简单，能降低招标人出错的概率。但是，对投标人而言，则很难准确把握招标人的意图和目的，很难保证投标报价的质量，轻则影响合同的可执行力，极端的情况下，可能导致招标失败，最终受损失的也包括招标人自己。因此，这种处理方式是不可取的方式。

一般而言，招标工程量清单中列明的材料、工程设备的暂估价仅指此类材料、工程设备本身运至施工现场内工地地面价，不包括这些材料、工程设备的安装及安装所必需的辅助材料，以及发生在现场内的验收、存储、保管、开箱、二次搬运、从存放地点运至安装地点及其他任何必要的辅助工作（以下简称"暂估价项目的安装及辅助工作"）所发生的费用。暂估价项目的安装及辅助工作所发生的费用应该包括在投标报价中的相应清单项目的综合单价中，并且固定包死。

4）专业工程暂估价及结算价表：表-12-3。

填制说明：专业工程暂估价应在表内填写工程名称、工程内容、暂估金额，投标人应将上述金额计入投标总价中。

专业工程暂估价项目及其表中列明的专业工程暂估价，是指分包人实施专业工程的含税金后的完整价（即包含了该专业工程中所有供应、安装、完工、调试、修复缺陷等全部工作），除了合同约定的发包人应承担的总包管理、协调、配合和服务责任所对应的总承包服务费用以外，承包人为履行其总包管理、配合、协调和服务等所需发生的费用应该包括在投标报价中。

5）计日工表：表-12-4。

填制说明：

①编制工程量清单时，"项目名称""计量单位""暂估数量"由招标人

填写。

②编制招标控制价时，人工、材料、机械台班单价由招标人按有关计价规定填写并计算合价。

③编制投标报价时，人工、材料、机械台班单价由招标人自主确定，按已给暂估数量计算合价计入投标总价中。

④结算时，实际数量按发承包双方确认的填写。

6）总承包服务费计价表：表-12-5。

填制说明：

①编制招标工程量清单时，招标人应将拟定进行专业发包的专业工程，自行采购的材料设备等决定清楚，填写项目名称、服务内容，以便投标人决定报价。

②编制招标控制价时，招标人按有关计价规定计价。

③编制投标报价时，由投标人根据工程量清单中的总承包服务内容，自主决定报价。

④办理工程结算时，发承包双方应按承包人已标价工程量清单中的报价计算。如发承包双方确定调整的，按调整后的金额计算。

7）索赔与现场签证计价汇总表：表-12-6。

8）费用索赔申请（核准）表：表-12-7。

填制说明：本表将费用索赔申请与核准设置于一个表，非常直观。使用本表时，承包人代表应按合同条款的约定阐述原因，附上索赔证据、费用计算报发包人，经监理工程师复核（按照发包人的授权不论是监理工程师或发包人现场代表均可），经造价工程师（此处造价工程师可以是承包人现场管理人员，也可以是发包人委托的工程造价咨询企业的人员）复核具体费用，经发包人审核后生效，该表以在选择栏中"□"内作标识"√"表示。

9）现场签证表：表-12-8。

填制说明：现场签证种类繁多，发承包双方在工程实施过程中来往信函就责任事件的证明均可称为"现场签证"，但并不是所有的签证均可马上算出价款，有的需要经过索赔程序，这时的签证仅是索赔的依据，有的签证可能根本不涉及价款。本表仅是针对现场签证需要价款结算支付的一种，其他内容的签证也可适用。考虑到招标时招标人对计日工项目的预估难免会有遗漏，造成实际施工发生后，无相应的计日工单价，现场签证只能包括单价一并处理。因此，在汇总时，有计日工单价的，可归并于计日工；如无计日工单价的，归并于现场签证，以示区别。当然，现场签证全部汇总于计日工也是一种可行的处理方式。

7. 规费、税金项目计价表

规费、税金项目计价表：表-13。

填制说明：在施工实践中，有的规费项目，如工程排污费，并非每个工程所在地都要征收，实践中可作为按实计算的费用处理。

8. 工程计量申请（核准）表

工程计量申请（核准）表：表-14。

填制说明：本表填写的"项目编码""项目名称""计量单位"应与已标价工程量清单表中的一致，承包人应在合同约定的计量周期结束时，将申报数量填写在申报数量栏，发包人核对后如与承包人不一致，填在核实数量栏，经发承包双方共同核对确认的计量填在"确认数量"栏内。

9. 合同价款支付申请（核准）表

1）预付款支付申请（核准）表：表-15。

2）总价项目进度款支付分解表：表-16。

3）进度款支付申请（核准）表：表-17。

4）竣工结算款支付申请（核准）表：表-18。

5）最终结清支付申请（核准）表：表-19。

10. 主要材料、工程设备一览表

1）发包人提供材料和工程设备一览表：表-20。

2）承包人提供主要材料和工程设备一览表（适用于造价信息差额调整法）：表-21。

3）承包人提供主要材料和工程设备一览表（适用于价格指数差额调整法）：表-22。

工程量清单计价常用表格格式请参见本书附录。

二、计价表格使用规定

1）工程计价表宜采用统一格式。各省、自治区、直辖市建设行政主管部门和行业建设主管部门可根据本地区、本行业的实际情况，在《建设工程工程量清单计价规范》GB 50500—2013 中附录 B 至附录 L 计价表格的基础上补充完善。

2）工程计价表格的设置应满足工程计价的需要，方便使用。

3）工程量清单的编制使用表格包括：封-1、扉-1、表-01、表-08、表-11、表-12（不含表-12-6～表-12-8）、表-13、表-20、表-21或表-22。

4）招标控制价、投标报价、竣工结算的编制使用表格包括：

①招标控制价使用表格包括：封-2、扉-2、表-01、表-02、表-03、表-04、表-08、表-09、表-11、表-12（不含表-12-6～表-12-8）、表-13、表-20、表-21或表-22。

②投标报价使用的表格包括：封-3、扉-3、表-01、表-02、表-03、表-04、表-08、表-09、表-11、表-12（不含表-12-6～表-12-8）、表-13、表-16、招标文件提供的表-20、表-21或表-22。

③竣工结算使用的表格包括：封-4、扉-4、表-01、表-05、表-06、表-07、表-08、表-09、表-10、表-11、表-12、表-13、表-14、表-15、表-16、表-17、表-18、表-19、表-20、表-21或表-22。

5）工程造价鉴定使用表格包括：封-5、扉-5、表-01、表-05～表-20、表-21或表-22。

6）投标人应按招标文件的要求，附工程量清单综合单价分析表。

第五章　市政工程读图识图与工程量计算

第一节　土石方工程

一、土石方工程清单工程量计算规则

1. 土方工程

土方工程工程量清单项目设置、项目特征描述的内容、计量单位及工程量计算规则，应按表 5-1 的规定执行。

表 5-1　土方工程（编号：040101）

项目编码	项目名称	项目特征	计量单位	工程量计算规则	工程内容
040101001	挖一般土方			按设计图示尺寸以体积计算	1. 排地表水 2. 土方开挖
040101002	挖沟槽土方	1. 土壤类别 2. 挖土深度		按设计图示尺寸以基础垫层底面积乘以挖土深度计算	3. 围护（挡土板）及拆除
040101003	挖基坑土方		m³		4. 基底钎探 5. 场内运输
040101004	暗挖土方	1. 土壤类别 2. 平洞、斜洞（坡度） 3. 运距		按设计图示断面乘以长度以体积计算	1. 排地表水 2. 土方开挖 3. 场内运输
040101005	挖淤泥、流砂	1. 挖掘深度 2. 运距		按设计图示位置、界限以体积计算	1. 开挖 2. 运输

注：1. 沟槽、基坑、一般土方的划分为：底宽≤7m 且底长＞3 倍底宽为沟槽，底长≤3 倍底宽且底面积≤150m² 为基坑。超出上述范围则为一般土方。

2. 土壤的分类应按表 5-2 确定。

3. 如土壤类别不能准确划分时，招标人可注明为综合，由投标人根据地勘报告决定报价。

4. 土方体积应按挖掘前的天然密实体积计算。

5. 挖沟槽、基坑土方中的挖土深度，一般指原地面标高至槽、坑底的平均高度。

6. 挖沟槽、基坑、一般土方因工作面和放坡增加的工程量，是否并入各土方工程量中，按各省、自治区、直辖市或行业建设主管部门的规定实施。如并入各土方工程量中，编制工程量清单时，可按表 5-3、表 5-4 规定计算；办理工程结算时，按经发包人认可的施工组织设计规定计算。

7. 挖沟槽、基坑、一般土方和暗挖土方清单项目的工作内容中仅包括了土方场内平衡所需的运输费用，如需土方外运时，按 040103002 "余方弃置" 项目编码列项。

8. 挖方出现流砂、淤泥时，如设计未明确，在编制工程量清单时，其工程数量可为暂估值。结算时，应根据实际情况由发承包双方现场签证确认工程量。

9. 挖淤泥、流砂的运距可以不描述，但应注明由投标人根据施工现场实际情况自行考虑决定报价。

表 5-2　土壤分类表

土壤分类	土壤名称	开挖方法
一、二类土	粉土、砂土（粉砂、细砂、中砂、粗砂、砾砂）、粉质黏土、弱中盐渍土、软土（淤泥质土、泥炭、泥炭质土）、软塑红黏土、冲填土	用锹，少许用镐、条锄开挖。机械能全部直接铲挖满载者
三类土	黏土、碎石土（圆砾、角砾）、混合土、可塑红黏土、硬塑红黏土、强盐渍土、素填土、压实填土	主要用镐、条锄，少许用锹开挖。机械需部分刨松方能铲挖满载者或可直接铲挖但不能满载者
四类土	碎石土（卵石、碎石、漂石、块石）、坚硬红黏土、超盐渍土、杂填土	全部用镐、条锄挖掘，少许用撬棍挖掘。机械需普遍刨松方能铲挖满载者

注：本表土的名称及其含义按现行国家标准《岩土工程勘察规范》GB 50021—2001（2009 年局部修订版）定义。

表 5-3　放坡系数表

土壤类别	放坡起点深度/m	机械挖土			人工挖土
		在沟槽、坑内作业	在沟槽侧、坑边上作业	顺沟槽方向坑上作业	
一、二类土	1.20	1：0.33	1：0.75	1：0.50	1：0.50
三类土	1.50	1：0.25	1：0.67	1：0.33	1：0.33
四类土	2.00	1：0.10	1：0.33	1：0.25	1：0.25

注：1. 沟槽、基坑中土类别不同时，分别按其放坡起点、放坡系数，依不同土类别厚度加权平均计算。

2. 计算放坡时，在交接处的重复工程量不予扣除，原槽、坑做基础垫层时，放坡自垫层上表面开始计算。

3. 本表按《全国统一市政工程预算定额》GYD－301—1999 整理，并增加机械挖土顺沟槽方向坑上作业的放坡系数。

表 5-4　管沟底部每侧工作面宽度　　　单位：mm

管道结构宽	混凝土管道基础角度 90°	混凝土管道基础角度＞90°	金属管道	构筑物	
				无防潮层	有防潮层
500 以内	400	400	300	400	600
1000 以内	500	500	400		
2500 以内	600	500	400		
2500 以上	700	600	500		

注：1. 管道结构宽：有管座按管道基础外缘，无管座按管道外径计算；构筑物按基础外缘计算。

2. 本表按《全国统一市政工程预算定额》GYD－301—1999 整理，并增加管道结构宽 2500mm 以上的工作面宽度值。

2. 石方工程

石方工程工程量清单项目设置、项目特征描述的内容、计量单位及工程量计算规则，应按表 5-5 的规定执行。

表 5-5　石方工程（编号：040102）

项目编码	项目名称	项目特征	计量单位	工程量计算规则	工程内容
040102001	挖一般石方	1. 岩石类别 2. 开凿深度	m³	按设计图示尺寸以体积计算	1. 排地表水 2. 石方开凿 3. 修整底、边 4. 场内运输
040102002	挖沟槽石方			按设计图示尺寸以基础垫层底面积乘以挖石深度计算	
040102003	挖基坑石方				

注：1. 沟槽、基坑、一般石方的划分为：底宽≤7m 且底长＞3 倍底宽为沟槽；底长≤3 倍底宽且底面积≤150m² 为基坑；超出上述范围则为一般石方。

2. 岩石的分类应按表 5-6 确定。

3. 石方体积应按挖掘前的天然密实体积计算。

4. 挖沟槽、基坑、一般石方因工作面和放坡增加的工程量，是否并入各石方工程量中，按各省、自治区、直辖市或行业建设主管部门的规定实施。如并入各石方工程量中，编制工程量清单时，其所需增加的工程数量可为暂估值，且在清单项目中予以注明；办理工程结算时，按经发包人认可的施工组织设计规定计算。

5. 挖沟槽、基坑、一般石方清单项目的工作内容中仅包括了石方场内平衡所需的运输费用，如需石方外运时，按040103002"余方弃置"项目编码列项。

6. 石方爆破按现行国家标准《爆破工程工程量计算规范》GB 50862—2013 相关项目编码列项。

7. 隧道石方开挖按"隧道工程"中相关项目编码列项。

表 5-6　岩石分类表

岩石分类		代表性岩石	开挖方法
极软岩		1. 全风化的各种岩石 2. 各种半成岩	部分用手凿工具、部分用爆破法开挖
软质岩	软岩	1. 强风化的坚硬岩或较硬岩 2. 中等风化——强风化的较软岩 3. 未风化——微风化的页岩、泥岩、泥质砂岩等	用风镐和爆破法开挖
硬质岩	较软岩	1. 中等风化——强风化的坚硬岩或较硬岩 2. 未风化——微风化的凝灰岩、千枚岩、泥灰岩、砂质泥岩等	用爆破法开挖
	较硬岩	1. 微风化的坚硬岩 2. 未风化——微风化的大理岩、板岩、石灰岩、白云岩、钙质砂岩等	
	坚硬岩	未风化——微风化的花岗岩、闪长岩、辉绿岩、玄武岩、安山岩、片麻岩、石英岩、石英砂岩、硅质砾岩、硅质石灰岩等	

注：本表依据现行国家标准《工程岩体分级标准》GB 50218—1994 和《岩土工程勘察规范》GB 50021—2001（2009 年局部修订版）整理。

3. 回填方及土石方运输

回填方及土石方运输工程量清单项目设置、项目特征描述的内容、计量单位及工程量计算规则，应按表 5-7 的规定执行。

表 5-7　回填方及土石方运输（编码：040103）

项目编码	项目名称	项目特征	计量单位	工程量计算规则	工程内容
040103001	回填方	1. 密实度要求 2. 填方材料品种 3. 填方粒径要求 4. 填方来源、运距	m³	1. 按挖方清单项目工程量加原地面线至设计要求标高间的体积减基础、构筑物等埋入体积计算 2. 按设计图示尺寸以体积计算	1. 运输 2. 回填 3. 压实
040103002	余方弃置	1. 废弃料品种 2. 运距		按挖方清单项目工程量减利用回填方体积（正数）计算	余方点装料运输至弃置点

注：1. 填方材料品种为土时，可以不描述。

　　2. 填方粒径，在无特殊要求情况下，项目特征可以不描述。

　　3. 对于沟、槽坑等开挖后再进行回填方的清单项目，其工程量计算规则按第 1 条确定；场地填方等按第 2 条确定。其中，对工程量计算规则 1，当原地面线高于设计要求标高时，则其体积为负值。

　　4. 回填方总工程量中若包括场内平衡和缺方内运两部分时，应分别编码列项。

　　5. 余方弃置和回填方的运距可以不描述，但应注明由投标人根据施工现场实际情况自行考虑决定报价。

　　6. 回填方如需缺方内运，且填方材料品种为土方时，是否在综合单价中计入购买土方的费用，由投标人根据工程实际情况自行考虑决定报价。

　　7. 废料及余方弃置清单项目中，如需发生弃置、堆放费用的，投标人应根据当地有关规定计取相应费用，并计入综合单价中。

二、土石方工程定额工程量计算规则

1. 定额工程量计算规则

1）定额的土、石方体积均以天然密实体积（自然方）计算，回填土按碾压后的体积（实方）计算。土方体积换算见表 5-8。

表 5-8　土方体积换算表

虚方体积	天然密实度体积	夯实后体积	松填体积
1.00	0.77	0.67	0.83

续表

虚方体积	天然密实度体积	夯实后体积	松填体积
1.30	1.00	0.87	1.08
1.50	1.15	1.00	1.25
1.20	0.92	0.80	1.00

2）土方工程量按图纸尺寸计算，修建机械上下坡的便道土方量并入土方工程量内。石方工程量按图纸尺寸加允许超挖量。开挖坡面每侧允许超挖量：松、次坚石为 20cm，普、特坚石为 15cm。

3）人工挖土堤台阶工程量，按挖前的堤坡斜面积计算，运土应另行计算。

4）人工铺草皮工程量以实际铺设的面积计算，花格铺草皮中的空格部分不扣除。花格铺草皮，设计草皮面积与定额不符时可以调整草皮数量，人工按草皮增加比例增加，其余不调整。

5）挖土放坡和沟、槽底加宽工程量应按图纸尺寸计算，如无明确规定，可按表 5-3、表 5-4 计算。

挖土交接处产生的重复工程量不扣除。如在同一断面内遇有数类土壤，其放坡系数可按各类土占全部深度的百分比加权计算。

管道结构宽：无管座按管道外径计算，有管座按管道基础外缘计算，构筑物按基础外缘计算，如设挡土板则每侧增加 10cm。

6）夯实土堤按设计断面计算。清理土堤基础工程量按设计规定以水平投影面积计算，清理厚度为 30cm 内时，废土运距按 30m 计算。

7）管道接口作业坑和沿线各种井室所需增加开挖的土石方工程量按有关规定如实计算。管沟回填土应扣除管径在 200mm 以上的管道、基础、垫层和各种构筑物所占的体积。

8）土石方运距应以挖土重心至填土重心或弃土重心最近距离计算，挖土重心、填土重心、弃土重心按施工组织设计确定。如遇下列情况应增加运距：

①人力及人力车运土、石方上坡坡度在 15% 以上，推土机、铲运机重车上坡坡度大于 5%，斜道运距按斜道长度乘以表 5-9 中系数。

②采用人力垂直运输土、石方，垂直深度每米折合水平运距 7m 计算。

③拖式铲运机 3m³ 加 27m 转向距离，其余型号铲运机加 45m 转向距离。

表 5-9　斜道运距系数

项目	推土机、铲运机				人力及人力车
坡度（%）	5～10	15 以内	20 以内	25 以内	15 以上
系数	1.75	2	2.25	2.5	5

9) 沟槽、基坑、平整场地和一般土石方的划分：底宽 7m 以内，底长大于底宽 3 倍以上按沟槽计算；底长小于底宽 3 倍以内按基坑计算，其中基坑底面积在 150m² 以内执行基坑定额。厚度在 30cm 以内就地挖、填土按平整场地计算。超过上述范围的土、石方按挖土方和石方计算。

10) 机械挖土方中如需人工辅助开挖（包括切边、修整底边），机械挖土按实挖土方量计算，人工挖土土方量按实套相应定额乘以系数 1.5。

11) 人工装土汽车运土时，汽车运土定额乘以系数 1.1。

12) 土壤及岩石分类见表 5-2、表 5-6。

2. 定额工程量计算说明

1) 干、湿土的划分首先以地质勘察资料为准，含水率≥25% 为湿土；或以地下常水位为准，常水位以上为干土，以下为湿土。挖湿土时，人工和机械乘以系数 1.18，干、湿土工程量分别计算。采用井点降水的土方应按干土计算。

2) 人工夯实土堤、机械夯实土堤执行本章人工填土夯实平地、机械填土夯实平地子目。

3) 挖土机在垫板上作业，人工和机械乘以系数 1.25，搭拆垫板的人工、材料和辅机摊销费另行计算。

4) 推土机推土或铲运机铲土的平均土层厚度小于 30cm 时，其推土机台班乘以系数 1.25，铲运机台班乘以系数 1.17。

5) 在支撑下挖土，按实挖体积，人工乘以系数 1.43，机械乘以系数 1.20。先开挖后支撑的不属支撑下挖土。

6) 挖密实的钢渣，按挖四类土人工乘以系数 2.50，机械乘以系数 1.50。

7) 0.2m³ 抓斗挖土机挖土、淤泥、流砂按 0.5m³ 抓铲挖掘机挖土、淤泥、流砂定额消耗量乘以系数 2.50 计算。

8) 自卸汽车运土，如是反铲挖掘机装车，则自卸汽车运土台班数量乘以系数 1.10；拉铲挖掘机装车，自卸汽车运土台班数量乘以系数 1.20。

9) 石方爆破按炮眼法松动爆破和无地下渗水积水考虑，防水和覆盖材料未在定额内。采用火雷管可以换算，雷管数量不变，扣除胶质导线用量，增加导火索用量，导火索长度按每个雷管 2.12m 计算。抛掷和定向爆破另行处理。打眼爆破若要达到石料粒径要求，则增加的费用另计。

10) 定额不包括现场障碍物清理，障碍物清理费用另行计算。弃土、石方的场地占用费按当地规定处理。

11) 开挖冻土套拆除素混凝土障碍物子目乘以系数 0.8。

12) 定额为满足环保要求而配备了洒水汽车在施工现场降尘，若实际施工中未采用洒水汽车降尘的，在结算中应扣除洒水汽车和水的费用。

三、土石方工程工程量计算常用公式

1. 大型土石方工程量计算

(1) 横截面计算法

1) 常用横截面面积计算公式见表 5-10。

表 5-10　常用横截面面积计算公式

序号	图示	面积计算公式
1		$F = h(b + nh)$
2		$F = h\left[b + \dfrac{h(m+n)}{2}\right]$
3		$F = b\dfrac{h_1 + h_2}{2} + nh_1 h_2$
4		$F = h_1 \dfrac{a_1 + a_2}{2} + h_2 \dfrac{a_2 + a_3}{2} +$ $h_3 \dfrac{a_3 + a_4}{2} + h_4 \dfrac{a_4 + a_5}{2}$
5		$F = \dfrac{a}{2}(h_0 + 2h + h_n)$ $h = h_1 + h_2 + h_3 + h_4 + \cdots + hn$

2) 计算土方量。根据截面面积计算土方量，公式为：

$$V = \frac{1}{2}(F_1 + F_2)L \qquad (5\text{-}1)$$

式中　V——相邻两截面间的土方量，m^3；

　　　　F_1、F_2——相邻两截面的挖（填）方截面积，m^2；

　　　　L——相邻两截面间的间距，m。

（2）方格网计算法

1）常用方格网点计算公式见表 5-11。

表 5-11　方格网点常用计算公式

序号	图示	计算方法
1		方格内四角全为挖方或填方： $$V = \frac{a^2}{4}(h_1 + h_2 + h_3 + h_4)$$
2		三角锥体，当三角锥体全为挖或填方： $$F = \frac{a^2}{2}\ ;\ V = \frac{a^2}{6}(h_1 + h_2 + h_3)$$
3		方格网内，一对角线为零线，另两角点一为挖一为填方： $$F_挖 = F_填 = \frac{a^2}{2}\quad V_挖 = \frac{a^2}{6}h_1\ ;\ V_填 = \frac{a^2}{6}h_2$$
4		方格网内，三角为挖（填）方，一角为填（挖）方： $$b = \frac{ah_4}{h_1 + h_4}\ ;\ c = \frac{ah_4}{h_3 + h_4}$$ $$F_填 = \frac{1}{2}bc\ ;\ F_挖 = a^2 - \frac{1}{2}bc$$ $$V_填 = \frac{h_4}{6}bc = \frac{a^2 h_4^3}{6(h_1 + h_4)(h_3 + h_4)}$$ $$V_挖 = \frac{a^2}{6}-(2h_1 + h_2 + 2h_3 - h_4) + V_填$$
5		方格网内，两角为挖，两角为填： $$b = \frac{ah_1}{h_1 + h_4}\ ;\ c = \frac{ah_2}{h_2 + h_3}\quad d = a - b;\ c = a - e$$ $$F_挖 = \frac{1}{2}(b + c)\,a\ ;\ F_填 = \frac{1}{2}(d + e)\,a$$ $$V_挖 = \frac{a}{4}(h_1 + h_2)\frac{b + c}{2} = \frac{a}{8}(b + c)(h_1 + h_2)$$ $$V_填 = \frac{a}{4}(h_3 + h_4)\frac{d + e}{2} = \frac{a}{8}(d + e)(h_3 + h_4)$$

2）土方量计算。将计算出来的每个方格的挖填土方量汇总，即得该建筑场地挖、填的总土方量。

2. 挖沟槽土石方工程量计算

挖间槽土方工程工程量计算公式如下：

外墙沟槽： $\qquad V_{挖}=S_{断}L_{外中}$ (5-2)

内墙沟槽： $\qquad V_{挖}=S_{断}L_{基底净长}$ (5-3)

管道沟槽： $\qquad V_{挖}=S_{断}L_{中}$ (5-4)

其中沟槽断面有如下形式：

（1）钢筋混凝土基础有垫层

1）两面放坡沟槽断面形式如图 5-1 所示，其断面面积为：

$$S_{断}=\left[(b+2\times c)+mh\right]h+(b'+2\times 0.1)h'\qquad (5-5)$$

式中　$S_{断}$——沟槽断面面积，m^2；

　　　m——放坡系数；

　　　c——工作面宽度，m；

　　　h——从室外设计地面至基础底深度，即垫层上基槽开挖深度，m；

　　　h'——基础垫层高度，m；

　　　b——基础底面宽度，m；

　　　b'——垫层宽度，m。

2）不放坡无挡土板沟槽断面形式如图 5-2 所示，其断面面积为：

$$S_{断}=(b+2\times c)h+(b'+2\times 0.1)h'\qquad (5-6)$$

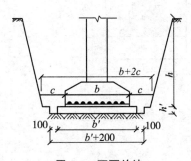

图 5-1　两面放坡

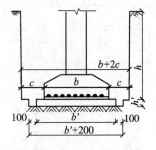

图 5-2　不放坡无挡土板

3）不放坡加两面挡土板沟槽断面形式如图 5-3 所示，其断面面积为：

$$S_{断} = (b + 2 \times c + 2 \times 0.1) \, h + (b' + 2 \times 0.1) \, h' \tag{5-7}$$

4）一面放坡一面挡土板沟槽形式如图 5-4 所示，其断面面积为：

$$S_{断} = (b + 2 \times c + 0.1 + 0.5mh) \, h + (b' + 2 \times 0.1) \, h' \tag{5-8}$$

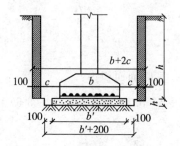

图 5-3　不放坡加两面挡土板

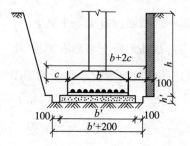

图 5-4　一面放坡一面挡土板

（2）基础有其他垫层

1）两面放坡沟槽形式如图 5-5 所示，其断面面积为：

$$S_{断} = (b' + mh) + b'h' \tag{5-9}$$

2）不放坡无挡土板沟槽形式如图 5-6 所示，其断面面积为：

$$S_{断} = b' (h + h') \tag{5-10}$$

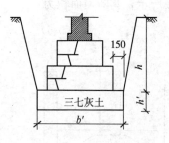

图 5-5　两面放坡

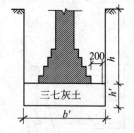

图 5-6　不放坡无挡土板

（3）基础无垫层

1）两面放坡沟槽形式如图 5-7 所示，其断面面积为：

$$S_{断} = [(b + 2c) + mh] \, h \tag{5-11}$$

2）不放坡无挡土板沟槽形式如图 5-8 所示，其断面面积为：

$$S_断 = (b+2c)h \tag{5-12}$$

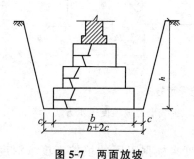

图 5-7　两面放坡　　　　　　　　图 5-8　不放坡无挡土板

3）不放坡加两面挡土板沟槽形式如图 5-9 所示，其断面面积为：

$$S_断 = (b+2c+2\times0.1)h \tag{5-13}$$

4）一面放坡一面加挡土板沟槽形式如图 5-10 所示，其断面面积为：

$$S_断 = (b+2c+0.1+0.5mh)h \tag{5-14}$$

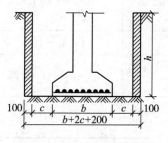 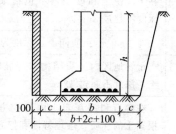

图 5-9　不放坡加两面挡土板　　　　图 5-10　一面放坡一面加挡土板

3. 边坡土方工程量计算

为了保持土体的稳定和施工安全，挖方和填方的周边都应修筑成适当的边坡。边坡的表示方法如图 5-11（a）所示。图中的 m 为边坡底的宽度 b 与边坡高度 h 的比，称为"放坡系数"。当边坡高度 h 为已知时，所需边坡底宽 b 即等于 mh（$1:m=h:b$）。若边坡高度较大，可在满足土体稳定的条件下，根据不同的土层及其所受的压力，将边坡修筑成折线形，如图 5-11（b）所示，以减小土方工程量。

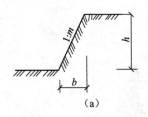 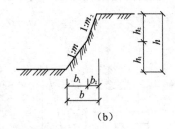

图 5-11　土体边坡表示方法

（a）直线形边坡坡度表示方法　　（b）折线形边坡坡度表示方法

边坡的坡度系数（边坡宽度：边坡高度）根据不同的填挖高度（深度）、土的物理性质和工程的重要性，在设计文件中应有明确的规定。常用的挖方边坡坡度和填方高度限值，见表 5-12 和表 5-13。

表 5-12　水文地质条件良好时永久性土工构筑物挖方的边坡坡度

项次	挖方性质	边坡坡度
1	在天然湿度、层理均匀，不易膨胀的黏土、粉质黏土、粉土和砂土（不包括细砂、粉砂）内挖方，深度不超过 3m	1：1～1：1.25
2	土质同上，深度为 3～12m	1：1.25～1：1.50
3	干燥地区内土质结构未经破坏的干燥黄土及类黄土，深度不超过 12m	1：0.1～1：1.25
4	在碎石和泥灰岩土内的挖方，深度不超过 12m，根据土的性质、层理特性和挖方深度确定	1：0.5～1：1.5

表 5-13　填方边坡为 1：1.5 时的高度限制

项次	土的种类	填方高度/m	项次	土的种类	填方高度/m
1	黏土类土、黄土、类黄土	6	4	中砂和粗砂	10
2	粉质黏土、泥灰岩土	6～7	5	砾石和碎石上	10～12
3	粉土	6～8	6	易风化的岩石	12

四、土石方工程工程量计算实例

【例 5-1】已知某地槽挖土工程，其垫层为无筋混凝土，其断面图如图 5-12 所示，土质为三类土，槽长为 14m，计算挖土工程量。

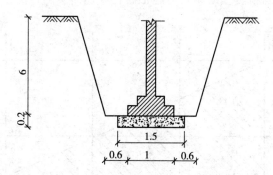

图 5-12　自垫层上表面放坡（单位：m）

【解】

根据定额工程量计算规则，已知人工挖四类土，坑深 5m，由表 5-3 可知，放坡系数 $k=0.25$。

$$V=\left[\frac{1}{2}\times(1.0+2\times0.6+2\times0.25\times6)\times6+1.5\times0.2\right]\times14$$

$$=184.80m^3$$

【例 5-2】某场地方格网如图 5-13 所示，方格边长 $a=50m$，试计算其土方量（三类土，填方密实度为 95%，余土运至 4km 处弃置）。

设计标高			
(17.80)	(17.24)	(16.78)	(16.02)
1 17.80 2	17.02 3	16.52 4	15.37
原地面标高			
Ⅰ	Ⅱ	Ⅲ	$a=50m$
(18.02)	(17.90)	(17.28)	(17.02)
5 18.54 6	18.06 7	17.28 8	16.35
Ⅳ	Ⅴ	Ⅵ	
(18.37)	(18.21)	(17.64)	(17.05)
9 18.96 10	19.01 11	18.52 12	17.69

图 5-13　场地方格网坐标图

【解】

（1）清单工程量

1）计算施工高程：（图 5-14）施工高程＝地面实测标高－设计标高

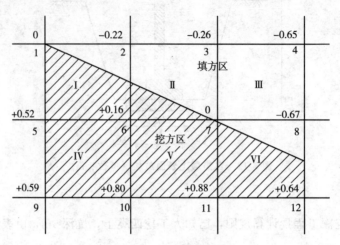

图 5-14　施工高程计算图

2）确定零线。计算零点边长

$$x = \frac{ah_1}{h_1 + h_2}$$

方格Ⅵ中：$h_1 = -0.67$m　$h_2 = 0.64$m　$a = 50$m

代入公式 $x = \dfrac{50 \times 0.67}{0.67 + 0.64} = 25.57$m

$$a - x = 50 - 25.57 = 24.43\text{m}$$

方格Ⅰ中：$h_1 = -0.22$m　$h_2 = 0.16$m　$a = 50$m

代入公式 $x = \dfrac{50 \times 0.22}{0.22 + 0.16} = 28.95$m

$$a - x = 50 - 28.95 = 21.05\text{m}$$

3）计算土方量。方格Ⅰ、Ⅱ底面为两个三角形：

①三角形 137：$V_{填} = \dfrac{1}{6} \times 0.26 \times 50 \times 100 = 216.67$（m³）

②三角形 157：$V_{挖} = \dfrac{1}{6} \times 0.52 \times 50 \times 100 = 433.33$m³

方格Ⅲ、Ⅳ、Ⅴ底面为正方形公式：$V = \dfrac{a^2}{4}(h_1 + h_2 + h_3 + h_4) = \dfrac{a^2}{4}\sum h$

①Ⅲ：$V_{填} = \dfrac{50^2}{4} \times (0.26 + 0.65 + 0.67) = 987.5$m³

②Ⅳ：$V_{挖}=\dfrac{50^2}{4}\times(0.52+0.16+0.59+0.8)=1293.75\mathrm{m^3}$

③Ⅴ：$V_{挖}=\dfrac{50^2}{4}\times(0.16+0.8+0.88)=1150\mathrm{m^3}$

方格Ⅵ底面为一个三角形和一个梯形：

①三角形：$V_{填}=\dfrac{1}{6}\times0.67\times50\times25.57=142.77\mathrm{m^3}$

②梯形：$V_{挖}=\dfrac{1}{8}\times(50+24.43)\times50\times(0.64+0.88)=707.09\mathrm{m^3}$

4）全部挖方量：$\sum V_{挖}=433.33+1293.75+1150+707.09=3584.17\mathrm{m^3}$

全部填方量：$\sum V_{填}=216.67+987.5+142.77=1346.94\mathrm{m^3}$

余土弃运：$V=3584.17-1346.94=2237.23\mathrm{m^3}$

清单工程量计算见表 5-14。

表 5-14　清单工程量计算表

序号	项目编码	项目名称	项目特征描述	工程量合计	计量单位
1	040101001001	挖一般土方	三类土	3584.17	m³
2	040103001001	回填方	密实度	1346.94	m³
3	040103002001	余方弃置	运距	2237.23	m³

（2）定额工程量同清单工程量

【例 5-3】某市政城郊工程，梯形沟槽断面示意图如图 5-15 所示，土质为四类土，采用机械挖土。挖土深度为 4.2m。管径为 1200mm，排管长度为 550m。求该工程中的土石方工程部分的工程量（填土密实度 95%）。

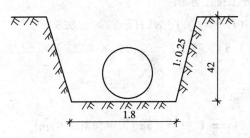

图 5-15　沟槽断面图（单位：m）

【解】

(1) 清单工程量 清单工程量计算表见表 5-15，分部分项工程和单价措施项目清单与计价表见表 5-16。

表 5-15 清单工程量计算表

工程名称：

序号	清单项目编码	清单项目名称	计算式	工程量合计	计量单位
1	040101002001	挖沟槽土方	$V_1 = (1.8 + 4.2 \times 0.25 \times 2) \times 550 \times 4.2$	9009	m³
2	040103001001	回填方	$V_3 = [9009 - \pi (\frac{1}{2})^2 \times 550]$	8577.25	m³

表 5-16 分部分项工程和单价措施项目清单与计价表

工程名称：

序号	项目编码	项目名称	项目特征描述	计量单位	工程量	金额/元 综合单价	合价
1	040101002001	挖沟槽土方	四类土，深 4.2m	m³	9009		
2	040103001001	回填方	密实度 95%	m³	8577.25		

(2) 定额工程量

查放坡系数为 1.025。

1) 梯形沟槽挖土体积：

$$V_{wt} = L \times (b + H \times f) \times H \times 1.025$$

$$V_1 = 550 \times (1.8 + 4.2 \times 0.25) \times 4.2 \times 1.025 = 14798.44 m^3$$

2) 梯形沟槽湿土排水体积：

$$V_{st} = L \times [b + (H - h) \times f] \times (H - h) \times 1.025$$

$$V_2 = 550 \times [1.8 + (4.2 - 1.2) \times 0.25] \times (4.2 - 1.2) \times 1.025$$
$$= 5073.75 m^3$$

3) 回填土工程量：

$$V_3 = [14798.44 - \pi (\frac{1}{2})^2 \times 550] = 14366.69 m^3$$

【例 5-4】 某排水工程，采用钢筋混凝土承插管，管径 $\phi 600$。管道长度 100m，土方开挖深度平均为 3m，回填至原地面标高，余土外运。土方类别为三类土，采用人工开挖及回填，回填压实率为 95％（图 5-16）。试根据以下要求列出该管道土方工程的分部分项工程量清单。

1）沟槽土方因工作面和放坡增加的工程量，并入清单土方工程量中；

2）暂不考虑检查井等所增加土方的因素；

3）混凝土管道外径为 $\phi720$，管道基础（不含垫层）每米混凝土工程量为 $0.227m^3$。

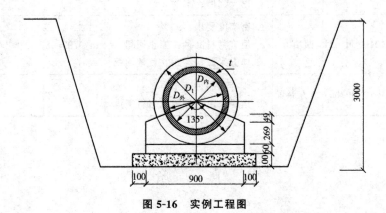

图 5-16 实例工程图

【解】

清单工程量计算表见表 5-17，分部分项工程和单价措施项目清单与计价表见表 5-18。

表 5-17 清单工程量计算表

工程名称：某排水工程

序号	清单项目编码	清单项目名称	计算式	工程量合计	计量单位
1	040101002001	挖沟槽土方	$(0.9+0.5\times2+0.33\times3)\times3\times100$	867	m³
2	040103001001	回填方	$867-74.42$	792.58	m³
3	040103002001	余方弃置	$(1.1\times0.1+0.227+3.1416\times0.36\times0.36)\times100$	74.42	m³

注：0.33 为放坡系数。

表 5-18　分部分项工程和单价措施项目清单与计价表

工程名称：某排水工程

序号	项目编码	项目名称	项目特征描述	计量单位	工程量	金额/元	
						综合单价	合价
1	040101002001	挖沟槽土方	1. 土壤类别：三类土 2. 挖土深度：平均 3m	m³	867		
2	040103001001	回填方	1. 密实度要求：95% 2. 填方材料品种：原土回填 3. 填方来源、运距：就地回填	m³	792.58		
3	040103002001	余方弃置	1. 废弃料品种：土方 2. 运距：由投标单位自行考虑	m³	74.42		

第二节　道路工程

一、道路工程读图识图

1. 道路平面图

（1）道路平面图的内容

1）地形部分。

①比例。为了清晰地表示图样，根据地形起伏情况的不同，地形图采用不同的比例。一般在山岭区采用 1:2000，丘陵和平原地区采用 1:5000。

②坐标网与指北针。在路线平面图上应画出坐标网或指北针，作为指出公路所在地区的方位与走向，同时坐标或指北针又可作为拼接图线时校对之用。

③等高线。地形情况一般采用等高线或地形点表示。由于城市道路一般比较平坦，因此多采用大量的地形点来表示地形高程。等高线越密，表示地势越陡，等高线越稀，表示地势越平坦。

2）路线部分。

①路线表示。道路规划红线是道路的用地界限，常用双点画线表示。道路规划红线范围内为道路用地，一切不符合设计要求的建筑物、构筑物、各种管线等需拆除。

城市道路中心线一般采用细点画线表示。由于路线平面图所采用的绘图比例较小，公路的宽度无法按实际尺寸画出，因此，在路线平面图中，路线用粗实线沿着路线中心线表示。

②里程桩号。里程桩号反映了道路各段长度及总长，一般在道路中心线上。从起点到终点，沿前进方向注写里程桩，通常用 ⌀ 表示；也可向垂直道路中心线方向引一细直线，再在图样边上注写里程桩号。如 K120＋500，即距路线起点为 120500m。如里程桩号直接注写在道路中心线上，则"＋"号位置即为桩的位置。

③平面线形。路线的平面线形有直线形和曲线形。对于曲线形路线的公路转弯处，在平面图中是用交角点编号来表示。路线平面图中，对曲线还需标出曲线起点 ZY（直圆）、曲线中点 QZ（曲中）、曲线终点 YZ（圆直）的位置；对带有缓和曲线的路线则需标出 ZH（直缓）、HY（缓圆）、QZ（圆中）、YH（圆缓）、HZ（缓直）的位置。

（2）道路平面图的绘制

1）道路平面图绘制步骤。

①先画地形图，然后画路线中心线。

②等高线按先粗后细步骤徒手画出，要求线条顺滑，并注明等高线高程和已知水准点的位置及编号。

③路线中心线用绘图仪器按先曲线、后直线的顺序画出。为了使中心线与等高线有显著的区别，一般以两倍左右的计曲线（粗等高线）的粗度画出。

④平面图的植物图例，应朝上或向北绘制。

⑤画出图纸的拼接位置及符号，注明该图样名称，图号顺序，道路名称。

2）道路平面图绘制要点。

①城市道路平面图采用比例尺为 1∶500 或 1∶1000，两侧范围在规划红线以外各 20～50m。

②在平面图上需要标明规划红线、规划中心线、现状中心线、现状路边线，以及设计车行道线（机动车道、非机动车道）、人行道线、停靠站、分隔带、交通岛、人行横道线、沿线建筑物出入口（接坡）、支路、电杆、雨水进水口和窨井，路线转点及相交道路交叉口里程桩和坐标，交叉口缘石半径等。

③对于有弯道的路线，应详细标明平曲线的各项要素（坐标值、R、T、L、E 等）、交叉路口的交角。图上应绘出指北针，并附图例和比例尺。一般取图的正上方为北方向。

④有需要的地方要做简单的工程注释。如工程范围、起迄点、采用的坐标体系、设计标高和水准点的依据，同时，还要注明道路两旁的机关、学校、医院、商店等重要建筑物出入口的处理等情况。

（3）道路平面图的识读　道路平面图的识读，按以下步骤进行：

1）仔细观察图形，根据平面图图例及等高线的特点，了解该图样反映的地形地物状况、地面各控制点高程、构筑物的位置、道路周围建筑的情况及性质、已知水准点的位置及编号、坐标网参数或地形点方位等。

2）依次阅读道路中心线、规划红线、机动车道、非机动车道、人行道、分隔带、交叉口及道路中心曲线设置情况等。

3）道路方位及走向，路线控制点坐标、里程桩号等。

4）根据道路用地范围了解原有建筑物及构筑物的拆除范围，以及拟拆除部分的性质、数量，所占农田性质及数量等。

5）结合路线纵断面图掌握道路的填挖工程量。

6）查出图中所标注水准点位置及编号，根据其编号到有关部门查出该水准点的绝对高程，以备施工中控制道路高程。

（4）道路平面图识读实例　图 5-17 所示为某道路工程平面图，试对图示内容进行简单的分析。

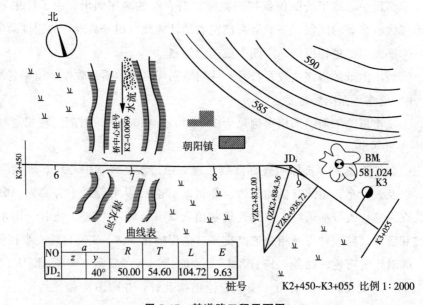

NO	a		R	T	L	E
	z	y				
JD₂		40°	50.00	54.60	104.72	9.63

桩号　　K2+450~K3+055　比例 1:2000

图 5-17　某道路工程平面图

【解】　根据对图 5-17 的识读可以得出：

（1）图形概况　从左下角角标可知，绘制桩号范围为 K2＋550～K3＋055，其内容包括地形部分和路线部分。

（2）地形部分　在地形图上，等高线每隔 4 根加粗一根，如 585、590 等高线，并注明标高，称为"计曲线"；图示中两等高线的高差为 1m，沿线地形平坦。东北地域有一小山毗邻，路北有两幢房屋建筑，路南为大片的农田。路线跨越一条小河，其上架设一桥梁，小河两岸设有堤坝。

（3）路线部分　由于受到图中比例的限制，路线的宽度无法按实际尺寸画出，故设计路线采用加粗的实线表示。

图中 ⏺ 表示 3 公里桩的位置。垂直于中心线的短线表示了百米桩的位置，百米桩数字如 6、7、8、9 注在短线的端部，字头向上。

（4）平面线型　该段路线的平面线型由直线段和曲线段组成，在桩号 K2＋900 附近有一第 2 号交角点（JD_2）。由图中的曲线表可知，该圆曲线沿路线前进方向的右偏角 α_y 为 40°。曲线半径 R 为 50、切线长 T 为 54.60、曲线长 L 为 104.72、外矢距 E 为 9.63 等数值。2 号水准点（BM_2）标高为 581.024。

2. 道路纵断面图

（1）图样表示方法

1）在图幅上部布置纵断面图的图样。在图幅下部采用表格形式布置测设数据。高程标尺应布置在测设数据表的上方左侧，如图 5-18 所示。

测设数据表应如图 5-18 所示的顺序进行排列。表格可根据不同设计阶段和不同道路等级的要求进行增减。纵断面图中的距离与高程应按不同比例绘制。

2）采用粗实线表示道路设计线；采用细实线表示原地面线；采用细双点划线及水位符号表示地下水位线；地下水位测点可仅用水位符号表示，如图 5-19 所示。

3）当路线坡度发生变化时，应用直径为 2mm 的中粗线圆圈表示变坡点；采用细虚线表示切线；采用粗实线表示竖曲线。标注竖曲线的竖直细实线应对准变坡点所在的桩号，线左侧标注桩号，线右侧标注变坡点的高程。水平细实线两端应对准竖曲线的起始点和终点。在水平线之上，两端的短竖直细实线应为凹曲线；反之为凸曲线。竖曲线要素，如半径 R、切线长 T 和外矩 E 等数值均应标注在水平细实线的上方，如图 5-20（a）所示。竖曲线标注也可布置在测设数据表内，此时，变坡点的位置应在"坡度"和"距离"栏内标出，如图 5-20（b）所示。

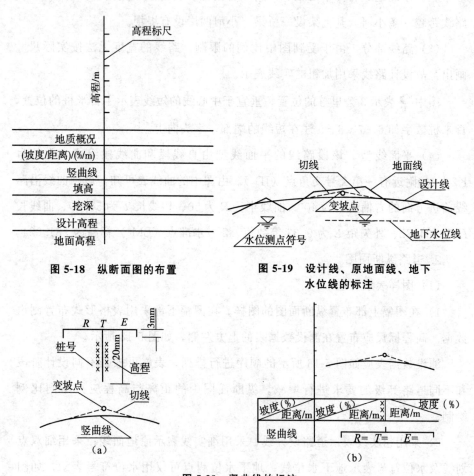

图 5-18　纵断面图的布置

图 5-19　设计线、原地面线、地下水位线的标注

图 5-20　竖曲线的标注

（a）标注在水平细实线上方　（b）标注在测设数据表内

4）在测设数据表中的平曲线栏中，用凹、凸折线分别表示道路的左、右转弯。当不设缓和曲线路段时，如图 5-21（a）所示进行标注；当设缓和曲线

路段时，如图 5-21（b）所示进行标注。在曲线的一侧标注交点编号、桩号、偏角、半径和曲线长。

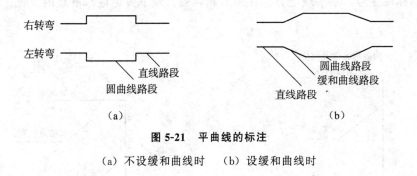

图 5-21 平曲线的标注

（a）不设缓和曲线时 （b）设缓和曲线时

（2）图例与标注

1）当路线为短链时，道路设计线应在相应桩号处断开，并如图 5-22（a）所示进行标注。路线局部改线而变成长链时，利用已绘制的纵断面图，高差较大时应如图 5-22（b）所示进行标注，高差较小时应如图 5-22（c）所示进行标注。长链较长的且不能利用原纵断面图时，应另绘制长链部分的纵断面图。

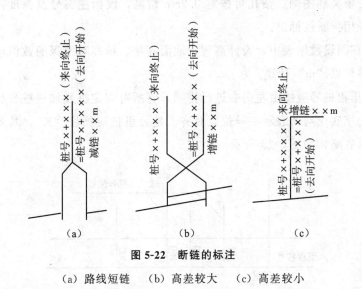

图 5-22 断链的标注

（a）路线短链 （b）高差较大 （c）高差较小

2）道路沿线的构造物、交叉口可在道路设计线的上方，用竖直引出线标注。竖直引出线应对准构造物或交叉口的中心位置。线左侧标注桩号，水平线上方标注构造物的名称、规格和交叉口名称，如图 5-23 所示。

3）水准点应如图 5-24 所示进行标注。竖直引出线应对准水准点桩号，线左侧标注桩号，水平线上方标注编号和高程；线下方标注水准点的位置。

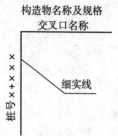

图 5-23　沿线构造物及交叉口标注

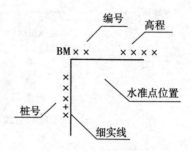

图 5-24　水准点的标注

4）在纵断面图中可根据需要绘制出地质柱状图，并标出岩土图例或代号。各地层高程应与高程标尺对应。

探坑应按宽为 0.5cm、深为 1∶100 的比例进行绘制，在图样上应标注出高程及土壤类别图例。钻孔可按宽 0.2cm 绘制，仅标注编号及深度，深度过长时可采用折断线标出。

5）在测设数据表中，设计高程、地面高程、填高和挖深的数值应对准其桩号，单位以"m"计算。

6）里程桩号应按由左向右进行排列，将所有固定桩及加桩桩号标出。桩号数值的字底应与所表示桩号位置对齐。整公里桩应标注"K"，其余桩号的公里数可省略，如图 5-25 所示。

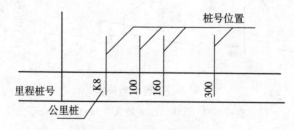

图 5-25　里程桩号的标注

7）在纵断面图中，给水排水管涵应标注规格及管内底的高程。地下管线横断面应采用相应图例。无图例时可自拟图例，但要在图纸中加以说明。

（3）道路纵断面图的内容　道路工程纵断面图包括图样和资料表两部分，图样画在图纸的上方，资料表列在图纸的下方。

3. 道路横断面图

（1）道路横断面图的绘制要求

1）路面线、路肩线、边坡线、护坡线均应采用粗实线表示；路面厚度应采用中粗实线表示；原有地面线应采用细实线表示，设计或原有道路中线应采用细点划线表示，如图 5-26 所示。

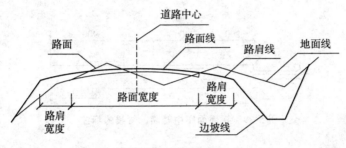

图 5-26　横断面图

2）当防护工程设施标注材料名称时，可不画材料图例，其断面阴影线可省略，如图 5-27 所示。

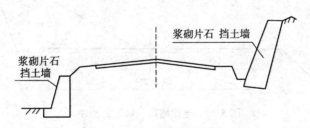

图 5-27　防护工程设施的标注

3）当道路分期修建、改建时，应在同一张图纸中示出规划、设计、原有道路横断面，并注明各道路中线之间的位置关系。规划道路中线应采用细双点划线表示。规划红线应采用粗双点划线表示。在设计横断面图上，应注明路侧方向，如图 5-28 所示。

4）横断面图中，管涵、管线的高程应根据设计要求标注。管涵、管线横断面应采用相应图例，如图 5-29 所示。

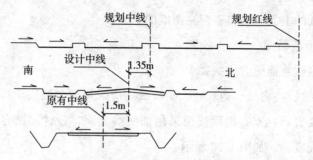

图 5-28　不同设计阶段横断面

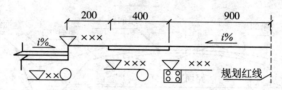

图 5-29　横断面图中管涵、管线的标注

5）道路的超高、加宽应在横断面图中示出，如图 5-30 所示。

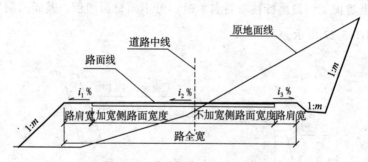

图 5-30　道路超高、加宽的标注

6）用于施工放样及土方计算的横断面图应在图样下方标注桩号。图样右侧应标注填高、挖深，填方、挖方的面积，并采用中粗点划线示出征地界线，如图 5-31 所示。

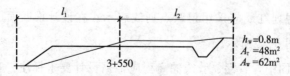

图 5-31　横断面图中填挖方的标注

7）路面结构图应符合下列规定：

①当路面结构类型单一时，可在横断面图上，用竖直引出线标注材料层次及厚度，如图 5-32（a）所示。

②当路面结构类型较多时，可按各路段不同的结构类型分别绘制，并标注材料图例（或名称）及厚度如图 5-32（b）所示。

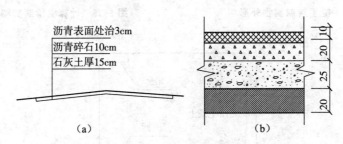

沥青表面处治3cm
沥青碎石10cm
石灰土厚15cm

（a）　　　　　　　　　　（b）

图 5-32　路面结构的标注

（a）路面结构类型单一　　（b）路面结构类型较多

8）在路拱曲线大样图的垂直和水平方向上，应按不同比例绘制（图 5-33）。

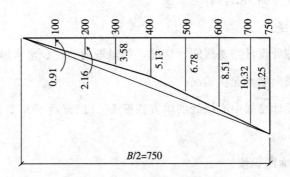

图 5-33　路拱曲线大样

9）当采用徒手绘制实物外形时，其轮廓应与实物外形相近（图 5-34）。当采用计算机绘制此类实物时，可用数条间距相等的细实线组成与实物外形相近的图样（图 5-35）。

10）在同一张图纸上的路基横断面，应按桩号的顺序排列，并从图纸的左下方开始，先由下向上，再由左向右排列（图 5-36）。

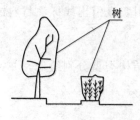

图 5-34 徒手绘制实物外形

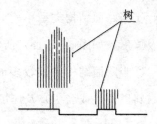

图 5-35 计算机绘制实物外形

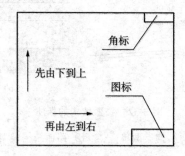

图 5-36 横断面的排列顺序

(2) 道路横断面图的内容与识读

1) 图示内容。

①各中心桩处设计路基横断面情况，如边坡的坡度、水沟形式等。

②原地面横向地面起伏情况。

③各桩号设计路线中心线处的填方高度 h_T、挖方高度 h_w、填方面积 A_T、挖方面积 A_w。

2) 道路断面图识读。

①城市道路横断面的设计结果是采用标准横断面设计图表示。图样中要表示出机动车道、非机动车道、人行道、绿化带及分隔带等几大部分。

②城市的道路地上有电力、电信等设施，地下有给水管、排水管、污水管、煤气管、地下电缆等公用设施的位置、宽度、横坡度等，称为"标准横断面图"，如图 5-37 所示。

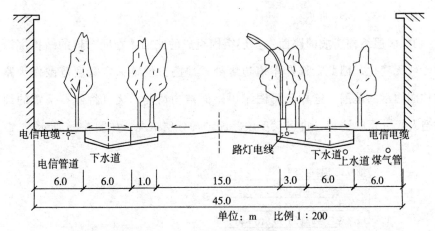

电信电缆　　　　　　　　　　　　　　　　　路灯电线　　下水道　　　　　电信电缆

电信管道　下水道　　　　　　　　　　　　　　　　　　　　上水道 煤气管

6.0　　6.0　1.0　　　15.0　　　3.0　6.0　　6.0

45.0

单位：m　　比例 1：200

图 5-37　城市道路横断面图

③城市道路横断面图的比例，一般视等级要求及路基断面范围而定，一般采用 1：100、1：200 的比例，很少采用 1：1000、1：2000 的比例。

④道路中心线用细点划线段表示，车行道、人行道用粗实线表示，并注明构造分层情况，标明排水横坡度，图示出红线位置。

⑤图中的绿地、房屋、河流、树木、灯杆等要用相应的图例示出；用中实线图示出分隔带设置情况；标明各部分的尺寸，尺寸单位为“cm”；与道路相关的地下设施用图例示出，并注以文字及必要的说明。

4. 道路路面结构图

(1) 路面结构图

1) 典型路面的结构形式。典型的道路路面结构形式为磨耗层、上面层、下面层、连接层、上基层、下基层和垫层，由上向下顺序排列，如图 5-38 所示。路面结构图的任务就是表达各结构层的材料和设计厚度。

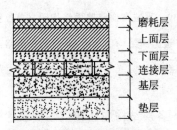

磨耗层
上面层
下面层
连接层
基层
垫层

图 5-38　典型的道路路面结构

2）单一型结构路面。当路面结构类型单一时，可在横断面上竖直引出标注，如图 5-32（a）所示。

3）多层结构组成的路面。多层结构组成的路面，在同车道的结构层沿宽度一般无变化。因此，选择车道边缘处，即侧石位置一定宽度范围作为路面结构图图示的范围，这样既可图示出路面结构情况，又可将侧石位置的细部构造及尺寸反映清楚，也可只反映路面结构分层情况，如图 5-39 所示。

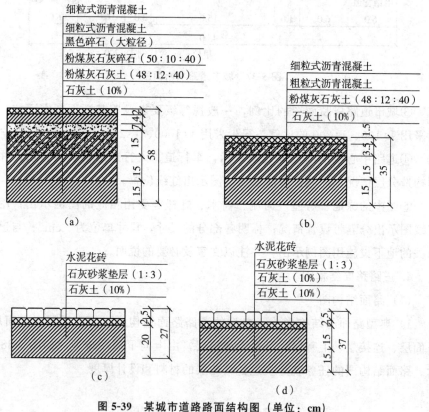

图 5-39　某城市道路路面结构图（单位：cm）

（a）机动车道路面结构　　（b）非机动车道路面结构

（c）人行道路面结构（阳面）　　（d）人行道路面结构（阴面）

路面结构图图样中，各层结构应用相应图例表达清晰（注明基层的厚度、性质、标准等）。

当不同车道结构不同时，可分别绘制路面结构图，应注明图名、比例及文字说明等。

（2）路拱、机动车道与非机动车道结构图

1）路拱大样图。路拱是为了满足道路的横向排水要求而设计的，其形式有抛物线、双曲线和双曲线中插入圆曲线等。路拱大样图的任务是表达清楚路面横向的形状。为了清晰地表达路拱的形状，应按垂直向比例大于水平向比例的方法绘制路拱大样图，如图5-33所示。

2）机动车道与人行道结构图。如图5-40、图5-41所示为某地区机动车道路面与人行道路面结构大样图，机动车道面层由三层沥青混合料组成。

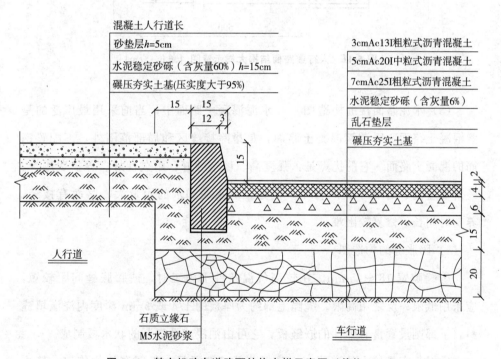

图5-40　某市机动车道路面结构大样示意图（单位：cm）

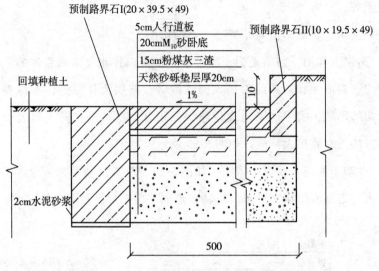

图 5-41　人行道路面结构大样示意图（单位：cm）

（3）水泥路面接缝构造图　在水泥混凝土路面中，当前采用最广泛的是素混凝土路面。所谓素混凝土路面，是指除接缝区和局部范围外，不配置钢筋的混凝土路面。它的优点是：强度高、稳定性好、耐久性好、养护费用少、经济效益高、有利于夜间行车。但是，对水泥和水的用量大，路面有接缝，养护时间长，修复较困难。

1）膨胀缝的构造图。

①缝隙宽 18～25mm。在较高气温条件下施工时，或膨胀缝间距较短，应采用低限；反之用高限。缝隙上部约为厚板的 1/4 或 5mm 深度内浇灌填缝料，下部则设置富有弹性的嵌缝板，它可由油浸或沥青制的软木板制成。

②对行车量较大的道路，为确保荷载能在混凝土板间有效的传递，禁止形成错台，可在胀缝处板厚中央设置传力杆。传力杆一般为长 0.4～0.6m、直径 20～25mm 的光圆钢筋，每隔 0.3～0.5m 设一根。杆的半段固定在混凝土内，另半段涂以沥青，套上长 8～10cm 的铁皮或塑料筒，筒底与杆端之间留出宽 3～4cm 的空隙，并用木屑与弹性材料填充，以利板的自由伸缩，如图

5-42（a）所示。在同一条胀缝上的传力杆，设有套筒的活动端最好在缝的两边交错布置。

③由于设置传力杆需要钢材，故有时不设传力杆，而在板下用C10混凝土或其他刚性较大的材料，铺成断面为矩形或梯形的垫枕，如图5-42（b）所示。为确保路面结实耐用，还可以在板与垫枕或基层之间铺一层或两层油毛毡或2cm厚沥青砂，这样可以防止水经过胀缝渗入基层和土层。

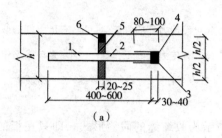

（a）

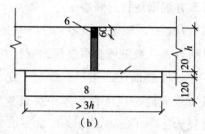

（b）

图5-42　膨胀缝的构造形式（单位：mm）

（a）传力杆式　（b）枕垫式

1—传力杆固定端　2—传力杆活动端　3—金属套筒　4—弹性材料　5—软木板

6—沥青填缝料　7—沥青砂　8—C8～C10水泥混凝土预制枕垫

2）收缩缝的构造图。图5-43所示为收缩缝的构造形式示意图，根据图形分析其构造。

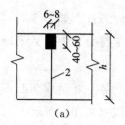

（a）

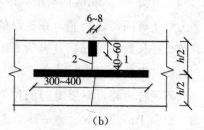

（b）

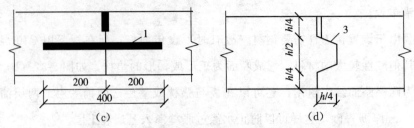

图 5-43 收缩缝的构造形式示意图（单位：mm）

(a) 无传力杆的假缝　　(b) 有传力杆的假缝

(c) 有传力杆的工作缝　　(d) 企口式工作缝

1—传力杆　2—自行断裂缝　3—涂沥青

①图 5-43（a）所示为收缩缝的假缝形式，即只在板的上部设缝隙，当板收缩时将沿此最薄弱断面有规则地自行断裂。

②收缩缝缝隙宽 5～10mm，深度为板厚的 1/3～1/4，一般为 4～6cm，纵向缩缝应与路中心线平行，一般做成企口缝形式或拉杆形式。

由于收缩缝缝隙下面板断裂面凹凸不平，能起一定的传荷作用，一般不必设置传力杆，对运载力较大的路段应在板厚中央设置传力杆。这种传力杆长度为 0.3～0.4m，直径为 14～16mm，每隔 0.30～0.75m 设一根，如图 5-43（b）所示，一般全部锚固在混凝土内，以使缩缝下部凹凸面的传荷作用有所保证；但为便于板翘曲，有时也将传力杆半段涂以沥青，称为"滑动传力杆"，而这种缝称为"翘曲缝"。应当补充指出，当在膨胀缝或收缩缝上设置传力杆时，传力杆与路面边缘的距离应较传力杆间距小些。

3）施工缝的构造图。

①施工缝采用平头缝或企口缝的构造形式。平头缝上部应设置深为板厚 1/3～1/4、宽为 8～12mm 的沟槽，内浇灌填缝料。

②为利于板间传递荷载，在板厚的中央也应设置传力杆，如图 5-43（c）所示。传力杆长约 0.40m，直径为 20mm，半段锚固在混凝土中，另半段涂沥青，也称"滑动传力杆"。

③如不设传力杆，则要专门的拉毛模板，把混凝土接头处做成凹凸不平的表面，以利于传递荷载。另一种形式是企口缝，如图 5-43（d）所示。

（4）道路路面结构图识读实例　如图5-44所示，作出简单的识读分析。

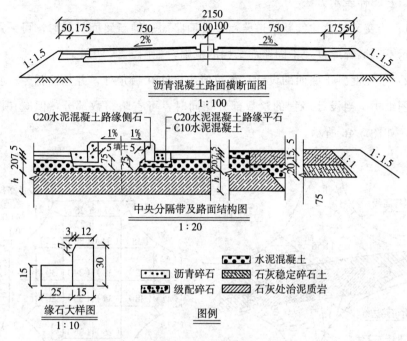

图5-44　沥青混凝土路面结构图（单位：cm）

【解】　从图中可以看出：

1）路面横断面图表示出行车道、路肩、中央分离带的尺寸，以及路拱的坡度。

2）图中沥青混凝土的厚度为5cm，沥青碎石的厚度为7cm，石灰稳定碎石土的厚度为20cm。行车道路面底基层与路肩的分界处，其宽度超出基层25cm之后以1:1的坡度向下延伸。

3）硬路肩的面层、基层和底基层的厚度分别为5cm、15cm、20cm。硬路肩与土路肩的分界处，基层的宽度超出面层10cm之后以1:1的坡度延伸至底基层的底部。

4）中央分隔带处的尺寸标注及图示，说明两缘石中间需要填土，填土顶部从路基中线向两缘石倾斜，坡度为1%。应标出路缘石和底座的混凝土强度等级、缘石的各部尺寸，以便按图施工。

5. 道路交叉口施工图

(1) 图样表示方法

1) 当交叉口改建、新旧道路衔接及旧路面加铺新路面材料时，可采用图例表示不同贴补厚度及不同路面结构的范围，如图 5-45 所示。

2) 水泥混凝土路面的设计高程数值应标注在板角处，并加注括号。在同一张图纸中，当设计高程的整数部分相同时，可省略整数部分，但应在图中说明，如图 5-46 所示。

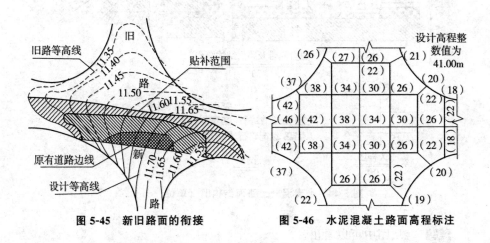

图 5-45　新旧路面的衔接　　　　图 5-46　水泥混凝土路面高程标注

3) 在立交工程纵断面图中，机动车与非机动车的道路设计线均应采用粗实线绘制，其测设数据可在测设数据表中分别列出。

4) 在立交工程纵断面图中，上层构造物应采用图例表示，并应标出其底部高程，图例的长度为上层构造物底部全宽，如图 5-47 所示。

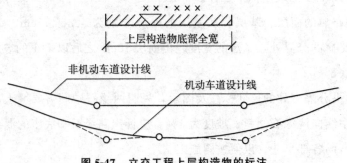

图 5-47　立交工程上层构造物的标注

5）在互通式立交工程线形布置图中，匝道的设计线应采用粗实线表示，干道的道路中线应采用细点划线表示，如图 5-48 所示。并应列表表示出图中的交点、圆曲线半径、控制点位置、平曲线要素及匝道长度。

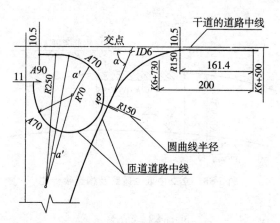

图 5-48　立交工程线形布置

6）在互通式立交工程纵断面图中，匝道端部的位置、桩号应采用竖直引出线标注，并在图中适当位置用中粗实线绘制线形示意图和标注各段的代号，如图 5-49 所示。

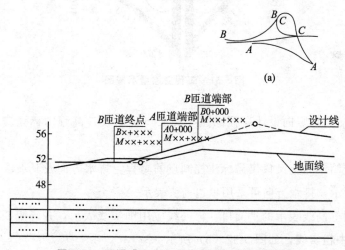

图 5-49　互通式立交工程纵断面图匝道及线形

7）在简单立交工程纵断面图中，应标注低位道路的设计高程；其所在桩号用引出线标注。当构造物中心与道路变坡点为同一桩号时，构造物应采用引出线标注，如图 5-50 所示。

8）在立交工程交通量示意图中（图 5-51），交通量的流向应采用涂黑的箭头表示。

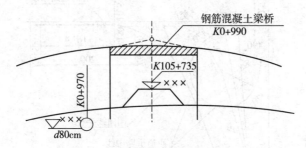

图 5-50　立交中低位道路及构造物标注

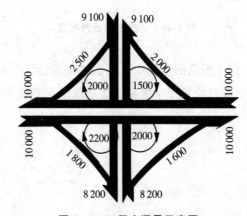

图 5-51　工程交通量示意图

（2）交叉口竖向设计高程标注　交叉口竖向设计高程的标注应符合下列规定：

1）较简单的交叉口仅需标注控制点的高程、排水方向及其坡度，如图 5-52（a）所示，排水方向可采用单边箭头表示。

2）用等高线表示的平交口，等高线应用细实线表示，并每隔四条细实线绘制一条中粗实线，如图 5-52（b）所示。

3）用网格高程表示的平交路口，其高程数值应标注在网格交点的右上方，并加括号。若高程整数值相同时，可省略，但要在图中说明。小数点前可不加 "0"

定位。网格应采用平行于设计道路中线的细实线绘制，如图 5-52 (c) 所示。

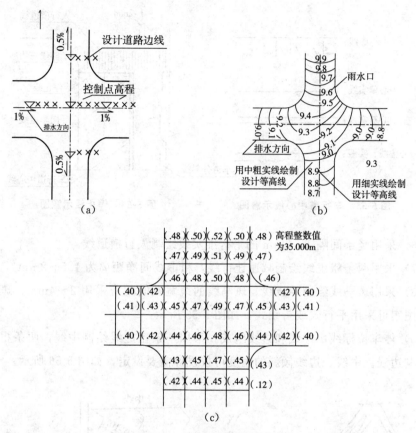

图 5-52　竖向设计高程的标注

(a) 较简单的交叉口　　(b) 用等高线表示的平交口　　(c) 用网格高程表示的平交路口

6. 道路交通工程图

（1）交通标线的图示内容

1）应采用 1～2mm 宽度的虚线或实线表示交通标线。

2）车行道中心线的绘制应符合下列规定：采用粗虚线绘制中心虚线；采用粗实线绘制中心单实线；采用两条平行的粗实线绘制中心双实线，两线净距离为 1.5～2mm；采用一条粗实线和一条粗虚线绘制中心虚线和实线，两线净距离为 1.5～2mm。如图 5-53 所示。

3）采用粗虚线绘制车行道分界线。

4）采用粗实线绘制车行道边缘线。

5）停止线应以车行道中心线为起点，以路缘石边线为终点，如图 5-54 所示。

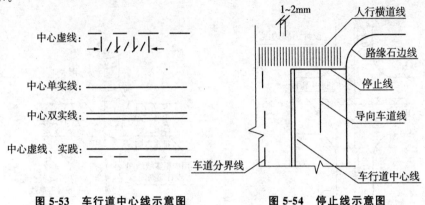

图 5-53　车行道中心线示意图　　　　图 5-54　停止线示意图

6）采用竖条间隔 1～2mm 的平行细实线绘制人行横道线。

7）采用两条粗虚线绘制减速让行线。粗虚线间净距离为 1.5～2mm。

8）采用斑马线绘制导流线。斑马线的线宽及间距应采用 2～4mm，斑马线的图案可采用平行式或折线式，如图 5-55 所示。

9）停车位标线由中线和边线组成。采用一条粗虚线绘制中线，两条粗虚线绘制边线。中线、边线倾斜的角度可按设计需要设定，如图 5-56 所示。

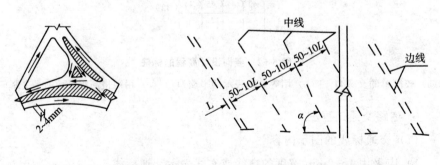

图 5-55　导流线示意图　　　　图 5-56　停车位标线示意图

10）采用指向匝道的黑粗双边箭头表示出口标线。采用指向主干道的黑粗双边箭头表示入口标线。斑马线拐角尖的方向应与双边箭头的方向相反（图 5-57、图 5-58）。

11）港式停靠站标线由数条斑马线组成，如图 5-59 所示。

12）采用黑粗双边箭头表示车流向标线，如图 5-60 所示。

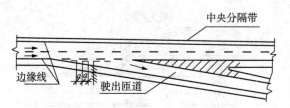

图 5-57　匝道出口标线示意图

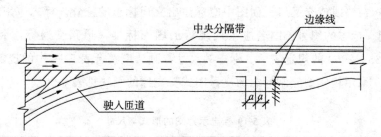

图 5-58　匝道入口标线示意图

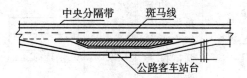

图 5-59　港式停靠站示意图

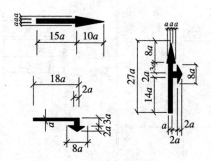

图 5-60　车流向标线示意图

（2）交通标志的图示内容

1）采用实线绘制交通岛。转角处采用斑马线绘制，如图 5-61 所示。

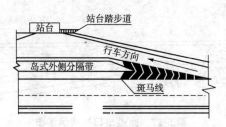

图 5-61　交通岛标志示意图

2）在路线或交叉口平面图中应标注出交通标志的位置。标志应采用细实线绘制。标志的图号、图名应采用现行的国家标准《道路交通标志和标线》GB 5768—2009 的规定表示。标志的尺寸与画法应符合表 5-19 中的规定。

3）采用粗实线绘制标志的支撑图式。支撑的画法见表 5-20。

表 5-19 标志示意图的形式与尺寸

规格种类	形式与尺寸/mm	画法	规格种类	形式与尺寸/mm	画法
警告标志	（图号）（图名） 15~20	等边三角形采用细实线绘制，顶角向上	指路标志	（图名） （图号） 25~50	矩形框采用细实线绘制
禁令标志	（图号）（图名）45° 15~20	图采用细实线绘制，图内斜线采用粗实线绘制	高速公路指路标志	××高速 （图名） （图名） a	正方形外框采用细实线绘制，边长为30~50mm。方形内的粗、细实线间距为1mm
指示标志	（图号）（图名） 15~20	图采用细实线绘制	辅助标志	（图名） （图名） 30~50	长边采用粗实线绘制，短边采用细实线绘制

表 5-20　标志的支撑图示

名称	单柱式	双柱式	悬臂式	门式	附着式
图示	○	⊓	⊐	⊔	将标志直接标注在结构物上

二、道路工程清单工程量计算规则

1. 路基处理

路基处理工程量清单项目设置、项目特征描述的内容、计量单位及工程量计算规则，应按表 5-21 的规定执行。

表 5-21　路基处理（编码：040201）

项目编码	项目名称	项目特征	计量单位	工程量计算规则	工程内容
040201001	预压地基	1. 排水竖井种类、断面尺寸、排列方式、间距、深度 2. 预压方法 3. 预压荷载、时间 4. 砂垫层厚度	m²	按设计图示尺寸以加固面积计算	1. 设置排水竖井、盲沟、滤水管 2. 铺设砂垫层、密封膜 3. 堆载、卸载或抽气设备安拆、抽真空 4. 材料运输
040201002	强夯地基	1. 夯击能量 2. 夯击遍数 3. 地耐力要求 4. 夯填材料种类		按设计图示尺寸以加固面积计算	1. 铺设夯填材料 2. 强夯 3. 夯填材料运输
040201003	振冲密实（不填料）	1. 地层情况 2. 振密深度 3. 孔距 4. 振冲器功率			1. 振冲加密 2. 泥浆运输

续表

项目编码	项目名称	项目特征	计量单位	工程量计算规则	工程内容
040201004	掺石灰	含灰量	m^3	按设计图示尺寸以体积计算	1. 掺石灰 2. 夯实
040201005	掺干土	1. 密实度 2. 掺土率			1. 掺干土 2. 夯实
040201006	掺石	1. 材料品种、规格 2. 掺石率			1. 掺石 2. 夯实
040201007	抛石挤淤	材料品种、规格			1. 抛石挤淤 2. 填塞垫平、压实
040201008	袋装砂井	1. 直径 2. 填充料品种 3. 深度	m	按设计图示尺寸以长度计算	1. 制作砂袋 2. 定位沉管 3. 下砂袋 4. 拔管
040201009	塑料排水板	材料品种、规格			1. 安装排水板 2. 沉管插板 3. 拔管
040201010	振冲桩（填料）	1. 地层情况 2. 空桩长度、桩长 3. 桩径 4. 填充材料种类	1. m 2. m^3	1. 以"m"计量，按设计图示尺寸以桩长计算 2. 以"m^3"计量，按设计桩截面乘以桩长以体积计算	1. 振冲成孔、填料、振实 2. 材料运输 3. 泥浆运输
040201011	砂石桩	1. 地层情况 2. 空桩长度、桩长 3. 桩径 4. 成孔方法 5. 材料种类、级配		1. 以"m"计量，按设计图示尺寸以桩长（包括桩尖）计算 2. 以"m^3"计量，按设计桩截面乘以桩长（包括桩尖）以体积计算	1. 成孔 2. 填充、振实 3. 材料运输

续表

项目编码	项目名称	项目特征	计量单位	工程量计算规则	工程内容
040201012	水泥粉煤灰碎石桩	1. 地层情况 2. 空桩长度、桩长 3. 桩径 4. 成孔方法 5. 混合料强度等级	m	按设计图示尺寸以桩长（包括桩尖）计算	1. 成孔 2. 混合料制作、灌注、养护 3. 材料运输
040201013	深层水泥搅拌桩	1. 地层情况 2. 空桩长度、桩长 3. 桩截面尺寸 4. 水泥强度等级、掺量			1. 预搅下钻、水泥浆制作、喷浆搅拌提升成桩 2. 材料运输
040201014	粉喷桩	1. 地层情况 2. 空桩长度、桩长 3. 桩径 4. 粉体种类、掺量 5. 水泥强度等级、石灰粉要求		按设计图示尺寸以桩长计算	1. 预搅下钻、喷粉搅拌提升成桩 2. 材料运输
040201015	高压水泥旋喷桩	1. 地层情况 2. 空桩长度、桩长 3. 桩截面 4. 旋喷类型、方法 5. 水泥强度等级、掺量			1. 成孔 2. 水泥浆制作、高压旋喷注浆 3. 材料运输
040201016	石灰桩	1. 地层情况 2. 空桩长度、桩长 3. 桩径 4. 成孔方法 5. 掺和料种类、配合比		按设计图示尺寸以桩长（包括桩尖）计算	1. 成孔 2. 混合料制作、运输、夯填 1. 成孔 2. 灰土拌和、运输、填充、夯实
040201017	灰土（土）挤密桩	1. 地层情况 2. 空桩长度、桩长 3. 桩径 4. 成孔方法 5. 灰土级配			

注：1. 地层情况按表 5-2 和表 5-6 的规定，并根据岩土工程勘察报告按单位工程各地层所占比例

（包括范围值）进行描述。对无法准确描述的地层情况，可注明由投标人根据岩土工程勘察报告自行决定报价。

2. 项目特征中的桩长应包括桩尖，空桩长度＝孔深－桩长，孔深为自然地面至设计桩底的深度。

3. 如采用碎石、粉煤灰、砂等作为路基处理的填方材料时，应按土石方工程中"回填方"项目编码列项。

4. 排水沟、截水沟清单项目中，当侧墙为混凝土时，还应描述侧墙的混凝土强度等级。

2. 道路基层

道路基层工程量清单项目设置、项目特征描述的内容、计量单位及工程量计算规则，应按表 5-22 的规定执行。

表 5-22　道路基层（编码：040202）

项目编码	项目名称	项目特征	计量单位	工程量计算规则	工程内容
040202001	路床（槽）整形	1. 部位 2. 范围		按设计道路底基层图示尺寸以面积计算，不扣除各类井所占面积	1. 放样 2. 整修路拱 3. 碾压成型
040202002	石灰稳定土	1. 含灰量 2. 厚度			
040202003	水泥稳定土	1. 水泥含量 2. 厚度			
040202004	石灰、粉煤灰、土	1. 配合比 2. 厚度			
040202005	石灰、碎石、土	1. 配合比 2. 碎石规格 3. 厚度	m^2		1. 拌和 2. 运输 3. 铺筑 4. 找平 5. 碾压 6. 养护
040202006	石灰、粉煤灰、碎（砾）石	1. 配合比 2. 碎（砾）石规格 3. 厚度		按设计图示尺寸以面积计算，不扣除各类井所占面积	
040202007	粉煤灰	厚度			
040202008	矿渣				
040202009	砂砾石	1. 石料规格 2. 厚度			
040202010	卵石				
040202011	碎石				
040202012	块石				
040202013	山皮石				

续表

项目编码	项目名称	项目特征	计量单位	工程量计算规则	工程内容
040202014	粉煤灰三渣	1. 配合比 2. 厚度	m²	按设计图示尺寸以面积计算，不扣除各类井所占面积	1. 拌和 2. 运输 3. 铺筑 4. 找平 5. 碾压 6. 养护
040202015	水泥稳定碎（砾）石	1. 水泥含量 2. 石料规格 3. 厚度			
040202016	沥青稳定碎石	1. 沥青品种 2. 石料规格 3. 厚度			

注：1. 道路工程厚度应以压实后为准。

　　2. 道路基层设计截面如为梯形时，应按其截面平均宽度计算面积，并在项目特征中对截面

　　　参数加以描述。

3. 道路面层

道路面层工程量清单项目设置、项目特征描述的内容、计量单位及工程量计算规则，应按表 5-23 的规定执行。

表 5-23　道路面层（编码：040203）

项目编码	项目名称	项目特征	计量单位	工程量计算规则	工程内容
040203001	沥青表面处治	1. 沥青品种 2. 层数	m²	按设计图示尺寸以面积计算，不扣除各种井所占面积，带平石的面层应扣除平石所占面积	1. 喷油、布料 2. 碾压
040203002	沥青贯入式	1. 沥青品种 2. 石料规格 3. 厚度			1. 摊铺碎石 2. 喷油、布料 3. 碾压
040203003	透层、粘层	1. 材料品种 2. 喷油量			1. 清理下承面 2. 喷油、布料
040203004	封层	1. 材料品种 2. 喷油量 3. 厚度			1. 清理下承面 2. 喷油、布料 3. 压实
040203005	黑色碎石	1. 材料品种 2. 石料规格 3. 厚度			1. 清理下承面 2. 拌和、运输 3. 摊铺、整型 4. 压实

续表

项目编码	项目名称	项目特征	计量单位	工程量计算规则	工程内容
040203006	沥青混凝土	1. 沥青品种 2. 沥青混凝土种类 3. 石料粒料 4. 掺和料 5. 厚度			1. 清理下承面 2. 拌和、运输 3. 摊铺、整型 4. 压实
040203007	水泥混凝土	1. 混凝土强度等级 2. 掺和料 3. 厚度 4. 嵌缝材料	m²	按设计图示尺寸以面积计算，不扣除各种井所占面积，带平石的面层应扣除平石所占面积	1. 模板制作、安装、拆除 2. 混凝土拌和、运输、浇筑 3. 拉毛 4. 压痕或刻防滑槽 5. 伸缝 6. 缩缝 7. 锯缝、嵌缝 8. 路面养
040203008	块料面层	1. 块料品种、规格 2. 垫层：材料品种、厚度、强度等级			1. 铺筑垫层 2. 铺砌块料 3. 嵌缝、勾缝
040203009	弹性面层	1. 材料品种 2. 厚度			1. 配料 2. 铺贴

注：水泥混凝土路面中传力杆和拉杆的制作、安装应按"钢筋工程"中相关项目编码列项。

4. 人行道及其他

人行道及其他工程量清单项目设置、项目特征描述的内容、计量单位及工程量计算规则，应按表 5-24 的规定执行。

表 5-24　人行道及其他（编码：040204）

项目编码	项目名称	项目特征	计量单位	工程量计算规则	工程内容
040204001	人行道整形碾压	1. 部位 2. 范围	m²	按设计人行道图示尺寸以面积计算，不扣除侧石、树池和各类井所占面积	1. 放样 2. 碾压
040204002	人行道块料铺设	1. 块料品种、规格 2. 基础、垫层：材料品种、厚度 3. 图形		按设计图示尺寸以面积计算，不扣除各类井所占面积，但应扣除侧石、树池所占面积	1. 基础、垫层铺筑 2. 块料铺设
040204003	现浇混凝土人行道及进口坡	1. 混凝土强度等级 2. 厚度 3. 基础、垫层：材料品种、厚度			1. 模板制作、安装、拆除 2. 基础、垫层铺筑 3. 混凝土拌和、运输、浇筑
040204004	安砌侧（平、缘）石	1. 材料品种、规格 2. 基础、垫层：材料品种、厚度	m	按设计图示中心线长度计算	1. 开槽 2. 基础、垫层铺筑 3. 侧（平、缘）石安砌
040204005	现浇侧（平、缘）石	1. 材料品种 2. 尺寸 3. 形状 4. 混凝土强度等级 5. 基础、垫层：材料品种、厚度			1. 模板制作、安装、拆除 2. 开槽 3. 基础、垫层铺筑 4. 混凝土拌和、运输、浇筑

续表

项目编码	项目名称	项目特征	计量单位	工程量计算规则	工程内容
040204006	检查井升降	1. 材料品种 2. 检查井规格 3. 平均升（降）高度	座	按设计图示路面标高与原有的检查井发生正负高差的检查井的数量计算	1. 提升 2. 降低
040204007	树池砌筑	1. 材料品种、规格 2. 树池尺寸 3. 树池盖面材料品种	个	按设计图示数量计算	1. 基础、垫层铺筑 2. 树池砌筑 3. 盖面材料运输、安装
040204008	预制电缆沟铺设	1. 材料品种 2. 规格尺寸 3. 基础、垫层：材料品种、厚度 4. 盖板品种、规格	m	按设计图示中心线长度计算	1. 基础、垫层铺筑 2. 预制电缆沟安装 3. 盖板安装

5. 交通管理设施

交通管理设施工程量清单项目设置、项目特征描述的内容、计量单位及工程量计算规则，应按表 5-25 的规定执行。

表 5-25　交通管理设施（编码：040205）

项目编码	项目名称	项目特征	计量单位	工程量计算规则	工程内容
040205001	人（手）孔井	1. 材料品种 2. 规格尺寸 3. 盖板材质、规格 4. 基础、垫层：材料品种、厚度	座	按设计图示数量计算	1. 基础、垫层铺筑 2. 井身砌筑 3. 勾缝（抹面） 4. 井盖安装
040205002	电缆保护管	1. 材料品种 2. 规格	m	按设计图示以长度计算	敷设

续表

项目编码	项目名称	项目特征	计量单位	工程量计算规则	工程内容
040205003	标杆	1. 类型 2. 材质 3. 规格尺寸 4. 基础、垫层：材料品种、厚度 5. 油漆品种	根	按设计图示数量计算	1. 基础、垫层铺筑 2. 制作 3. 喷漆或镀锌 4. 底盘、拉盘、卡盘及杆件安装
040205004	标志板	1. 类型 2. 材质、规格尺寸 3. 板面反光膜等级	块		制作、安装
040205005	视线诱导器	1. 类型 2. 材料品种	只		安装
040205006	标线	1. 材料品种 2. 工艺 3. 线型	1. m 2. m²	1. 以"m"计量，按设计图示以长度计算 2. 以"m²"计量，按设计图示尺寸以面积计算	1. 清扫 2. 放样 3. 画线 4. 护线
040205007	标记	1. 材料品种 2. 类型 3. 规格尺寸	1. 个 2. m²	1. 以"个"计量，按设计图示数量计算 2. 以"m²"计量，按设计图示尺寸以面积计算	
040205008	横道线	1. 材料品种 2. 形式	m²	按设计图示尺寸以面积计算	
040205009	清除标线	清除方法			清除

续表

项目编码	项目名称	项目特征	计量单位	工程量计算规则	工程内容
0402050010	环形检测线圈	1. 类型 2. 规格、型号	个	按设计图示数量计算	1. 安装 2. 调试
0402050011	值警亭	1. 类型 2. 规格 3. 基础、垫层：材料品种、厚度	座	按设计图示数量计算	1. 基础、垫层铺筑 2. 安装
0402050012	隔离护栏	1. 类型 2. 规格、型号 3. 材料品种 4. 基础、垫层：材料品种、厚度	m	按设计图示以长度计算	1. 基础、垫层铺筑 2. 制作、安装
0402050013	架空走线	1. 类型 2. 规格、型号			架线
0402050014	信号灯	1. 类型 2. 灯架材质、规格 3. 基础、垫层：材料品种、厚度 4. 信号灯规格、型号、组数	套	按设计图示数量计算	1. 基础、垫层铺筑 2. 灯架制作、镀锌、喷漆 3. 底盘、拉盘、卡盘及杆件安装 4. 信号灯安装、调试
0402050015	设备控制机箱	1. 类型 2. 材质、规格尺寸 3. 基础、垫层：材料品种、厚度 4. 配置要求	台		1. 基础、垫层铺筑 2. 安装 3. 调试
0402050016	管内配线	1. 类型 2. 材质 3. 规格、型号	m	按设计图示以长度计算	配线
0402050017	防撞筒（墩）	1. 材料品种 2. 规格、型号	个	按设计图示数量计算	制作、安装

续表

项目编码	项目名称	项目特征	计量单位	工程量计算规则	工程内容
0402050018	警示柱	1. 类型 2. 材料品种 3. 规格、型号	根	按设计图示数量计算	制作、安装
0402050019	减速垄	1. 材料品种 2. 规格、型号	m	按设计图示以长度计算	
0402050020	监控摄像机	1. 类型 2. 规格、型号 3. 支架形式 4. 防护罩要求	台	按设计图示数量计算	1. 安装 2. 调试
0402050021	数码相机	1. 规格、型号 2. 立杆材质、形式 3. 基础、垫层：材料品种、厚度	套	按设计图示数量计算	1. 基础、垫层铺筑 2. 安装 3. 调试
0402050022	道闸机	1. 类型 2. 规格、型号 3. 基础、垫层：材料品种、厚度			
0402050023	可变信息情报板	1. 类型 2. 规格、型号 3. 立（横）杆材质、形式 4. 配置要求 5. 基础、垫层：材料品种、厚度			
0402050024	交通智能系统调试	系统类别	系统		系统调试

注：1. 本表清单项目如发生破除混凝土路面、土石方开挖、回填夯实等，应分别按"拆除工程"及"土石方工程"中相关项目编码列项。

2. 除清单项目特殊注明外，各类垫层应按其他相关项目编码列项。

3. 立电杆按"路灯工程"中相关项目编码列项。

4. 值警亭按半成品现场安装考虑，实际采用砖砌等形式的，按现行国家标准《房屋建筑与装饰工程工程量计算规范》GB 50854—2013 中相关项目编码列项。

5. 与标杆相连的，用于安装标志板的配件应计入标志板清单项目内。

三、道路工程定额工程量计算规则

1. 定额工程量计算规则

（1）路床（槽）整形 道路工程路床（槽）碾压宽度计算应按设计车行道宽度另计两侧加宽值，加宽值的宽度由各省自治区、直辖市自行确定，以利于路基的压实。

（2）道路基层

1）道路工程路基应按设计车行道宽度另计两侧加宽值，加宽值的宽度由各省、自治区、直辖市自行确定。

2）道路工程石灰土、多合土养护面积计算，按设计基层、顶层的面积计算。

3）道路基层计算不扣除各种井位所占的面积。

4）道路工程的侧缘（平）石、树池等项目以"延长米"计算，包括各转弯处的弧形长度。

（3）道路面层

1）水泥混凝土路面以平口为准，如设计为企口时，其用工量按道路工程定额相应项目乘以系数 1.01。木材摊销量按本定额相应项目摊销量乘以系数 1.051。

2）道路工程沥青混凝土、水泥混凝土及其他类型路面工程量以设计长乘以设计宽计算（包括转弯面积），不扣除各类井所占面积。

3）伸缩缝以面积为计量单位。此面积为缝的断面积，即设计宽×设计厚。

4）道路面层按设计图所示面积（带平石的面层应扣除平石面积）以"m^2"计算。

（4）人行道侧缘石及其他 人行道板、异型彩色花砖安砌面积计算按实铺面积计算。

2. 定额工程量计算说明

（1）路床（槽）整形

1）路床（槽）整形包括路床（槽）整形、路基盲沟、基础弹软处理、铺筑垫层料等共计 39 个产目。

2）路床（槽）整形项目的内容，包括平均厚度 10cm 以内的人工挖高填低、整平路床，使之形成设计要求的纵横坡度，并应经压路机碾压密实。

3）边沟成型，综合考虑了边沟挖土的土类和边沟两侧边坡培整面积所需的挖土、培土、修整边坡及余土抛出沟外的全过程所需人工。边坡所出余土弃运路基 50m 以外。

4）混凝土滤管盲沟定额中不含滤管外滤层材料。

5）粉喷桩定额中，桩直径取定 50cm。

（2）道路基层

1）道路基层包括各种级配的多合土基层共计 195 个子目。

2）石灰土基、多合土基、多层次铺筑时，其基础顶层需进行养护。养护期按 7d 考虑。其用水量已综合在顶层多合土养护定额内，使用时不得重复计算用水量。

3）各种材料的底基层材料消耗中不包括水的使用量，当作为面层封顶时如需加水碾压，加水量由各省、自治区、直辖市自行确定。

4）多合土基层中各种材料是按常用的配合比编制的，当设计配合比与定额不符时，有关的材料消耗量可由各省、自治区、直辖市另行调整，但人工和机械台班的消耗不得调整。

5）石灰土基层中的石灰均为生石灰的消耗量。土为松方用量。

6）道路基层中设有"每增减"的子目，适用于压实厚度 20cm 以内。压实厚度在 20cm 以上应按两层结构层铺筑。

（3）道路面层

1）道路面层包括简易路面、沥青表面处治、沥青混凝土路面及水泥混凝土路面等 71 个子目。

2）沥青混凝土路面、黑色碎石路面所需要的面层熟料实行定点搅拌时，其运至作业面所需的运费不包括在该项目中，需另行计算。

3）水泥混凝土路面，综合考虑了前台的运输工具不同所影响的工效及有筋无筋等不同的工效。施工中无论有筋无筋及出料机具如何均不换算。水泥混凝土路面中未包括钢筋用量。如设计有筋时，套用水泥混凝土路面钢筋制作项目。

4）水泥混凝土路面均按现场搅拌机搅拌。如实际施工与定额不符时，由各省、自治区、直辖市另行调整。

5）水泥混凝土路面定额中，不含真空吸水和路面刻防滑槽。

6）喷洒沥青油料定额中，分别列有石油沥青和乳化沥青两种油料，应根据设计要求套用相应项目。

（4）人行道侧缘石及其他

1）人行道侧缘石及其他包括人行道板、侧石（立缘石）、花砖安砌等45个子目。

2）人行道侧缘石及其他所采用的人行道板、侧石（立缘石）、花砖等砌料及垫层如与设计不同时，材料量可按设计要求另计其用量，但人工不变。

四、道路工程工程量计算实例

【例5-5】某一级道路 K0＋100～K1＋1200 为沥青混凝土结构，结构如图5-62所示，路面宽度为25m，路肩宽度为1.6m，路基两侧各加宽50cm，其中K1＋500～K1＋700 为过湿土基，用石灰桩进行处理，按矩形布置，桩间距为100cm。石灰桩示意图如图5-63所示，试计算道路工程量。

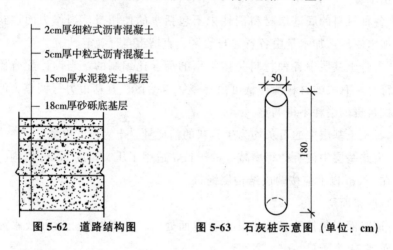

图 5-62　道路结构图　　　图 5-63　石灰桩示意图（单位：cm）

【解】

（1）清单工程量　清单工程量计算表见表5-26，分部分项工程和单价措施项目清单与计价表见表5-27。

表 5-26　清单工程量计算表

工程名称：某一级道路工程

序号	清单项目编码	清单项目名称	计算式	工程量合计	计量单位
1	040202009001	砂砾石	25×1100	27500	m²
2	040202003001	水泥稳定土	25×1100	27500	m²
3	040203006001	沥青混凝土	25×1100	27500	m²
4	040203006002	沥青混凝土	25×1100	27500	m²

序号	清单项目编码	清单项目名称	计算式	工程量合计	计量单位
5	040201016001	石灰桩	道路横断面方向布置桩数＝25÷1＋1＝26 道路纵断面方向布置桩数＝200÷1＋1＝201 所需桩数＝26×201 总桩长度＝5226×1.8	9406.8	m

表 5-27　分部分项工程和单价措施项目清单与计价表

工程名称：某一级道路工程

序号	项目编码	项目名称	项目特征描述	计量单位	工程量	金额/元	
						综合单价	合价
1	040202009001	砂砾石	18cm 厚砂砾底基层	m^2	27500		
2	040202003001	水泥稳定土	15cm 厚水泥稳定土基层	m^2	27500		
3	040203006001	沥青混凝土	5cm 厚中粒式沥青混凝土，石料最大粒径 4mm	m^2	27500		
4	040203006002	沥青混凝土	2cm 厚细粒式沥青混凝土，石料最大粒径 2mm	m^2	27500		
5	040201016001	石灰桩	桩径为 50cm，水泥砂石比为 1∶2.4∶4，水灰比 0.6	m	9406.8		

（2）定额工程量

1）砂砾底基层面积：$(25＋1.6×2＋0.5×2)×1100＝32120m^2$

2）水泥稳定土基层面积：$(25＋1.6×2＋0.5×2)×1100＝32120m^2$

3）沥青混凝土面层面积：$25×1100＝27500m^2$

4）道路横断面方向布置桩数：$25÷1＝25$ 个

5）道路纵断面方向布置桩数：$200÷1＝200$ 个

6）所需桩数：$25×200＝5000$ 个

7）总桩长度：$5000×1.8＝90000m$

【例 5-6】某路段为 K0＋260～K0＋550，路面宽 23m，两侧路肩宽均为 1.5m，土中打入石灰桩进行路基处理，石灰桩直径为 15cm，桩长为 2.2m，桩间距为 15cm，路基断面图如图 5-64 所示，计算石灰桩的工程量。

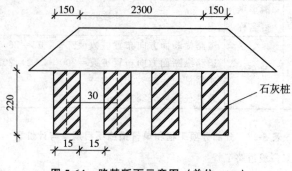

图 5-64　路基断面示意图（单位：cm）

【解】

清单工程量计算表见表 5-28，分部分项工程和单价措施项目清单与计价表见表 5-29。

表 5-28　清单工程量计算表

工程名称：

清单项目编码	清单项目名称	计算式	工程量合计	计量单位
040201016001	石灰桩	石灰桩个数：[（23+1.5×2）/0.3+1]×[（550-260）/0.3+1] 石灰桩的长度：300531×2.2	661168.2	m

表 5-29　分部分项工程和单价措施项目清单与计价表

工程名称：

项目编码	项目名称	项目特征描述	计量单位	工程量	金额/元	
					综合单价	合价
040201016001	石灰桩	砂桩直径为 15cm；桩间距为 15cm	m	661168.2		

【例 5-7】 某市一号道路工程 K0＋000～K0＋100 为沥青混凝土结构，K0＋100～K0＋135 为混凝土结构，车行道道路结构见图 5-65、人行道道路结构如图 5-66 所示。路面修筑宽度为 10m，路肩各宽 1m，为保证压实，每边各加 30cm。路面两边铺侧缘石。试编制工程量清单和工程量清单计价表。

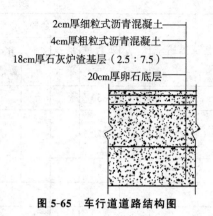

图 5-65 车行道道路结构图

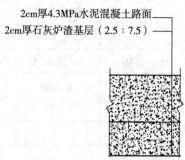

图 5-66 人行道道路结构图

【解】

（1）工程量清单编制

编制的分部分项工程量清单与计价表见表 5-30。

表 5-30 分部分项工程量清单与计价表

工程名称：某市一号道路工程　　　　标段：K0+000～K0+135　　　　第　页 共　页

序号	项目编号	项目名称	项目特征描述	计量单位	工程量	金额/元		
						综合单价	合价	其中：暂估价
1	040202010001	卵石	卵石厚 20cm	m²	1000			
2	040202006001	石灰、粉煤灰、碎（砾）石	石灰炉渣 2.5：7.5 厚 2cm	m²	350			
3	040202006002	石灰、粉煤灰、碎（砾）石	石灰炉渣 2.5：7.5 厚 18cm	m²	1000			
4	040203006001	沥青混凝土	厚 4cm 最大粒径 5cm 石油沥青混凝土	m²	1000			
5	040203006002	沥青混凝土	厚 2cm 最大粒径 3cm 石油沥青混凝土	m²	1000			

续表

序号	项目编号	项目名称	项目特征描述	计量单位	工程量	金额/元		
						综合单价	合价	其中：暂估价
6	040203007001	水泥混凝土	4.3MPa，厚2cm	m²	350			
7	040204004001	安砌侧（平、缘）石	安砌侧（平缘）石	m	270			
		合计						

（2）工程量清单计价

其施工方案如下：

1）卵石底层用人工铺装、压路机碾压。

2）石灰炉渣基层用拖拉机拌和、机械铺装、压路机碾压、顶层用洒水机养护。

3）机械铺摊沥青混凝土，粗粒式沥青混凝土和细粒式沥青混凝土用厂拌运到现场，运距5km。

4）水泥混凝土采取现场机械拌和、人工筑铺、用草袋覆盖洒水养护。

5）设计侧缘石长50cm。

6）采用切缝机钢锯片。

7）管理费费率为直接费的14%，利率为直接费的7%。

8）工程采用材料单价见表5-31。

表 5-31   工程材料单价表

序号	材料名称	单价
1	粗粒式沥青混凝土	360 元/m³
2	细粒式沥青混凝土	420 元/m³
3	4.5MPa 水泥混凝土	170 元/m³

续表

序号	材料名称	单价
4	侧缘石	5.0 元/片
5	切缝机钢锯片	23 元/片

分部分项工程量清单综合单价分析表，见表 5-32～表 5-38。分部分项工程量清单与计价表见表 5-39。

表 5-32 工程量清单综合单价分析表（一）

工程名称：某市一号道路工程　　标段：K0＋000～K0＋100　　第　页　共　页

项目编码	040202010001	项目名称	卵石	计量单位	m²	工程量	1000

清单综合单价组成明细

定额编号	定额名称	定额单位	数量	单价/元				合价/元			
				人工费	材料费	机械费	管理费和利润	人工费	材料费	机械费	管理费和利润
2—185	卵石	100m²	0.011	272.79	1172.37	63.29	316.775	3.0	12.896	0.696	3.485
人工单价		小计						3.0	12.896	0.696	3.485
22.47 元/工日		未计价材料费						11.74			
清单项目综合单价								31.82			

材料费明细	主要材料名称、规格、型号	单位	数量	单价/元	合价/元	暂估单价/元	暂估合价/元
	卵石、杂色	m³	0.24	43.96	10.55		
	中粗砂	m³	0.027	44.23	1.19		
	其他材料费			—		—	
	材料费小计			—	11.74	—	

注："数量"栏为"投标方工程量÷招标方工程量÷定额单位数量"，如"0.011"为"1060÷1000÷1000"。

表 5-33 工程量清单综合单价分析表（二）

工程名称：某市一号道路工程　　　标段：K0＋100～K0＋135　　　第　页　共　页

| 项目编码 | 040202006001 | | 项目名称 | 石灰、粉煤灰、碎（砾）石 | | 计量单位 | m² | 工程量 | 350 |

清单综合单价组成明细

定额编号	定额名称	定额单位	数量	单价/元				合价/元			
				人工费	材料费	机械费	管理费和利润	人工费	材料费	机械费	管理费和利润
2—151	石灰炉渣 2.5：7.5，厚20cm	100m²	0.01	91.68	1748.98	157.89	419.7	0.917	17.49	1.58	4.2
2—177	顶层多合土养护	100m²	0.01	1.57	0.66	10.52	2.678	0.016	0.0066	0.1052	0.027
人工单价			小计					0.933	17.497	0.696	4.227
22.47 元/工日			未计价材料费					16.82			
			清单项目综合单价					40.17			

	主要材料名称、规格、型号	单位	数量	单价/元	合价/元	暂估单价/元	暂估合价/元
材料费明细	生石灰	t	0.06	120.00	7.2		
	炉渣	m³	0.24	39.97	9.59		
	水	m³	0.06	0.45	0.03		
	其他材料费			—		—	
	材料费小计			—	16.82	—	

注："数量"栏为"投标方工程量÷招标方工程量÷定额单位数量"，如"0.01"为"350÷350÷100"。

表 5-34　工程量清单综合单价分析表（三）

工程名称：某市一号道路工程　　　标段：K0＋100～K0＋135　　　第　页　共　页

项目编码	040202006002	项目名称	石灰、粉煤灰、碎（砾）石	计量单位	m³	工程量	1000

清单综合单价组成明细

定额编号	定额名称	定额单位	数量	单价/元				合价/元			
				人工费	材料费	机械费	管理费和利润	人工费	材料费	机械费	管理费和利润
2—151	石灰炉渣 2.5：7.5 厚20cm	100m²	0.011	91.68	1748.98	157.89	419.7	0.917	17.49	1.58	4.2
2—152	石灰炉渣 2.5:7.5 厚减2cm	100m²	0.011	−2.92	−87.28	−0.83	−19.116	−0.064	−0.192	−0.018	−0.42
2—177	顶层多合土养护	100m²	0.011	1.57	0.66	10.52	2.678	0.0157	0.0066	0.1052	0.027
人工单价			小计					0.8687	17.29	1.6672	3.8
22.47 元/工日			未计价材料费					16.02			
	清单项目综合单价							39.65			

材料费明细	主要材料名称、规格、型号	单位	数量	单价/元	合价/元	暂估单价/元	暂估合价/元
	生石灰	t	0.06	120.00	7.2		
	中粗砂	m³	0.22	39.97	8.79		
	水	m³	0.06	0.45	0.03		
	其他材料费			—		—	
	材料费小计			—	16.02	—	

注：“数量”栏为“投标方工程量÷招标方工程量÷定额单位数量”，如“0.011”为“1060÷
　　1000÷100”。

表 5-35 工程量清单综合单价分析表（四）

工程名称：某市一号道路工程　　　　标段：K0+000～K0+100　　　　第 页 共 页

项目编码	040203006001	项目名称		沥青混凝土		计量单位		m²		工程量	1000

清单综合单价组成明细

定额编号	定额名称	定额单位	数量	单价/元				合价/元			
				人工费	材料费	机械费	管理费和利润	人工费	材料费	机械费	管理费和利润
2-267	粗粒式沥青混凝土路面	100m²	0.01	49.43	12.30	146.72	43.77	0.49	0.123	1.47	0.437
2-249	喷洒沥青油料	100m²	0.01	1.8	146.33	19.11	35.12	0.018	1.463	0.1911	0.351
人工单价		小计						0.508	1.586	1.6611	0.788
22.47 元/工日		未计价材料费						14.4			
清单项目综合单价								18.94			

	主要材料名称、规格、型号	单位	数量	单价/元	合价/元	暂估单价/元	暂估合价/元
	粗粒式沥青混凝土	m³	0.04	360	14.4		
材料费明细							
	其他材料费			—		—	
	材料费小计			—	14.4	—	

注："数量"栏为"投标方工程量÷招标方工程量÷定额单位数量"，如"0.01"为"1000÷1000÷100"。

表 5-36 工程量清单综合单价分析表（五）

工程名称：某市一号道路工程　　　　标段：K0＋100～K0＋100　　　第 页 共 页

项目编码	040203006001	项目名称	沥青混凝土	计量单位	m²	工程量	1000

清单综合单价组成明细

定额编号	定额名称	定额单位	数量	单价/元				合价/元			
				人工费	材料费	机械费	管理费和利润	人工费	材料费	机械费	管理费和利润
2－284	细粒式沥青混凝土	100m²	0.01	37.08	6.24	78.74	25.63	0.37	0.624	0.787	0.256
人工单价			小计					0.37	0.624	0.787	0.256
22.47 元/工日			未计价材料费					8.4			
清单项目综合单价								10.44			

主要材料名称、规格、型号	单位	数量	单价/元	合价/元	暂估单价/元	暂估合价/元
细（微）粒式沥青混凝土	m³	0.02	420	8.4		
材料费明细						
其他材料费				—		
材料费小计				—	8.4	

注："数量"栏为"投标方工程量÷招标方工程量÷定额单位数量"，如"0.01"为"1000÷1000÷100"。

表 5-37 工程量清单综合单价分析表（六）

工程名称：某市一号道路工程　　标段：K0+000～K0+135　　第 页 共 页

| 项目编码 | 040203007001 | 项目名称 | 水泥混凝土 | 计量单位 | m² | 工程量 | 350 |

清单综合单价组成明细

定额编号	定额名称	定额单位	数量	单价/元				合价/元			
				人工费	材料费	机械费	管理费和利润	人工费	材料费	机械费	管理费和利润
2—290	水泥混凝土路面	100m²	0.01	814.54	138.65	92.52	219.6	8.145	1.3865	0.9252	2.196
2—294	伸缝	100m²	0.007	77.75	756.66	—	175.23	0.544	5.3	—	1.227
2—298	锯缝机锯缝	100m²	0.057	14.38	—	8.14	4.73	0.8197	—	0.464	0.2696
2—300	混凝土路面养护（草袋）	100m²	0.01	25.84	106.59	—	27.81	0.258	1.066	—	0.278
人工单价				小计				9.7667	7.7525	1.3892	3.9706
22.47 元/工日				未计价材料费				37.561			
				清单项目综合单价				60.44			

	主要材料名称、规格、型号	单位	数量	单价/元	合价/元	暂估单价/元	暂估合价/元
材料费明细	4.5MPa 水泥混凝土	m³	0.22	170	37.4		
	钢锯片	片	0.007	23	0.161		
	其他材料费			—		—	
	材料费小计			—	37.561	—	

注："数量"栏为"投标方工程量÷招标方工程量÷定额单位数量"，如"0.01"为"350÷350÷100"。

表 5-38　工程量清单综合单价分析表（七）

工程名称：某市一号道路工程　　标段：K0+000～K0+135　　第　页　共　页

| 项目编码 | 040204004001 | 项目名称 | 安砌侧（平、缘）石 | 计量单位 | m | 工程量 | 270 |

清单综合单价组成明细

定额编号	定额名称	定额单位	数量	单价/元				合价/元			
				人工费	材料费	机械费	管理费和利润	人工费	材料费	机械费	管理费和利润
2-331	砂垫层	100m²	0.01	13.93	57.42	—	14.983	0.1393	0.5742	—	0.1498
2-334	混凝土缘石	100m	0.01	114.6	34.19	—	31.246	1.146	0.3419	—	0.3125
人工单价			小计					1.2853	0.9161	—	0.4623
22.47 元/工日			未计价材料费					5.1			
清单项目综合单价								60.44			

材料费明细	主要材料名称、规格、型号	单位	数量	单价/元	合价/元	暂估单价/元	暂估合价/元
	混凝土侧石	m	1.02	5.00	5.1		
	其他材料费			—		—	
	材料费小计			—	5.1	—	

注："数量"栏为"投标方工程量÷招标方工程量÷定额单位数量"，如"0.01"为"270÷270÷100"。

表 5-39　分部分项工程量清单与计价表

工程名称：某市一号道路工程　　　　　标段：K0+000～K0+135　　　　第　页　共　页

序号	项目编号	项目名称	项目特征描述	计量单位	工程量	综合单价/元	合价/元	其中：暂估价
1	040202010001	卵石	卵石厚20cm	m²	1000	31.82	31820	
2	040202006001	石灰、粉煤灰、碎（砾）石	石灰炉渣2.5：7.5厚2cm	m²	350	40.17	14059.5	
3	040202006002	石灰、粉煤灰、碎（砾）石	石灰炉渣2.5：7.5厚18cm	m²	1000	39.65	39650	
4	040203006001	沥青混凝土	厚4cm 最大粒径5cm 石油沥青	m²	1000	18.94	18940	
5	040203006002	沥青混凝土	厚2cm 最大粒径3cm 石油沥青	m²	1000	10.44	10440	
6	040203007001	水泥混凝土	4.3MPa，厚2cm	m²	350	60.44	21154	
7	040204004001	安砌侧（平、缘）石	安砌侧（平缘）石	m	270	7.76	2095.2	
		合计					138158.7	

第三节　桥涵工程

一、桥涵工程施工图读图识图

1. 桥梁的组成

桥梁是跨越河流、沟谷、其他道路、铁路等障碍物的建筑物。桥梁的组成复杂、桥型多样，结构体系、施工工艺、施工方法各异，各种桥型之间的构造差别也较大。桥梁结构一般由上部结构、下部结构和附属结构组成。

桥梁的基本组成如图 5-67 所示。

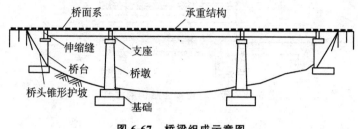

图 6-67　桥梁组成示意图

一般桥梁都是由上部结构（桥跨结构）、下部结构和附属结构三部分组成：

1）上部结构是桥梁跨越障碍的主要承载结构。上部结构包括承重结构和桥面系。承重结构是在线路遇到障碍（如河流、山谷或城市道路等）而中断时跨越这类障碍的构件，用来承受车辆作用和自身荷载；桥面系通常由供车辆行驶的桥面铺装、防水和排水设施及桥上的伸缩缝、人行道、栏杆、灯柱、排水设施等构成。

2）下部结构由桥墩、桥台及墩台下部的基础组成。下部结构的作用是支撑上部结构，并将结构重力和车辆荷载等传给地基。

3）桥梁的附属结构一般包括桥头锥形护坡、护岸以及挡土墙等。桥头锥形护坡位于桥台侧墙，其作用是保证桥头填土稳定性的构筑物。护岸是抵御水流冲刷河岸的构筑物。挡土墙是抵抗桥头引道填土土压力的构筑物。

2. 桥涵结构图

（1）砖石、混凝土结构

1）砖石、混凝土结构图中的材料标注，可在图形中适当位置用图例表示，如图 5-68 所示。当不方便绘制材料图例时，可采用引出线标注材料名称及配合比。

2）边坡和锥坡的长短线引出端应为边坡和锥坡的高端。坡度用比例标注，如图 5-69 所示。

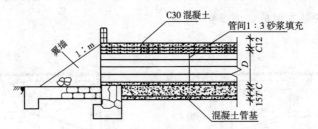

图 5-68 砖石、混凝土结构的材料标注

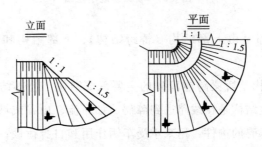

图 5-69 边坡和锥坡的标注

3）当绘制构造物的曲面时，可采用疏密不等的影线表示，如图 5-70 所示。

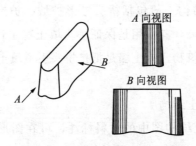

图 5-70 曲面的影线表示法

（2）预应力钢筋混凝土结构

1）预应力钢筋应采用粗实线或 2mm 直径以上的黑圆点表示。图形轮廓线应采用细实线表示。当预应力钢筋与普通钢筋在同一视图中出现时，普通钢筋应采用中粗实线表示。一般构造图中的图形轮廓线应采用中粗实线表示。

2）在预应力钢筋布置图中，应标注预应力钢筋的数量、型号、长度、间距和编号。编号应以阿拉伯数字表示。编号格式应符合下列规定：

①在横断面图中，应将编号标注在与预应力钢筋断面对应的方格内，如图 5-71（a）所示。

②在横断面图中，当标注位置足够时，可将编号标注在直径为 4～8mm 的圆圈内，如图 5-71（b）所示。

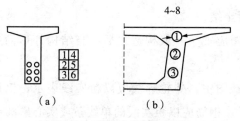

图 5-71 预应力钢筋的标注

（a）标注在方格内 （b）标注在圆圈内

③在纵断面图中，当结构简单时，可将冠以 N 字的编号标注在预应力钢筋的上方。当预应力钢筋的根数大于 1 时，也可将数量标注在 N 字之前；当结构复杂时，可自拟代号，但要在图中加以说明。

3）在预应力钢筋的纵断面图中，可采用表格的形式，以每隔 0.5～1mm 的间距，标出纵、横、竖三维坐标值。

4）对弯起的预应力钢筋应列表或直接在预应力钢筋大样图中，标出弯起角度、弯曲半径切点的坐标（包括纵弯或既纵弯又平弯的钢筋）及预留的张拉长度，如图 5-72 所示。

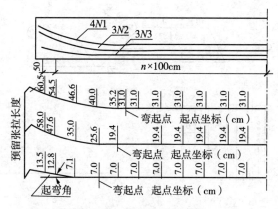

图 5-72 预应力钢筋大样

5）预应力钢筋在图中的几种表示方法如下：

预应力钢筋或钢绞线　　　——··——··——

后张法预应力钢筋断面　　　

无粘结预应力钢筋断面

预应力钢筋断面　　　　　　＋

（3）钢筋混凝土结构

1）钢筋构造图应置于一般构造之后。当结构外形简单时，二者可绘制在同一视图中。

2）在一般构造图中，外轮廓线应以粗实线表示，钢筋构造图中的轮廓线应以细实线表示。钢筋应以粗实线的单线条或实心黑圆点表示。

3）在钢筋构造图中，各种钢筋应标注数量、直径、长度、间距及用阿拉伯数字表示的编号。当给钢筋编号时，应先编主、次部位的主筋，后编主、次部位的构造筋。编号格式如下：

①编号应标注在引出线右侧直径为 4～8mm 的圆圈内，如图 5-73（a）所示。

②编号可标注在与钢筋断面图对应的方格内，如图 5-73（b）所示。

③可将冠以 N 字的编号，标注在钢筋的侧面，根数标注在 N 字之前，如图 5-73（c）所示。

4）钢筋大样应布置在钢筋构造图的同一张图纸上。钢筋大样的编号应如图 5-73 所示进行标注。当钢筋加工形状简单时，也可将钢筋大样绘制在钢筋明细表内。

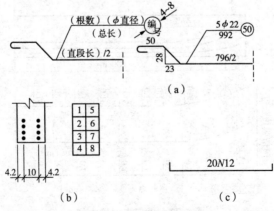

图 5-73　钢筋的标注

5）钢筋末端的标准弯钩可分为 90°、135°和 180°三种，如图 5-74 所示。当采用标准弯钩时（标准弯钩即最小弯钩），钢筋直段长的标注可直接写在钢筋的侧面。

6）当钢筋直径大于 10mm 时，应修正钢筋的弯折长度。除标准弯折外，其他角度的弯折应在图中画出大样，并表示出切线与圆弧的差值。

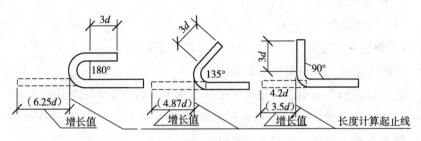

图 5-74　标准弯钩

注：图中括号内数值为圆钢的增长值。

7）焊接的钢筋骨架标注方法如图 5-75 所示。

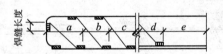

图 5-75　焊接钢筋骨架的标注

8）箍筋大样可不绘出弯钩，如图 5-76（a）所示，当为扭转或抗震箍筋时，应在大样图的右上角绘制两条倾斜 45°的斜短线，如图 5-76（b）所示。

9）在钢筋构造图中，当有指向阅图者弯折的钢筋时，应采用黑圆点表示；当有背向阅图者弯折的钢筋时，应采用"×"表示，如图 5-77 所示。

10）当钢筋的规格、形状和间距完全相同时，可仅用两根钢筋表示，但应表示出钢筋的布置范围及钢筋的数量、直径和间距，如图 5-78 所示。

图 5-76　箍筋大样　　　　　　　图 5-77　钢筋弯折的绘制

（a）未绘制弯钩　（b）扭转或抗震箍筋

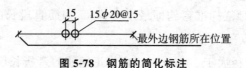

图 5-78　钢筋的简化标注

3. 桥涵视图

（1）斜桥涵视图

1）斜桥涵视图及主要尺寸的标注应符合下列规定：

①斜桥涵的主要视图应为平面图。

②斜桥涵的立面图应采用与斜桥纵轴线平行的立面或纵断面表示。

③各墩台里程桩号、桥涵跨径和耳墙长度均采用立面图中的斜投影尺寸，但墩台的宽度仍应采用正投影尺寸。

④斜桥倾斜角 α 应采用斜桥平面纵轴线的法线与墩台平面支承轴线的夹角标注，如图 5-79 所示。

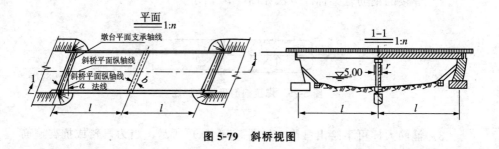

图 5-79　斜桥视图

2）当绘制斜板桥的钢筋构造图时，可按需要的方向剖切。当倾斜角较大而使图面难以布置时，可按缩小后的倾斜角值绘制，但在计算尺寸时，仍应按实际的倾斜角计算。

（2）弯桥视图

1）弯桥视图应符合下列规定：

①当全桥在曲线范围内时，应以通过桥长中点的平曲线半径为对称线，立面或纵断面应与对称线垂直，并以桥面中心线展开后进行绘制，如图 5-80 所示。

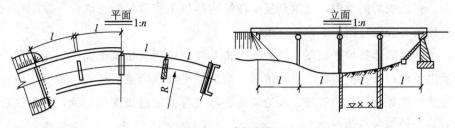

图 5-80　弯桥视图

②当全桥仅一部分在曲线范围内时，其立面或纵断面应与平面图中的直线部分平行，并以桥面中心线展开绘制，展开后的桥墩或桥台间距应为跨径的长度。

③在平面图中，应标注墩台中心线间的曲线或折线长度、平曲线半径及曲线坐标。曲线坐标可列表表示。

④在立面和纵断面图中，可省略曲线超高投影线的绘制。

2）弯桥横断面应在展开后的立面图中切取，并应表示出超高坡度。

（3）坡桥视图

1）在坡桥立面图的桥面上应标注坡度。墩台顶、桥面等地方均应注明标高。竖曲线上的桥梁也属于坡桥，除应按坡桥标注外，还应标出竖曲线坐标表。

2）斜坡桥的桥面四角标高值应在平面图中标注，立面图中可不标注桥面四角的标高。

4. 桥梁工程施工图识图方法

（1）阅读设计说明　阅读设计图的总说明，以便掌握桥（涵）的设计依据、设计标准、技术指标、桥（涵）位置处的自然、地理、气候、水文、地质等情况；桥（涵）的总体布置，采用的结构形式，所用的材料，施工方法、施工工艺的特定要求等。

（2）阅读工程数量表　在特大、大桥及中桥的设计图纸中，列有工程数量表，在表中列有该桥的中心桩号、河流或桥名、交角、孔数和孔径、长度、结构类型、采用标准图时采用的标准图编号等，并分别按桥面系、上部、下部、基础列出有材料用量或工程数量（包括交通工程及沿线设施通过桥梁的预埋件等）。

该表中的材料用量或工程量，结合有关设计图复核后，是编制造价的依据。在该表的阅读中，应重点复核各结构部位工程数量的正确性、该工程量名称与有关设计图中名称的一致性。

（3）阅读桥位平面图　特大、大桥及复杂中桥有桥位平面图，在该图中示出了地形，桥梁位置、里程桩号、直线或平曲线要素，桥长、桥宽，墩台形式、位置和尺寸，锥坡、调治构造物布置等。通过该图的阅读，应对该桥有一个较深的总体概念。

（4）阅读桥型布置图　由于桥梁的结构形式很多，因此，通常要按照设计所取的结构形式，绘出桥型布置图。该图在一张图纸上绘有桥的立面（或纵断面）、平面、横断面；并在图中示出了河床断面、地质分界线、钻孔位置及编号、特征水位、冲刷深度、墩台高度及基础埋置深度、桥面纵坡，以及各部尺寸和高程；弯桥或斜桥还示出有桥轴线半径、水流方向和斜交角；特大、大桥的桥型布置图中的下部各栏中还列出有里程桩号、设计高程、坡度、坡长、竖曲线要素、平曲线要素等。在桥型布置图的读图和熟悉过程中，要重点读懂和弄清桥梁的结构形式、组成、结构细部组成情况、工程量的计算情况等。

（5）阅读桥梁细部结构设计图　在桥梁上部结构、下部结构、基础及桥面系等细部结构设计图中，详细绘制出了各细部结构的组成、构造并标示了尺寸等；如果是采用的标准图来作为细部结构的设计图，则在图册中对其细部结构可能没有一一绘制，但在桥型布置图中一定会注明标准图的名称及编号。在阅读和熟悉这部分图纸时，重点应读懂并弄清其结构的细部组成、构造、结构尺寸和工程量，并复核各相关图纸之间细部组成、构造、结构尺寸和工程量的一致性。

（6）阅读调治构造物设计图　如果桥梁工程中布置有调治构造物，如导流堤、护岸等构造物，则在其设计图册中应绘制有平面布置图、立面图、横断面图等。在读图中应重点读懂并弄清调治构造物的布置情况、结构细部组成情况及工程量计算情况等。

（7）阅读小桥、涵洞设计图　小桥、涵洞的设计图册中，通常有布置图、结构设计图和小桥、涵洞工程数量表、过水路面设计图和工程数量表等。

在小桥布置图中，绘出了立面（或纵断面）、平面、横断面、河床断面，标明了水位、地质概况、各部尺寸、高程和里程等。

　　在涵洞布置图中，绘出了设计涵洞处原地面线及涵洞纵向布置，斜涵尚绘制有平面和进出口的立面情况、地基土质情况、各部尺寸和高程等。

　　对结构设计图，采用标准图的，则可能未绘制结构设计图，但在平面布置图中则注明有标准图的名称及编号；进行特殊设计的，则绘制有结构设计图；对交通工程及沿线设施所需要的预埋件、预留孔及其位置等，在结构设计图中也予以标明。

　　图册中应列有小桥或涵洞工程数量表，在表中列有小桥或涵洞的中心桩号、交角（若为斜交）、孔数和孔径、桥长或涵长、结构类型；涵洞的进出口形式，小桥的墩台、基础形式；工程及材料数量等。

　　对设计有过水路面的，在设计图册中则有过水路面设计图和工程数量表。在过水路面设计图中，绘制有立面（或纵断面）、平面、横断面设计图；在工程数量表中，列出有起迄桩号、长度、宽度、结构类型、说明、采用标准图编号、工程及材料数量等。

　　在对小桥、涵洞设计图进行阅读和理解的过程中，应重点读懂并熟悉小桥、涵洞的特定布置、结构细部、材料或工程数量、施工要求等。

　　5. 桥梁工程施工图识图实例

　　图 5-81 所示为矩形桥梁的钢筋图，试根据图形作出简单的读图分析。

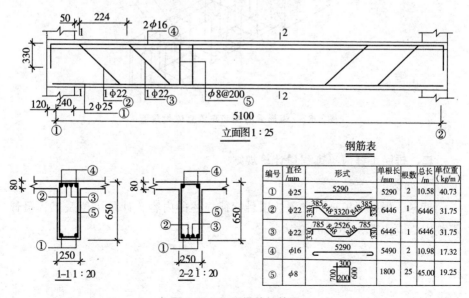

图 5-81　矩形梁的钢筋图

【解】

读图步骤如下：

1）从图中可以看出，梁的外形由立面图和1—1、2—2两个断面图的细实线来表达，从图中可知是矩形梁，构件外形的尺寸为：长5340mm、宽250mm、高650mm。

2）在对钢筋编号识读过程中，如从立面图可知：①号钢筋在梁的底部，结合1—1（跨中）、2—2（支座）断面图看出，①号钢筋布置在梁底部的两侧，为两根直径为25mm贯通的HRB335级直钢筋。依次识读其他编号的钢筋。如立面图上画的⑤号钢筋表示箍筋，钢筋直径为8mm，共25根，箍筋间距为200mm。从符号可知④、⑤钢筋均为HPB300级钢筋。

3）分析读图所得的各种钢筋的形状、直径、根数、单根长是否与钢筋成型图、钢筋表中的相应内容相符。

梁内部的钢筋布置立体效果如图5-82所示。

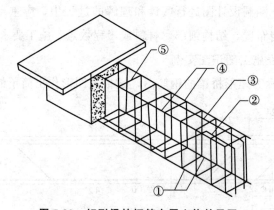

图 5-82　矩形梁的钢筋布置立体效果图

二、桥涵工程清单工程量计算规则

1. 桩基

桩基工程量清单项目设置、项目特征描述的内容、计量单位及工程量计算规则，应按表5-40的规定执行。

表 5-40 桩基（编号：040301）

项目编码	项目名称	项目特征	计量单位	工程量计算规则	工程内容
040301001	预制钢筋混凝土方桩	1. 地层情况 2. 送桩深度、桩长 3. 桩截面 4. 桩倾斜度 5. 混凝土强度等级	1. m 2. m³ 3. 根	1. 以"m"计量，按设计图示尺寸以桩长（包括桩尖）计算 2. 以"m³"计量，按设计图示桩长（包括桩尖）乘以桩的断面积计算 3. 以"根"计量，按设计图示数量计算	1. 工作平台搭拆 2. 桩就位 3. 桩机移位 4. 沉桩 5. 接桩 6. 送桩
040301002	预制钢筋混凝土管桩	1. 地层情况 2. 送桩深度、桩长 3. 桩外径、壁厚 4. 桩倾斜度 5. 桩尖设置及类型 6. 混凝土强度等级 7. 填充材料种类			1. 工作平台搭拆 2. 桩就位 3. 桩机移位 4. 桩尖安装 5. 沉桩 6. 接桩 7. 送桩 8. 桩芯填充
040301003	钢管桩	1. 地层情况 2. 送桩深度、桩长 3. 材质 4. 管径、壁厚 5. 桩倾斜度 6. 填充材料种类 7. 防护材料种类	1. t 2. 根	1. 以"t"计量，按设计图示尺寸以质量计算 2. 以"根"计量，按设计图示数量计算	1. 工作平台搭拆 2. 桩就位 3. 桩机移位 4. 沉桩 5. 接桩 6. 送桩 7. 切割钢管、精割盖帽 8. 管内取土、余土弃置 9. 管内填芯、刷防护材料
040301004	泥浆护壁成孔灌注桩	1. 地层情况 2. 空桩长度、桩长 3. 桩径 4. 成孔方法 5. 混凝土种类、强度等级	1. m 2. m³ 3. 根	1. 以"m"计量，按设计图示尺寸以桩长（包括桩尖）计算 2. 以"m³"计量，按设计图示桩长（包括桩尖）乘以桩的断面积计算 3. 以"根"计量，按设计图示数量计算	1. 工作平台搭拆 2. 桩机移位 3. 护筒埋设 4. 成孔、固壁 5. 混凝土制作、运输、灌注、养护 6. 土方、废浆外运 7. 打桩场地硬化及泥浆池、泥浆沟

续表

项目编码	项目名称	项目特征	计量单位	工程量计算规则	工程内容
040301005	沉管灌注桩	1. 地层情况 2. 空桩长度、桩长 3. 复打长度 4. 桩径 5. 沉管方法 6. 桩尖类型 7. 混凝土种类、强度等级	1. m 2. m³ 3. 根	1. 以"m"计量，按设计图示尺寸以桩长（包括桩尖）计算 2. 以"m³"计量，按设计图示桩长（包括桩尖）乘以桩的断面积计算 3. 以"根"计量，按设计图示数量计算	1. 工作平台搭拆 2. 桩机移位 3. 打（沉）拔钢管 4. 桩尖安装 5. 混凝土制作、运输、灌注、养护
040301006	干作业成孔灌注桩	1. 地层情况 2. 空桩长度、桩长 3. 桩径 4. 扩孔直径、高度 5. 成孔方法 6. 混凝土种类、强度等级			1. 工作平台搭拆 2. 桩机移位 3. 成孔、扩孔 4. 混凝土制作、运输、灌注、振捣、养护
040301007	挖孔桩土（石）方	1. 土（石）类别 2. 挖孔深度 3. 弃土（石）运距	m³	按设计图示尺寸（含护壁）截面积乘以挖孔深度以"m³"计算	1. 排地表水 2. 挖土、凿石 3. 基底钎探 4. 土（石）方外运
040301008	人工挖孔灌注桩	1. 桩芯长度 2. 桩芯直径、扩底直径、扩底高度 3. 护壁厚度、高度 4. 护壁材料种类、强度等级 5. 桩芯混凝土种类、强度等级	1. m³ 2. 根	1. 以"m³"计量，按桩芯混凝土体积计算 2. 以"根"计量，按设计图示数量计算	1. 护壁制作、安装 2. 混凝土制作、运输、灌注、振捣、养护
040301009	钻孔压浆桩	1. 地层情况 2. 桩长 3. 钻孔直径 4. 骨料品种、规格 5. 水泥强度等级	1. m 2. 根	1. 以"m"计量，按设计图示尺寸以桩长计算 2. 以"根"计量，按设计图示数量计算	1. 钻孔、下注浆管、投放骨料 2. 浆液制作、运输、压浆

续表

项目编码	项目名称	项目特征	计量单位	工程量计算规则	工程内容
040301010	灌注桩后注浆	1. 注浆导管材料、规格 2. 注浆导管长度 3. 单孔注浆量 4. 水泥强度等级	孔	按设计图示以注浆孔数计算	1. 注浆导管制作、安装 2. 浆液制作、运输、压浆
040301011	截桩头	1. 桩类型 2. 桩头截面、高度 3. 混凝土强度等级 4. 有无钢筋	1. m³ 2. 根	1. 以"m³"计量，按设计桩截面乘以桩头长度以体积计算 2. 以"根"计量，按设计图示数量计算	1. 截桩头 2. 凿平 3. 废料外运
040301012	声测管	1. 材质 2. 规格型号	1. t 2. m	1. 按设计图示尺寸以质量计算 2. 按设计图示尺寸以长度计算	1. 检测管截断、封头 2. 套管制作、焊接 3. 定位、固定

注：1. 地层情况按表5-2和表5-6的规定，并根据岩土工程勘察报告按单位工程各地层所占比例（包括范围值）进行描述。对无法准确描述的地层情况，可注明由投标人根据岩土工程勘察报告自行决定报价。

2. 各类混凝土预制桩以成品桩考虑，应包括成品桩购置费，如果用现场预制，应包括现场预制桩的所有费用。

3. 项目特征中的桩截面、混凝土强度等级、桩类型等可直接用标准图代号或设计桩型进行描述。

4. 打试验桩和打斜桩应按相应项目编码单独列项，并应在项目特征中注明试验桩或斜桩（斜率）。

5. 项目特征中的桩长应包括桩尖，空桩长度＝孔深－桩长，孔深为自然地面至设计桩底的深度。

6. 泥浆护壁成孔灌注桩是指在泥浆护壁条件下成孔，采用水下灌注混凝土的桩。其成孔方法包括冲击钻成孔、冲抓锥成孔、回旋钻成孔、潜水钻成孔、泥浆护壁的旋挖成孔等。

7. 沉管灌注桩的沉管方法包括锤击沉管法、振动沉管法、振动冲击沉管法、内夯沉管法等。

8. 干作业成孔灌注桩是指不用泥浆护壁和套管护壁的情况下，用钻机成孔后，下钢筋笼，灌注混凝土的桩，适用于地下水位以上的土层使用。其成孔方法包括螺旋钻成孔、螺旋钻成孔扩底、干作业的旋挖成孔等。

9. 混凝土灌注桩的钢筋笼制作、安装，按"钢筋工程"中相关项目编码列项。

10. 本表工作内容未含桩基础的承载力检测、桩身完整性检测。

2. 基坑和边坡支护

基坑与边坡支护工程量清单项目设置、项目特征描述的内容、计量单位及工程量计算规则，应按表 5-41 的规定执行。

表 5-41　基坑与边坡支护（编码：040302）

项目编码	项目名称	项目特征	计量单位	工程量计算规则	工程内容
040302001	圆木桩	1. 地层情况 2. 桩长 3. 材质 4. 尾径 5. 桩倾斜度	1. m 2. 根	1. 以"m"计量，按设计图示尺寸以桩长（包括桩尖）计算 2. 以"根"计量，按设计图示数量计算	1. 工作平台搭拆 2. 桩机移位 3. 桩制作、运输、就位 4. 桩靴安装 5. 沉桩
040302002	预制钢筋混凝土板桩	1. 地层情况 2. 送桩深度、桩长 3. 桩截面 4. 混凝土强度等级	1. m³ 2. 根	1. 以"m³"计量，按设计图示桩长（包括桩尖）乘以桩的断面积计算 2. 以"根"计量，按设计图示数量计算	1. 工作平台搭拆 2. 桩就位 3. 桩机移位 4. 沉桩 5. 接桩 6. 送桩
040302003	地下连续墙	1. 地层情况 2. 导墙类型、截面 3. 墙体厚度 4. 成槽深度 5. 混凝土种类、强度等级 6. 接头形式	m³	按设计图示墙中心线长乘以厚度乘以槽深，以体积计算	1. 导墙挖填、制作、安装、拆除 2. 挖土成槽、固壁、清底置换 3. 混凝土制作、运输、灌注、养护 4. 接头处理 5. 土方、废浆外运 6. 打桩场地硬化及泥浆池、泥浆沟

续表

项目编码	项目名称	项目特征	计量单位	工程量计算规则	工程内容
040302004	咬合灌注桩	1. 地层情况 2. 桩长 3. 桩径 4. 混凝土种类、强度等级 5. 部位	1. m 2. 根	1. 以"m"计量，按设计图示尺寸以桩长计算 2. 以"根"计量，按设计图示数量计算	1. 桩机移位 2. 成孔、固壁 3. 混凝土制作、运输、灌注、养护 4. 套管压拔 5. 土方、废浆外运 6. 打桩场地硬化及泥浆池、泥浆沟
040302005	型钢水泥土搅拌墙	1. 深度 2. 桩径 3. 水泥掺量 4. 型钢材质、规格 5. 是否拔出	m³	按设计图示尺寸以体积计算	1. 钻机移位 2. 钻进 3. 浆液制作、运输、压浆 4. 搅拌、成桩 5. 型钢插拔 6. 土方、废浆外运
040302006	锚杆（索）	1. 地层情况 2. 锚杆（索）类型、部位 3. 钻孔直径、深度 4. 杆体材料品种、规格、数量 5. 是否预应力 6. 浆液种类、强度等级	1. m 2. 根	1. 以"m"计量，按设计图示尺寸以钻孔深度计算 2. 以"根"计量，按设计图示数量计算	1. 钻孔、浆液制作、运输、压浆 2. 锚杆（索）制作、安装 3. 张拉锚固 4. 锚杆（索）施工平台搭设、拆除
040302007	土钉	1. 地层情况 2. 钻孔直径、深度 3. 置入方法 4. 杆体材料品种、规格、数量 5. 浆液种类、强度等级			1. 钻孔、浆液制作、运输、压浆 2. 土钉制作、安装 3. 土钉施工平台搭设、拆除

续表

项目编码	项目名称	项目特征	计量单位	工程量计算规则	工程内容
040302008	喷射混凝土	1. 部位 2. 厚度 3. 材料种类 4. 混凝土类别、强度等级	m²	按设计图示尺寸以面积计算	1. 修整边坡 2. 混凝土制作、运输、喷射、养护 3. 钻排水孔、安装排水管 4. 喷射施工平台搭设、拆除

注：1. 地层情况按表 5-2 和表 5-6 的规定，并根据岩土工程勘察报告按单位工程各地层所占比例（包括范围值）进行描述。对无法准确描述的地层情况，可注明由投标人根据岩土工程勘察报告自行决定报价。

2. 地下连续墙和喷射混凝土的钢筋网制作、安装，按"钢筋工程"中相关项目编码列项。基坑与边坡支护的排桩按"桩基"中相关项目编码列项。水泥土墙、坑内加固按"道路工程"中"路基工程"中相关项目编码列项。混凝土挡土墙、桩顶冠梁、支撑体系按"隧道工程"中相关项目编码列项。

3. 现浇混凝土构件

现浇混凝土构件工程量清单项目设置、项目特征描述的内容、计量单位及工程量计算规则，应按表 5-42 的规定执行。

表 5-42　现浇混凝土构件（编码：040303）

项目编码	项目名称	项目特征	计量单位	工程量计算规则	工程内容
040303001	混凝土垫层	混凝土强度等级	m²	按设计图示尺寸以面积计算	1. 模板制作、安装、拆除 2. 混凝土拌和、运输、浇筑 3. 养护
040303002	混凝土基础	1. 混凝土强度等级 2. 嵌料（毛石）比例			
040303003	混凝土承台	混凝土强度等级			
040303004	混凝土墩（台）帽	1. 部位 2. 混凝土强度等级			
040303005	混凝土墩（台）身				

续表

项目编码	项目名称	项目特征	计量单位	工程量计算规则	工程内容
040303006	混凝土支撑梁及横梁	1. 部位 2. 混凝土强度等级	m²	按设计图示尺寸以面积计算	1. 模板制作、安装、拆除 2. 混凝土拌和、运输、浇筑 3. 养护
040303007	混凝土墩（台）盖梁				
040303008	混凝土拱桥拱座	混凝土强度等级			
040303009	混凝土拱桥拱肋				
040303010	混凝土拱上构件	1. 部位 2. 混凝土强度等级			
040303011	混凝土箱梁				
040303012	混凝土连续板	1. 部位 2. 结构形式 3. 混凝土强度等级			
040303013	混凝土板梁				
040303014	混凝土板拱	1. 部位 2. 混凝土强度等级			
040303015	混凝土挡墙墙身	1. 混凝土强度等级 2. 泄水孔材料品种、规格 3. 滤水层要求 4. 沉降缝要求	m²	按设计图示尺寸以面积计算	1. 模板制作、安装、拆除 2. 混凝土拌和、运输、浇筑 3. 养护 4. 抹灰 5. 泄水孔制作、安装 6. 滤水层铺筑 7. 沉降缝
040303016	混凝土挡墙压顶	1. 混凝土强度等级 2. 沉降缝要求			

续表

项目编码	项目名称	项目特征	计量单位	工程量计算规则	工程内容
040303017	混凝土楼梯	1. 结构形式 2. 底板厚度 3. 混凝土强度等级	1. m² 2. m³	1. 以"m²"计量,按设计图示尺寸以水平投影面积计算 2. 以"m³"计量,按设计图示尺寸以体积计算	1. 模板制作、安装、拆除 2. 混凝土拌和、运输、浇筑 3. 养护
040303018	混凝土防撞护栏	1. 断面 2. 混凝土强度等级	m	按设计图示尺寸以长度计算	
040303019	桥面铺装	1. 混凝土强度等级 2. 沥青品种 3. 沥青混凝土种类 4. 厚度 5. 配合比	m²	按设计图示尺寸以面积计算	1. 模板制作、安装、拆除 2. 混凝土拌和、运输、浇筑 3. 养护 4. 沥青混凝土铺装 5. 碾压
040303020	混凝土桥头搭板	混凝土强度等级	m³	按设计图示尺寸以体积计算	1. 模板制作、安装、拆除 2. 混凝土拌和、运输、浇筑 3. 养护
040303021	混凝土搭板枕梁				
040303022	混凝土桥塔身	1. 形状 2. 混凝土强度等级			
040303023	混凝土连系梁				
040303024	混凝土其他构件	1. 名称、部位 2. 混凝土强度等级			
040303025	钢管拱混凝土	混凝土强度等级			混凝土拌和、运输、压注

注:台帽、台盖梁均应包括耳墙、背墙。

4. 预制混凝土构件

预制混凝土构件工程量清单项目设置、项目特征描述的内容、计量单位及工程量计算规则，应按表 5-43 的规定执行。

表 5-43　预制混凝土构件（编码：040304）

项目编码	项目名称	项目特征	计量单位	工程量计算规则	工程内容
040304001	预制混凝土梁	1. 部位 2. 图集、图纸名称 3. 构件代号、名称 4. 混凝土强度等级 5. 砂浆强度等级			1. 模板制作、安装、拆除 2. 混凝土拌和、运输、浇筑 3. 养护 4. 构件安装 5. 接头灌缝 6. 砂浆制作 7. 运输
040304002	预制混凝土柱				
040304003	预制混凝土板				
040304004	预制混凝土挡土墙墙身	1. 图集、图纸名称 2. 构件代号、名称 3. 结构形式 4. 混凝土强度等级 5. 泄水孔材料种类、规格 6. 滤水层要求 7. 砂浆强度等级	m³	按设计图示尺寸以体积计算	1. 模板制作、安装、拆除 2. 混凝土拌和、运输、浇筑 3. 养护 4. 构件安装 5. 接头灌缝 6. 泄水孔制作、安装 7. 滤水层铺设 8. 砂浆制作 9. 运输
040304005	预制混凝土其他构件	1. 部位 2. 图集、图纸名称 3. 构件代号、名称 4. 混凝土强度等级 5. 砂浆强度等级			1. 模板制作、安装、拆除 2. 混凝土拌和、运输、浇筑 3. 养护 4. 构件安装 5. 接头灌浆 6. 砂浆制作 7. 运输

5. 砌筑

砌筑工程量清单项目设置、项目特征描述的内容、计量单位及工程量计算规则，应按表 5-44 的规定执行。

表 5-44　砌筑（编码：040305）

项目编码	项目名称	项目特征	计量单位	工程量计算规则	工程内容
040305001	垫层	1. 材料品种、规格 2. 厚度	m³	按设计图示尺寸以体积计算	垫层铺筑
040305002	干砌块料	1. 部位 2. 材料品种、规格 3. 泄水孔材料品种、规格 4. 滤水层要求 5. 沉降缝要求			1. 砌筑 2. 砌体勾缝 3. 砌体抹面 4. 泄水孔制作、安装 5. 滤层铺设 6. 沉降缝
040305003	浆砌块料	1. 部位 2. 材料品种、规格 3. 砂浆强度等级 4. 泄水孔材料品种、规格 5. 滤水层要求 6. 沉降缝要求			
040305004	砖砌体				
040305005	护坡	1. 材料品种 2. 结构形式 3. 厚度 4. 砂浆强度等级	m²	按设计图示尺寸以面积计算	1. 修整边坡 2. 砌筑 3. 砌体勾缝 4. 砌体抹面

注：1. 干砌块料、浆砌块料和砖砌体应根据工程部位不同，分别设置清单编码。

2. 本表清单项目中"垫层"指碎石、块石等非混凝土类垫层。

6. 立交箱涵

立交箱涵工程量清单项目设置、项目特征描述的内容、计量单位及工程量计算规则，应按表 5-45 的规定执行。

表 5-45 立交箱涵（编码：040306）

项目编码	项目名称	项目特征	计量单位	工程量计算规则	工程内容
040306001	透水管	1. 材料品种、规格 2. 管道基础形式	m	按设计图示尺寸以长度计算	1. 基础铺筑 2. 管道铺设、安装
040306002	滑板	1. 混凝土强度等级 2. 石蜡层要求 3. 塑料薄膜品种、规格			1. 模板制作、安装、拆除 2. 混凝土拌和、运输、浇筑 3. 养护 4. 涂石蜡层 5. 铺塑料薄膜
040306003	箱涵底板		m³	按设计图示尺寸以体积计算	1. 模板制作、安装、拆除 2. 混凝土拌和、运输、浇筑 3. 养护 4. 防水层铺涂
040306004	箱涵侧墙	1. 混凝土强度等级 2. 混凝土抗渗要求 3. 防水层工艺要求			1. 模板制作、安装、拆除 2. 混凝土拌和、运输、浇筑 3. 养护 4. 防水砂浆 5. 防水层铺涂
040306005	箱涵顶板				
040306006	箱涵顶进	1. 断面 2. 长度 3. 弃土运距	kt·m	按设计图示尺寸以被顶箱涵的质量，乘以箱涵的位移距离分节累计计算	1. 顶进设备安装、拆除 2. 气垫安装、拆除 3. 气垫使用 4. 钢刃角制作、安装、拆除 5. 挖土实顶 6. 土方场内外运输 7. 中继间安装、拆除
040306007	箱涵接缝	1. 材质 2. 工艺要求	m	按设计图示止水带长度计算	接缝

注：除箱涵顶进土方外，顶进工作坑等土方应按"土石方工程"中相关项目编码列项。

225

7. 钢结构

钢结构工程量清单项目设置、项目特征描述的内容、计量单位及工程量计算规则，应按表 5-46 的规定执行。

表 5-46　钢结构（编码：040307）

项目编码	项目名称	项目特征	计量单位	工程量计算规则	工程内容
040307001	钢箱梁	1. 材料品种、规格 2. 部位 3. 探伤要求 4. 防火要求 5. 补刷油漆品种、色彩、工艺要求	t	按设计图示尺寸以质量计算。不扣除孔眼的质量，焊条、铆钉、螺栓等不另增加质量	1. 拼装 2. 安装 3. 探伤 4. 涂刷防火涂料 5. 补刷油漆
040307002	钢板梁				
040307003	钢桁梁				
040307004	钢拱				
040307005	劲性钢结构				
040307006	钢结构叠合梁				
040307007	其他钢构件				
040307008	悬（斜拉）索	1. 材料品种、规格 2. 直径 3. 抗拉强度 4. 防护方式		按设计图示尺寸以质量计算	1. 拉索安装 2. 张拉、索力调整、锚固 3. 防护壳制作、安装
040307009	钢拉杆				1. 连接、紧锁件安装 2. 钢拉杆安装 3. 钢拉杆防腐 4. 钢拉杆防护壳制作、安装

8. 装饰

装饰工程量清单项目设置、项目特征描述的内容、计量单位及工程量计算规则，应按表 5-47 的规定执行。

表 5-47　装饰（编码：040308）

项目编码	项目名称	项目特征	计量单位	工程量计算规则	工程内容
040308001	水泥砂浆抹面	1. 砂浆配合比 2. 部位 3. 厚度	m²	按设计图示尺寸以面积计算	1. 基层清理 2. 砂浆抹面
040308002	剁斧石饰面	1. 材料 2. 部位 3. 形式 4. 厚度			1. 基层清理 2. 饰面
040308003	镶贴面层	1. 材质 2. 规格 3. 厚度 4. 部位	m²	按设计图示尺寸以面积计算	1. 基层清理 2. 镶贴面层 3. 勾缝
040308004	涂料	1. 材料品种 2. 部位			1. 基层清理 2. 涂料涂刷
040308005	油漆	1. 材料品种 2. 部位 3. 工艺要求			1. 除锈 2. 刷油漆

注：如遇本清单项目缺项时，可按现行国家标准《房屋建筑与装饰工程工程量计算规范》GB 50854—2013 中相关项目编码列项。

9. 其他

其他工程量清单项目设置、项目特征描述的内容、计量单位及工程量计算规则，应按表 5-48 的规定执行。

表 5-48　其他（编码：040309）

项目编码	项目名称	项目特征	计量单位	工程量计算规则	工程内容
040309001	金属栏杆	1. 栏杆材质、规格 2. 油漆品种、工艺要求	1. t 2. m	1. 按设计图示尺寸以质量计算 2. 按设计图示尺寸以"延长米"计算	1. 制作、运输、安装 2. 除锈、刷油漆

续表

项目编码	项目名称	项目特征	计量单位	工程量计算规则	工程内容
040309002	石质栏杆	材料品种、规格		按设计图示尺寸以长度计算	制作、运输、安装
040309003	混凝土栏杆	1. 混凝土强度等级 2. 规格尺寸	m		
040309004	橡胶支座	1. 材质 2. 规格、型号 3. 形式	个	按设计图示数量计算	支座安装
040309005	钢支座	1. 规格、型号 2. 形式			
040309006	盆式支座	1. 材质 2. 承载力			
040309007	桥梁伸缩装置	1. 材料品种 2. 规格、型号 3. 混凝土种类 4. 混凝土强度等级	m	以"m"计量，按设计图示尺寸以"延长米"计算	1. 制作、安装 2. 混凝土拌和、运输、浇筑
040309008	隔声屏障	1. 材料品种 2. 结构形式 3. 油漆品种、工艺要求	m²	按设计图示尺寸以面积计算	1. 制作、安装 2. 除锈、刷油漆
040309009	桥面排（泄）水管	1. 材料品种 2. 管径	m	按设计图示以长度计算	进水口、排（泄）水管制作、安装
040309010	防水层	1. 部位 2. 材料品种、规格 3. 工艺要求	m²	按设计图示尺寸以面积计算	防水层铺涂

注：支座垫石混凝土按"现浇混凝土构件"中"混凝土基础"项目编码列项。

10. 相关问题及说明

1) 清单项目各类预制桩均按成品构件编制，购置费用应计入综合单价中，如采用现场预制，包括预制构件制作的所有费用。

2）当以体积为计量单位计算混凝土工程量时，不扣除构件内钢筋、螺栓、预埋铁件、张拉孔道和单个面积≤0.3m²的孔洞所占体积，但应扣除型钢混凝土构件中型钢所占体积。

3）桩基陆上工作平台搭拆工作内容包括在相应的清单项目中，若为水上工作平台搭拆，应按"措施项目"相关项目单独编码列项。

三、桥涵工程定额工程量计算规则

1. 定额工程量计算规则

（1）打桩工程

1）打桩：

①钢筋混凝土方桩、板桩按桩长度（包括桩尖长度）乘以桩横断面面积计算。

②钢筋混凝土管桩按桩长度（包括桩尖长度）乘以桩横断面面积，减去空心部分体积计算。

③钢管桩按成品桩考虑，以"t"计算。

2）焊接桩型钢用量可按实调整。

3）送桩：

①陆上打桩时，以原地面平均标高增加 1m 为界线，界线以下至设计桩顶标高之间的打桩实体积为送桩工程量。

②支架上打桩时，以当地施工期间的最高潮水位增加 0.5m 为界线，界线以下至设计桩顶标高之间的打桩实体积为送桩工程量。

③船上打桩时，以当地施工期间的平均水位增加 1m 为界线，界线以下至设计桩顶标高之间的打桩实体积为送桩工程量。

（2）钻孔灌注桩工程

1）灌注桩成孔工程量按设计入土深度计算。定额中的孔深指护筒顶至桩底的深度。成孔定额中同一孔内的不同土质，不论其所在的深度如何，均执行总孔深定额。

2）人工挖桩孔土方工程量按护壁外缘包围的面积乘以深度计算。

3）灌注桩水下混凝土工程量按设计桩长增加 1.0m 乘以设计横断面面积计算。

4）灌注桩工作平台按照临时工程有关项目计算。

5）钻孔灌注桩钢筋笼按设计图纸计算，套用钢筋工程有关项目。

6）钻孔灌注桩需使用预埋铁件时，套用钢筋工程有关项目。

（3）砌筑工程

1）砌筑工程量按设计砌体尺寸以立方米体积计算，嵌入砌体中的钢管、沉降缝、伸缩缝及单孔面积 0.3m³ 以内的预留孔所占体积不予扣除。

2）拱圈底模工程量按模板接触砌体的面积计算。

（4）钢筋工程

1）钢筋按设计数量套用相应定额计算（损耗已包括在定额中）。设计未包括施工用筋经建设单位同意后可另计。

2）T 型梁连接钢板项目按设计图纸，以"t"为单位计算。

3）锚具工程量按设计用量乘以下列系数计算。锥形锚为 1.05；OVM 锚为 1.05；墩头锚为 1.00。

4）管道压浆不扣除钢筋体积。

（5）现浇混凝土工程

1）混凝土工程量按设计尺寸以实体积计算（不包括空心板、梁的空心体积），不扣除钢筋、铁丝、铁件、预留压浆孔道和螺栓所占的体积。

2）模板工程量按模板接触混凝土的面积计算。

3）现浇混凝土墙、板上单孔面积在 0.3m² 以内的孔洞体积不予扣除，洞侧壁模板面积亦不再计算；单孔面积在 0.3m² 以上时，应予扣除，洞侧壁模板面积并入墙、板模板工程量之内计算。

（6）预制混凝土工程

1）混凝土工程量计算：

①预制桩工程量按桩长度（包括桩尖长度）乘以桩横断面面积计算。

②预制空心构件按设计图尺寸扣除空心体积，以实体积计算。空心板梁的堵头板体积不计入工程量内，其消耗量已在定额中考虑。

③预制空心板梁，凡采用橡胶囊作内模的，考虑其压缩变形因素，可增加混凝土数量。当梁长在 16m 以内时，可按设计计算体积增加 7%；若梁长大于 16m 时，则增加 9%计算。如设计图已注明考虑橡胶囊变形时，不得再增加计算。

④预应力混凝土构件的封锚混凝土数量并入构件混凝土工程量计算。

2）模板工程量计算：

①预制构件中预应力混凝土构件及 T 形梁、I 形梁、双曲拱、桁架拱等

构件均按模板接触混凝土的面积（包括侧模、底模）计算。

②灯柱、端柱、栏杆等小型构件按平面投影面积计算。

③预制构件中非预应力构件按模板接触混凝土的面积计算，不包括胎、地模。

④空心板梁中空心部分，桥涵工程定额均采用橡胶囊抽拔，其摊销量已包括在定额中，不再计算空心部分模板工程量。

⑤空心板中空心部分，可按模板接触混凝土的面积计算工程量。

3）预制构件中的钢筋混凝土桩、梁及小型构件，可按混凝土定额基价的 2% 计算其运输、堆放、安装损耗，但该部分不计材料用量。

（7）立交箱涵工程

1）箱涵滑板下的肋楞，其工程量并入滑板内计算。

2）箱涵混凝土工程量，不扣除单孔面积 0.3m² 以下的预留孔洞体积。

3）顶柱、中继间护套及挖土支架均属专用周转性金属构件，定额中已按摊销量计列，不得重复计算。

4）箱涵顶进定额分空项、无中继间实土顶和有中继间实土顶三类，其工程量计算如下：

①空顶工程量按空顶的单节箱涵重量乘以箱涵位移距离计算。

②实土顶工程量按被顶箱涵的重量乘以箱涵位移距离分段累计计算。

5）气垫只考虑在预制箱涵底板上使用，按箱涵底面积计算。气垫的使用天数由施工组织设计确定，但采用气垫后在套用顶进定额时应乘以系数 0.7。

（8）安装工程

1）定额安装预制构件以"m³"为计量单位的，均按构件混凝土实体积（不包括空心部分）计算。

2）驳船不包括进出场费，其吨位单价由各省、自治区、直辖市确定。

（9）临时工程

1）搭拆打桩工作平台面积计算。

①桥梁打桩：$F = N_1 F_1 + N_2 F_2$　　　　　　　　　　　　　　　　　　（5-15）

每座桥台（桥墩）：$F_1 = (5.5 + A + 2.5)(6.5 + D)$　　　　　　　（5-16）

每条通道：$F_2 = 6.5 [L - (6.5 + D)]$　　　　　　　　　　　　　（5-17）

②钻孔灌注桩：$F = N_1 F_1 + N_2 F_2$　　　　　　　　　　　　　　　　（5-18）

每座桥台（桥墩）：$F_1 = (A+6.5)(6.5+D)$ (5-19)

每条通道：$F_2 = 6.5[L-(6.5+D)]$ (5-20)

式中　F——工作平台总面积，单位为 m^2；

　　　F_1——每座桥台（桥墩）工作平台面积，单位为 m^2；

　　　F_2——桥台至桥墩间或桥墩至桥墩间通道工作平台面积，单位为 m^2；

　　　N_1——桥台和桥墩总数量；

　　　N_2——通道总数量；

　　　D——二排桩之间距离，单位为 m；

　　　L——桥梁跨径或护岸的第一根桩中心至最后一根桩中心之间的距离，单位为 m；

　　　A——桥台（桥墩）每排桩的第一根桩中心至最后一根桩中心之间的距离，单位为 m。

2）凡台与墩或墩与墩之间不能连续施工时（如不能断航、断交通或拆迁工作不能配合），每个墩、台可计一次组装、拆卸柴油打桩架及设备运输费。

3）桥涵拱盔、支架空间体积计算。

①桥涵拱盔体积按起拱线以上弓形侧面积乘以（桥宽＋2m）计算。

②桥涵支架体积为结构底至原地面（水上支架为水上支架平台顶面）平均标高乘以纵向距离再乘以（桥宽＋2m）计算。

（10）装饰工程　除金属面油漆以"t"计算外，其余项目均按装饰面积计算。

2. 定额工程量计算说明

（1）打桩工程

1）打桩工程定额内容包括打木制桩、打钢筋混凝土桩、打钢管桩、送桩、接桩等项目共 12 节 107 个子目。

2）定额中土质类别均按甲级土考虑。各省、自治区、直辖市可按本地区土质类别进行调整。

3）打桩工程定额均为打直桩，如打斜桩（包括俯打、仰打）斜率在 1:6 以内时，人工乘以 1.33，机械乘以 1.43。

4）打桩工程定额均考虑在已搭置的支架平台上操作，但不包括支架平台，其支架平台的搭设与拆除应按临时工程有关项目计算。

5）陆上打桩采用履带式柴油打桩机时，不计陆上工作平台费，可计20cm碎石垫层，面积按陆上工作平台面积计算。

6）船上打桩定额按两艘船只拼搭、捆绑考虑。

7）打板桩定额中，均已包括打、拔导向桩内容，不得重复计算。

8）陆上、支架上、船上打桩定额中均未包括运桩。

9）送桩定额按送4m为界，如实际超过4m时，按相应定额乘以下列调整系数。

①送桩5m以内乘以系数1.2。

②送桩6m以内乘以系数1.5。

③送桩7m以内乘以系数2.0。

④送桩7m以上，以调整后7m为基础，每超过1m递增系数0.75。

10）打桩机械的安装、拆除按临时工程有关项目计算。打桩机械场外运输费按机械台班费用定额计算。

（2）钻孔灌注桩工程

1）钻孔灌注桩工程定额包括埋设护筒，人工挖孔、卷扬机带冲抓锥、冲击钻机、回旋钻机四种成孔方式，以及灌注混凝土等项目，共7节104个子目。

2）钻孔灌注桩工程定额适用于桥涵工程钻孔灌注桩基础工程。

3）定额钻孔土质分为8种：

①砂土：粒径不大于2mm的砂类土，包括淤泥、轻亚黏土。

②黏土：亚黏土、黏土、黄土，包括土状风化。

③砂砾：粒径为2～20mm的角砾、圆砾含量不大于50%，包括礓石黏土及粒状风化。

④砾石：粒径为2～20mm的角砾、圆砾含量大于50%，有时还包括粒径为20～200mm的碎石、卵石，其含量在50%以内，包括块状风化。

⑤卵石：粒径为20～200mm的碎石、卵石含量大于10%，有时还包括块石、漂石，其含量在10%以内，包括块状风化。

⑥软石：各种松软、胶结不紧、节理较多的岩石及较坚硬的块石土、漂石土。

⑦次坚石：硬的各类岩石，包括粒径大于500mm、含量大于10%的较

坚硬的块石、漂石。

⑧坚石：坚硬的各类岩石，包括粒径大于1000 mm、含量大于10％的坚硬的块石、漂石。

4）成孔定额按孔径、深度和土质划分项目，若超过定额使用范围时，应另行计算。

5）埋设钢护筒定额中钢护筒按摊销量计算，若在深水作业时，钢护筒无法拔出时，经建设单位签证后，可按钢护筒实际用量（或参考表5-49质量）减去定额数量一次增列计算，但该部分不得计取除税金外的其他费用。

表5-49　钢护筒摊销量计算参考值

桩径/mm	800	1000	1200	1500	2000
每米护筒质量/（kg/m）	155.06	184.87	285.93	345.09	554.6

6）灌注桩混凝土均考虑混凝土水下施工，按机械搅拌，在工作平台上导管倾注混凝土。定额中已包括设备（如导管等）摊销及扩孔增加的混凝土数量，不得另行计算。

7）定额中未包括：钻机场外运输、截除余桩、废泥浆处理及外运，其费用可另行计算。

8）定额中不包括在钻孔中遇到障碍必须清除的工作，发生时另行计算。

9）泥浆制作定额按普通泥浆考虑，若需采用膨润土，各省、自治区、直辖市可作相应调整。

（3）砌筑工程

1）砌筑工程定额包括浆砌块石、料石、混凝土预制块和砖砌体等项目共5节21个子目。

2）砌筑工程定额适用于砌筑高度在8m以内的桥涵砌筑工程，未列的砌筑项目，按第一册"通用项目"相应定额执行。

3）砌筑定额中未包括垫层、拱背和台背的填充项目，如发生上述项目，可套用有关定额。

4）拱圈底模定额中不包括拱盔和支架，可按临时工程相应定额执行。

5）定额中调制砂浆，均按砂浆拌和机拌和，如采用人工拌制时，定额不予调整。

（4）钢筋工程

1）钢筋工程定额包括桥涵工程各种钢筋、高强钢丝、钢绞线、预埋铁件的制作安装等项目，共 4 节 27 个子目。

2）定额中钢筋按 $\phi 10$ 以下及 $\phi 10$ 以上两种分列，$\phi 10$ 以下采用 Q235 钢，$\phi 10$ 以上采用 16 锰钢，钢板均按 Q235 钢计列，预应力筋采用 HRB500 级钢、钢绞线和高强钢丝。因设计要求采用钢材与定额不符时，可予调整。

3）因束道长度不等，故定额中未列锚具数量，但已包括锚具安装的人工费。

4）先张法预应力筋制作、安装定额，未包括张拉台座，该部分可由各省、自治区、直辖市视具体情况另行规定。

5）压浆管道定额中的铁皮管、波纹管均已包括套管及三通管安装费用，但未包括三通管费用，可另行计算。

6）定额中钢绞线按 $\phi 15.24$、束长在 40m 以内考虑，如规格不同或束长超过 40m 时，应另行计算。

（5）现浇混凝土工程

1）现浇混凝土工程定额包括基础、墩、台、柱、梁、桥面、接缝等项目共 14 节 76 个子目。

2）现浇混凝土工程定额适用于桥涵工程现浇各种混凝土构筑物。

3）现浇混凝土工程定额中嵌石混凝土的块石含量如与设计不同时，可以换算，但人工及机械不得调整。

4）钢筋工程中定额中均未包括预埋铁件，如设计要求预埋铁件时，可按设计用量套用有关项目。

5）承台分有底模和无底模两种，应按不同的施工方法套用定额相应项目。

6）定额中混凝土按常用强度等级列出，如设计要求不同时可以换算。

7）定额中模板以木模、工具式钢模为主（除防撞护栏采用定型钢模外）。若采用其他类型模板时，允许各省、自治区、直辖市进行调整。

8）现浇梁、板等模板定额中均已包括铺筑底模内容，但未包括支架部分。如发生时可套用临时工程有关项目。

（6）预制混凝土工程

1）预制混凝土工程定额包括预制桩、柱、板、梁及小型构件等项目，共 8 节 44 个子目。

2）预制混凝土工程定额适用于桥涵工程现场制作的预制构件。

3）预制混凝土工程定额中均未包括预埋铁件，如设计要求预埋铁件时，可按设计用量套用钢筋工程中有关项目。

4）定额不包括地模、胎模费用，需要时可按临时工程中有关定额计算。胎、地模的占用面积可由各省、自治区、直辖市另行规定。

（7）立交箱涵工程

1）立交箱涵工程定额包括箱涵制作、顶进、箱涵内挖土等项目，共 7 节 36 个子目。

2）立交箱涵工程定额适用于穿越城市道路及铁路的立交箱涵顶进工程及现浇箱涵工程。

3）定额顶进土质按 Ⅰ、Ⅱ 类土考虑，若实际土质与定额不同时，可由各省、自治区、直辖市进行调整。

4）定额中未包括箱涵顶进的后靠背设施等，其发生费用另行计算。

5）定额中未包括深基坑开挖、支撑及井点降水的工作内容，可套用有关定额计算。

6）立交桥引道的结构及路面铺筑工程，根据施工方法套用有关定额计算。

（8）安装工程

1）安装工程定额包括安装排架立柱、墩台管节、板、梁、小型构件、栏杆扶手、支座、伸缩缝等项目，共 13 节 90 个子目。

2）安装工程定额适用于桥涵工程混凝土构件的安装等项目。

3）小型构件安装已包括 150m 场内运输，其他构件均未包括场内运输。

4）安装预制构件定额中，均未包括脚手架，如需要用脚手架时，可套用第一册"通用项目"相应定额项目。

5）安装预制构件，应根据施工现场具体情况，采用合理的施工方法，套用相应定额。

6）除安装梁分陆上、水上安装外，其他构件安装均未考虑船上吊装，发生时可增计船只费用。

（9）临时工程

1）临时工程定额内容包括桩基础支架平台、木垛、支架的搭拆，打桩机械、船排、万能杆件的组拆，挂篮的安拆和推移，胎地模的筑拆及桩顶混凝土凿除等项目，共 10 节 40 个子目。

2）临时工程定额支架平台适用于陆上、支架上打桩及钻孔灌注桩。支架平台分陆上平台与水上平台两类，其划分范围由各省、自治区、直辖市根据当地的地形条件和特点确定。

3）桥涵拱盔、支架均不包括底模及地基加固在内。

4）组装、拆卸船排定额中未包括压舱费用。压舱材料取定为大石块，并按船排总吨位的 30％计取（包括装、卸在内 150m 的二次运输费）。

5）打桩机械锤重的选择见表 5-50。

表 5-50　打桩机械锤重的选择

桩类别	桩长度/m	桩截面面积 S/m^2 或管径 ϕ/mm	柴油桩机锤重/kg
钢筋混凝土方桩及板桩	$L \leqslant 8.00$	$S \leqslant 0.05$	600
	$L \leqslant 8.00$	$0.05 < S \leqslant 0.105$	1200
	$8.00 < L \leqslant 16.00$	$0.105 < S \leqslant 0.125$	1800
	$16.00 < L \leqslant 24.00$	$0.125 < S \leqslant 0.160$	2500
	$24.00 < L \leqslant 28.00$	$0.160 < S \leqslant 0.225$	4000
	$28.00 < L \leqslant 32.00$	$0.225 < S \leqslant 0.250$	5000
	$32.00 < L \leqslant 40.00$	$0.250 < S \leqslant 0.300$	7000
钢筋混凝土管桩	$L \leqslant 25.00$	$\phi 400$	2500
	$L \leqslant 25.00$	$\phi 550$	4000
	$L \leqslant 25.00$	$\phi 600$	5000
	$L \leqslant 50.00$	$\phi 600$	7000
	$L \leqslant 25.00$	$\phi 800$	5000
	$L \leqslant 50.00$	$\phi 800$	7000
	$L \leqslant 25.00$	$\phi 1000$	7000
	$L \leqslant 50.00$	$\phi 1000$	8000

注：钻孔灌注桩工作平台按孔径 ϕ 不大于 1000mm，套用锤重 1800kg 打桩工作平台；ϕ 大于 1000mm，套用锤重 2500kg 打桩工作平台。

6）搭、拆水上工作平台定额中，已综合考虑了组装、拆卸船排及组装、拆卸打拔桩架工作内容，不得重复计算。

（10）装饰工程

1）装饰工程定额包括砂浆抹面、水刷石、剁斧石、拉毛、水磨石、镶贴面层、涂料、油漆等项目，共8节46个子目。

2）装饰工程定额适用于桥、涵构筑物的装饰项目。

3）镶贴面层定额中，贴面材料与定额不同时，可以调整换算，但人工与机械台班消耗量不变。

4）水质涂料不分面层类别，均按本定额计算，由于涂料种类繁多，如采用其他涂料时，可以调整换算。

5）水泥白石子浆抹灰定额，均未包括颜料费用，如设计需要颜料调制时，应增加颜料费用。

6）油漆定额按手工操作计取，如采用喷漆时，应另行计算。定额中油漆种类与实际不同时，可以调整换算。

7）定额中均未包括施工脚手架，发生时可按第一册"通用项目"相应定额执行。

四、桥涵工程工程量计算实例

【例 5-8】某桥梁工程采用预制钢筋混凝土空心管桩，如图 5-83 所示，求打混凝土管桩的工程量。

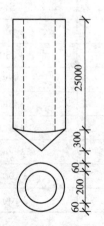

图 5-83　钢管桩（单位：mm）

【解】

（1）清单工程量　清单工程量计算表见表 5-51，分部分项工程和单价措施项目清单与计价表见表 5-52。

表 5-51　清单工程量计算表

工程名称：某桥梁工程

清单项目编码	清单项目名称	计算式	工程量合计	计量单位
040301002001	预制钢筋混凝土管桩	$l=25+0.3$	25.3	m

表 5-52　分部分项工程和单价措施项目清单与计价表

工程名称：某桥梁工程

项目编码	项目名称	项目特征描述	计量单位	工程量	金额/元	
					综合单价	合价
040301002001	预制钢筋混凝土管桩	混凝土空心管桩，外径 320mm，内径 200mm	m	25.3		

（2）定额工程量

1）管柱体积：

$$V_1=\frac{\pi\times0.32^2}{4}\times(25+0.3)=2.03\text{m}^3$$

2）空心部分体积：

$$V_2=\frac{\pi\times0.2^2}{4}\times25=0.79\text{m}^3$$

3）空心管桩总体积：

$$V=V_1-V_2=2.03-0.79=1.24\text{m}^3$$

【例 5-9】 某桥梁重力式桥墩各部尺寸如图 5-84 所示，采用 C20 混凝土浇筑，石料最大粒径 20mm，计算墩帽、墩身及基础的工程量。

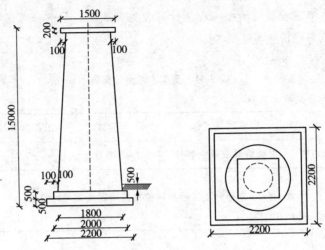

图 5-84　桥墩各部尺寸（单位：mm）

【解】

（1）清单工程量　清单工程量计算表见表 5-53，分部分项工程和单价措施项目清单与计价表见表 5-54。

表 5-53　清单工程量计算表

工程名称：某桥梁重力式桥墩

序号	清单项目编码	清单项目名称	计算式	工程量合计	计量单位
1	040303004001	混凝土墩（台）帽	$V_1 = 1.5 \times 1.5 \times 0.2$	0.45	m³
2	040303005001	混凝土墩（台）身	$V_2 = \dfrac{1}{3} \times 3.14 \times (15 - 0.2 - 0.5 \times 2) \times$ $(0.65^2 + 0.9^2 + 0.65 \times 0.9)$	28.31	m³
3	040303002001	混凝土基础	$V_3 = (2 \times 2 + 2.2 \times 2.2) \times 0.5$	4.42	m³

表 5-54 分部分项工程和单价措施项目清单与计价表

工程名称：某桥梁重力式桥墩

序号	项目编码	项目名称	项目特征描述	计量单位	工程量	金额/元	
						综合单价	合价
1	040303004001	混凝土墩（台）帽	墩帽，C20 混凝土，石料最大粒径 20mm	m³	0.45		
2	040303005001	混凝土墩（台）身	墩身，C20 混凝土，石料最大粒径 20mm	m³	28.31		
3	040303002001	混凝土基础	C20 混凝土，石料最大粒径 20mm	m³	4.42		

（2）定额工程量同清单工程量

【例 5-10】为了增加城市的美观，对某城市桥梁进行面层装饰如图 5-85 所示，其行车道采用水泥砂浆抹面，人行道为剁斧石饰面，护栏为镶贴面层，计算各种饰料的工程量。

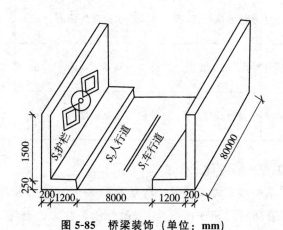

图 5-85 桥梁装饰（单位：mm）

【解】

（1）清单工程量 清单工程量计算表见表 5-55，分部分项工程和单价措施项目清单与计价表见表 5-56。

表 5-55　清单工程量计算表

工程名称：某桥梁面层装饰

序号	清单项目编码	清单项目名称	计算式	工程量合计	计量单位
1	040308001001	水泥砂浆抹面	$S_1 = 8 \times 80$	640	m²
2	040308002001	剁斧石砌面	$S_2 = 2 \times 1.2 \times 80 + 4 \times 1.2 \times 0.25 + 2 \times 0.25 \times 80$	233.2	m²
3	040308003001	镶贴面层	$S_3 = 2 \times 1.5 \times 80 + 2 \times 0.2 \times 80 + 4 \times 0.2 \times (1.5 + 2.5)$	275.2	m²

表 5-56　分部分项工程和单价措施项目清单与计价表

工程名称：某桥梁面层装饰

序号	项目编码	项目名称	项目特征描述	计量单位	工程量	金额/元	
						综合单价	合价
1	040308001001	水泥砂浆抹面	行车道采用水泥砂浆抹面	m²	640		
2	040308002001	剁斧石砌面	人行道为剁斧石饰面	m²	233.2		
3	040308003001	镶贴面层	护栏为镶贴面层	m²	275.2		

（2）定额工程量同清单工程量

【例 5-11】某桥梁重力式桥台，台身采用 M10 水泥砂浆砌块石，台帽采用 M10 水泥砂浆砌料石，如图 5-86 工程所示，共 2 个台座，长度为 12m。ϕ100PVC 泄水管安装间距为 3m。50×50 级配碎石反滤层、泄水孔进口用两层土工布包裹。试列出该桥梁台身及台帽工程的分部分项工程量清单（不考虑基础及勾缝等内容）。

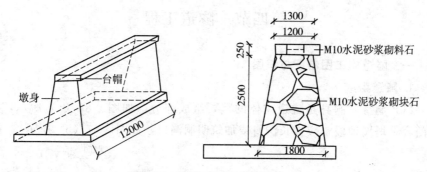

图 5-86　实例工程图（单位：mm）

【解】

清单工程量计算表见表 5-57，分部分项工程和单价措施项目清单与计价表见表 5-58。

表 5-57　清单工程量计算表

工程名称：某桥梁重力式桥台

序号	清单项目编码	清单项目名称	计算式	工程量合计	计量单位
1	040303004001	混凝土墩（台）帽	$1.3 \times 0.25 \times 12 \times 2$	7.8	m³
2	040303005001	混凝土墩（台）身	$(1.8+1.2) \div 2 \times 2.5 \times 12 \times 2$	90	m³

表 5-58　分部分项工程和单价措施项目清单与计价表

工程名称：某桥梁重力式桥台

序号	项目编码	项目名称	项目特征描述	计量单位	工程量	金额/元	
						综合单价	合价
1	040303004001	混凝土墩（台）帽	1. 部位：台帽 2. 材料品种、规格：块石 3. 砂浆强度等级：M10 水泥砂浆	m³	7.8		
2	040303005001	混凝土墩（台）身	1. 部位：台身 2. 材料品种、规格：料石 3. 砂浆强度等级：M10 水泥砂浆 4. 泄水孔材料品种、规格：$\phi100$PVC 泄水管 5. 滤水层要求：50×50 级配碎石反滤层、泄水孔进口二层土工布包裹	m³	90		

第四节　隧道工程

一、隧道施工图制图与识图

1. 隧道组成

（1）洞身　洞身是隧道主体的重要组成部分，如图 5-87（a）所示，在洞门容易坍塌地段，应接长洞身或加筑明洞洞口，如图 5-87（b）所示。

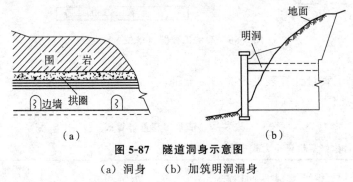

图 5-87　隧道洞身示意图

（a）洞身　（b）加筑明洞洞身

（2）洞门　洞门的作用是保持洞口仰坡和路堑边坡的稳定，汇集和排除地面水流，保护洞门附近岩（土）体的稳定和确保行车安全。隧道两端的出入口都要修建洞门，隧道洞门口大体上分为端墙式和翼墙式两种。

1）端墙式洞门：端墙式洞门适用于地形开阔、石质基本稳定的地区。端墙的作用在于支护洞门顶上的仰坡，保持其稳定，并将仰坡水流汇集排出，如图 5-88 所示。

2）翼墙式洞门：当洞口地质条件较差时，在端墙式洞门的一侧或两侧加设挡墙，构成翼墙式洞门，如图 5-89 所示。

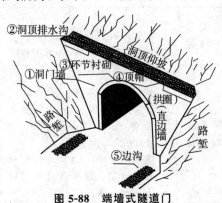

图 5-88　端墙式隧道门

图 5-89　翼墙式隧道门

　　隧道洞门的正投影应为隧道立面。无论洞门是否对称均应全部绘制。洞顶排水沟应在立面图中用标有坡度符号的虚线表示。隧道平面与纵断面仅需表示出洞口的外露部分，如图 5-90 所示。

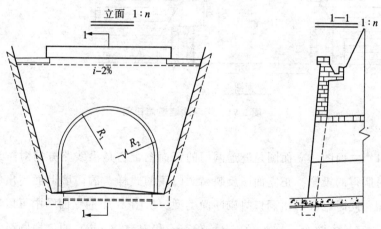

图 5-90　隧道视图

2. 隧道工程施工图识读实例

　　隧道洞门图一般包括隧道洞口的立面图、平面图和剖面图等，图 5-91 所示为某公路的隧道纵门图。

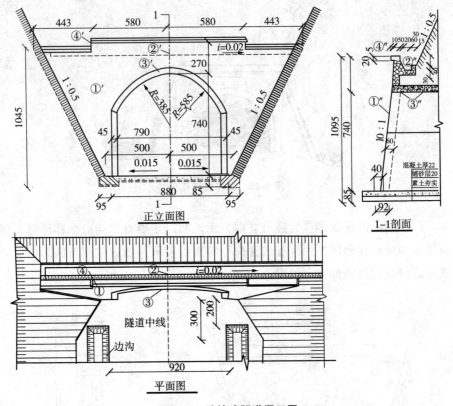

图 5-91 端墙式隧道洞口图

（1）立面图 立面图是隧道洞门的正面图，它是沿线路方向对隧道门进行投射所得的投影。正立面图反映出洞门墙的式样，洞门墙上面高出的部分为顶帽，同时也表示出洞口衬砌断面类型。从图 5-91 的立面图中可以看出：

1）它是由两个不同半径（$R=385$cm 和 $R=585$cm）的 3 段圆弧和 2 直边墙所组成，拱圈厚度为 45cm。

2）洞口净空尺寸高为 740cm，宽为 790cm；洞门口墙的上面有一条从左往右方向倾斜的虚线，并注有 $i=0.02$ 箭头，这表明洞门顶部有坡度为 2% 的排水沟，用箭头表示流水方向。

3）其他虚线反映了洞门墙和隧道底面的不可见轮廓线，它们被洞门前面两侧路堑边坡和公路路面遮住，所以用虚线表示。

（2）平面图 平面图是隧道洞门口的水平投影，平面图表示了洞门墙顶帽的宽度，洞顶排水沟的构造及洞门口外两边沟的位置（边沟断面未示出）。

（3）剖面图　图 5-91 所示的 1—1 剖面图是沿隧道中线所作的剖面图，图中可以看到洞门墙倾斜坡度为 10∶1，洞门墙厚度为 60cm，还可以看到排水沟的断面形状、拱圈厚度及材料断面符号等。

为读图方便，图 5-91 还在 3 个投影图上对不同的构件分别用数字注出。如洞门墙①′、①″；洞顶排水沟为②′、②、②″；拱圈为③′、③、③″；顶帽为④′、④、④″等。

二、隧道工程清单工程量计算规则

1. 隧道岩石开挖

隧道岩石开挖工程量清单项目设置、项目特征描述的内容、计量单位及工程量计算规则，应按表 5-59 的规定执行。

表 5-59　隧道岩石开挖（编码：040401）

项目编码	项目名称	项目特征	计量单位	工程量计算规则	工程内容
040401001	平洞开挖	1. 岩石类别 2. 开挖断面 3. 爆破要求 4. 弃碴运距	m³	按设计图示结构断面尺寸乘以长度以体积计算	1. 爆破或机械开挖 2. 施工面排水 3. 出碴 4. 弃碴场内堆放、运输 5. 弃碴外运
040401002	斜井开挖				
040401003	竖井开挖				
040401004	地沟开挖	1. 断面尺寸 2. 岩石类别 3. 爆破要求 4. 弃碴运距			
040401005	小导管	1. 类型 2. 材料品种 3. 管径、长度	m	按设计图示尺寸以长度计算	1. 制作 2. 布眼 3. 钻孔 4. 安装
040401006	管棚				
040401007	注浆	1. 浆液种类 2. 配合比	m³	按设计注浆量以体积计算	1. 浆液制作 2. 钻孔注浆 3. 堵孔

注：弃碴运距可以不描述，但应注明由投标人根据施工现场实际情况自行考虑决定报价。

2. 岩石隧道衬砌

岩石隧道衬砌工程量清单项目设置、项目特征描述的内容、计量单位及工程量计算规则，应按表 5-60 的规定执行。

表 5-60　岩石隧道衬砌（编码：040402）

项目编码	项目名称	项目特征	计量单位	工程量计算规则	工程内容
040402001	混凝土仰拱衬砌	1. 拱跨径 2. 部位 3. 厚度 4. 混凝土强度等级	m^3	按设计图示尺寸以体积计算	1. 模板制作、安装、拆除 2. 混凝土拌和、运输、浇筑 3. 养护
040402002	混凝土顶拱衬砌				
040402003	混凝土边墙衬砌	1. 部位 2. 厚度 3. 混凝土强度等级			
040402004	混凝土竖井衬砌	1. 厚度 2. 混凝土强度等级			
040402005	混凝土沟道	1. 断面尺寸 2. 混凝土强度等级			
040402006	拱部喷射混凝土	1. 结构形式 2. 厚度 3. 混凝土强度等级 4. 掺加材料品种、用量	m^2	按设计图示尺寸以面积计算	1. 清洗基层 2. 混凝土拌和、运输、浇筑、喷射 3. 收回弹料 4. 喷射施工平台搭设、拆除
040402007	边墙喷射混凝土				

续表

项目编码	项目名称	项目特征	计量单位	工程量计算规则	工程内容
040402008	拱圈砌筑	1. 断面尺寸 2. 材料品种、规格 3. 砂浆强度等级	m³	按设计图示尺寸以体积计算	1. 砌筑 2. 勾缝 3. 抹灰
040402009	边墙砌筑	1. 厚度 2. 材料品种、规格 3. 砂浆强度等级			
040402010	砌筑沟道	1. 断面尺寸 2. 材料品种、规格 3. 砂浆强度等级			
040402011	洞门砌筑	1. 形状 2. 材料品种、规格 3. 砂浆强度等级			
040402012	锚杆	1. 直径 2. 长度 3. 锚杆类型 4. 砂浆强度等级	t	按设计图示尺寸以质量计算	1. 钻孔 2. 锚杆制作、安装 3. 压浆
040402013	充填压浆	1. 部位 2. 浆液成分强度	m³	按设计图示尺寸以体积计算	1. 打孔、安装 2. 压浆
040402014	仰拱填充	1. 填充材料 2. 规格 3. 强度等级		按设计图示回填尺寸以体积计算	1. 配料 2. 填充
040402015	透水管	1. 材质 2. 规格	m	按设计图示尺寸以长度计算	安装
040402016	沟道盖板	1. 材质 2. 规格尺寸 3. 强度等级			制作、安装
040402017	变形缝	1. 类别 2. 材料品种、规格 3. 工艺要求			
040402018	施工缝				
040402019	柔性防水层	材料品种、规格	m²	按设计图示尺寸以面积计算	铺设

注：遇本表清单项目未列的砌筑构筑物时，应按"桥涵工程"中相关项目编码列项。

3. 盾构掘进

盾构掘进工程量清单项目设置、项目特征描述的内容、计量单位及工程量计算规则，应按表 5-61 的规定执行。

表 5-61　盾构掘进（编号：040403）

项目编码	项目名称	项目特征	计量单位	工程量计算规则	工程内容
040403001	盾构吊装及吊拆	1. 直径 2. 规格型号 3. 始发方式	台·次	按设计图示数量计算	1. 盾构机安装、拆除 2. 车架安装、拆除 3. 管线连接、调试、拆除
040403002	盾构掘进	1. 直径 2. 规格 3. 形式 4. 掘进施工段类别 5. 密封舱材料品种 6. 弃土（浆）运距	m	按设计图示掘进长度计算	1. 掘进 2. 管片拼装 3. 密封舱添加材料 4. 负环管片拆除 5. 隧道内管线路铺设、拆除 6. 泥浆制作 7. 泥浆处理 8. 土方、废浆外运
040403003	衬砌壁后压浆	1. 浆液品种 2. 配合比	m³	按管片外径和盾构壳体外径所形成的充填体积计算	1. 制浆 2. 送浆 3. 压浆 4. 封堵 5. 清洗 6. 运输
040403004	预制钢筋混凝土管片	1. 直径 2. 厚度 3. 宽度 4. 混凝土强度等级		按设计图示尺寸以体积计算	1. 运输 2. 试拼装 3. 安装

续表

项目编码	项目名称	项目特征	计量单位	工程量计算规则	工程内容
040403005	管片设置密封条	1. 管片直径、宽度、厚度 2. 密封条材料 3. 密封条规格	环	按设计图示数量计算	密封条安装
040403006	隧道洞口柔性接缝环	1. 材料 2. 规格 3. 部位 4. 混凝土强度等级	m	按设计图示以隧道管片外径周长计算	1. 制作、安装临时防水环板 2. 制作、安装、拆除临时止水缝 3. 拆除临时钢环板 4. 拆除洞口环管片 5. 安装钢环板 6. 柔性接缝环 7. 洞口钢筋混凝土环圈
040403007	管片嵌缝	1. 直径 2. 材料 3. 规格	环	按设计图示数量计算	1. 管片嵌缝槽表面处理、配料嵌缝 2. 管片手孔封堵
040403008	盾构机调头	1. 直径 2. 规格型号 3. 始发方式	台·次	按设计图示数量计算	1. 钢板、基座铺设 2. 盾构拆卸 3. 盾构调头、平行移运定位 4. 盾构拼装 5. 连接管线、调试
040403009	盾构机转场运输	1. 直径 2. 规格型号 3. 始发方式			1. 盾构机安装、拆除 2. 车架安装、拆除 3. 盾构机、车架转场运输
0404030010	盾构基座	1. 材质 2. 规格 3. 部位	t	按设计图示尺寸以质量计算	1. 制作 2. 安装 3. 拆除

注：1. 衬砌壁后压浆清单项目在编制工程量清单时，其工程数量可为暂估量，结算时按现场签证数量计算。

2. 盾构基座系指常用的钢结构，如果是钢筋混凝土结构，应按"沉管隧道"中相关项目进行列项。

3. 钢筋混凝土管片按成品编制，购置费应计入综合单价中。

4. 管节顶升、旁通道

管节顶升、旁通道工程量清单项目设置、项目特征描述的内容、计量单位及工程量计算规则，应按表 5-62 的规定执行。

表 5-62　管节顶升、旁通道（编码：040404）

项目编码	项目名称	项目特征	计量单位	工程量计算规则	工程内容
040404001	钢筋混凝土顶升管节	1. 材质 2. 混凝土强度等级	m³	按设计图示尺寸以体积计算	1. 钢模板制作 2. 混凝土拌和、运输、浇筑 3. 养护 4. 管节试拼装 5. 管节场内外运输
040404002	垂直顶升设备安装、拆除	规格、型号	套	按设计图示数量计算	1. 基座制作和拆除 2. 车架、设备吊装就位 3. 拆除、堆放
040404003	管节垂直顶升	1. 断面 2. 强度 3. 材质	m	按设计图示以顶升长度计算	1. 管节吊运 2. 首节顶升 3. 中间节顶升 4. 尾节顶升
040404004	安装止水框、连系梁	材质	t	按设计图示尺寸以质量计算	制作、安装
040404005	阴极保护装置	1. 型号 2. 规格	组	按设计图示数量计算	1. 恒电位仪安装 2. 阳极安装 3. 阴极安装 4. 参变电极安装 5. 电缆敷设 6. 接线盒安装
040404006	安装取、排水头	1. 部位 2. 尺寸	个		1. 顶升口揭顶盖 2. 取排水头部安装

续表

项目编码	项目名称	项目特征	计量单位	工程量计算规则	工程内容
040404007	隧道内旁通道开挖	1. 土壤类别 2. 土体加固方式	m³	按设计图示尺寸以体积计算	1. 土体加固 2. 支护 3. 土方暗挖 4. 土方运输
040404008	旁通道结构混凝土	1. 断面 2. 混凝土强度等级			1. 模板制作、安装 2. 混凝土拌和、运输、浇筑 3. 洞门接口防水
040404009	隧道内集水井	1. 部位 2. 材料 3. 形式	座	按设计图示数量计算	1. 拆除管片建集水井 2. 不拆管片建集水井
040404010	防爆门	1. 形式 2. 断面	扇		1. 防爆门制作 2. 防爆门安装
040404011	钢筋混凝土复合管片	1. 图集、图纸名称 2. 构件代号、名称 3. 材质 4. 混凝土强度等级	m³	按设计图示尺寸以体积计算	1. 构件制作 2. 试拼装 3. 运输、安装
040404012	钢管片	1. 材质 2. 探伤要求	t	按设计图示以质量计算	1. 钢管片制作 2. 试拼装 3. 探伤 4. 运输、安装

5. 隧道沉井

隧道沉井工程量清单项目设置、项目特征描述的内容、计量单位及工程量计算规则，应按表 5-63 的规定执行。

表 5-63　隧道沉井（编码：040405）

项目编码	项目名称	项目特征	计量单位	工程量计算规则	工程内容
040405001	沉井井壁混凝土	1. 形状 2. 规格 3. 混凝土强度等级	m³	按设计尺寸以外围井筒混凝土体积计算	1. 模板制作、安装、拆除 2. 刃脚、框架、井壁混凝土浇筑 3. 养护
040405002	沉井下沉	1. 下沉深度 2. 弃土运距		按设计图示井壁外围面积乘以下沉深度以体积计算	1. 垫层凿除 2. 排水挖土下沉 3. 不排水下沉 4. 触变泥浆制作、输送 5. 弃土外运
040405003	沉井混凝土封底	混凝土强度等级		按设计图示尺寸以体积计算	1. 混凝土干封底 2. 混凝土水下封底
040405004	沉井混凝土底板	混凝土强度等级	m³	按设计图示尺寸以体积计算	1. 模板制作、安装、拆除 2. 混凝土拌和、运输、浇筑 3. 养护
040405005	沉井填心	材料品种			1. 排水沉井填心 2. 不排水沉井填心
040405006	沉井混凝土隔墙	混凝土强度等级			1. 模板制作、安装、拆除 2. 混凝土拌和、运输、浇筑 3. 养护
040405007	钢封门	1. 材质 2. 尺寸	t	按设计图示尺寸以质量计算	1. 钢封门安装 2. 钢封门拆除

注：沉井垫层按"桥涵工程"中相关项目编码列项。

6. 混凝土结构

混凝土结构工程量清单项目设置、项目特征描述的内容、计量单位及工程量计算规则，应按表 5-64 的规定执行。

表 5-64　混凝土结构（编码：040406）

项目编码	项目名称	项目特征	计量单位	工程量计算规则	工程内容
040406001	混凝土地梁	1. 类别、部位 2. 混凝土强度等级	m³	按设计图示尺寸以体积计算	1. 模板制作、安装、拆除 2. 混凝土拌和、运输、浇筑 3. 养护
040406002	混凝土底板				
040406003	混凝土柱				
040406004	混凝土墙				
040406005	混凝土梁				
040406006	混凝土平台、顶板				
040406007	圆隧道内架空路面	1. 厚度 2. 混凝土强度等级			
040406008	隧道内其他结构混凝土	1. 部位、名称 2. 混凝土强度等级			

注：1. 隧道洞内道路路面铺装应按"道路工程"相关清单项目编码列项。

　　2. 隧道洞内顶部和边墙内衬的装饰按"桥涵工程"相关清单项目编码列项。

　　3. 隧道内其他结构混凝土包括楼梯、电缆沟、车道侧石等。

　　4. 垫层、基础应按"桥涵工程"相关清单项目编码列项。

　　5. 隧道内衬弓形底板、侧墙、支承墙应按"混凝土结构"中的"混凝土底板""混凝土墙"的相关清单项目编码列项，并在项目特征中描述其类别、部位。

7. 沉管隧道

沉管隧道工程量清单项目设置、项目特征描述的内容、计量单位及工程量计算规则，应按表 5-65 的规定执行。

表 5-65　沉管隧道（编码：040407）

项目编码	项目名称	项目特征	计量单位	工程量计算规则	工程内容
040407001	预制沉管底垫层	1. 材料品种、规格 2. 厚度	m³	按设计图示沉管底面积乘以厚度以体积计算	1. 场地平整 2. 垫层铺设
040407002	预制沉管钢底板	1. 材质 2. 厚度	t	按设计图示尺寸以质量计算	钢底板制作、铺设
040407003	预制沉管混凝土板底	混凝土强度等级	m³	按设计图示尺寸以体积计算	1. 模板制作、安装、拆除 2. 混凝土拌和、运输、浇筑 3. 养护 4. 底板预埋注浆管
040407004	预制沉管混凝土侧墙				1. 模板制作、安装、拆除 2. 混凝土拌和、运输、浇筑 3. 养护
040407005	预制沉管混凝土顶板				
040407006	沉管外壁防锚层	1. 材质品种 2. 规格	m²	按设计图示尺寸以面积计算	铺设沉管外壁防锚层
040407007	鼻托垂直剪力键	材质	t	按设计图示尺寸以质量计算	1. 钢剪力键制作 2. 剪力键安装
040407008	端头钢壳	1. 材质、规格 2. 强度			1. 端头钢壳制作 2. 端头钢壳安装 3. 混凝土浇筑
040407009	端头钢封门	1. 材质 2. 尺寸	t	按设计图示尺寸以质量计算	1. 端头钢封门制作 2. 端头钢封门安装 3. 端头钢封门拆除

续表

项目编码	项目名称	项目特征	计量单位	工程量计算规则	工程内容
040407010	沉管管段浮运临时供电系统	规格	套	按设计图示管段数量计算	1. 发电机安装、拆除 2. 配电箱安装、拆除 3. 电缆安装、拆除 4. 灯具安装、拆除
040407011	沉管管段浮运临时供排水系统				1. 泵阀安装、拆除 2. 管路安装、拆除
040407012	沉管管段浮运临时通风系统				1. 进排风机安装、拆除 2. 风管路安装、拆除
040407013	航道疏浚	1. 河床土质 2. 工况等级 3. 疏浚深度	m³	按河床原断面与管段浮运时设计断面之差以体积计算	1. 挖泥船开收工 2. 航道疏浚挖泥 3. 土方驳运、卸泥
040407014	沉管河床基槽开挖	1. 河床土质 2. 工况等级 3. 挖土深度		按河床原断面与槽设计断面之差以体积计算	1. 挖泥船开收工 2. 沉管基槽挖泥 3. 沉管基槽清淤 4. 土方驳运、卸泥
040407015	钢筋混凝土块沉石	1. 工况等级 2. 沉石深度		按设计图示尺寸以体积计算	1. 预制钢筋混凝土块 2. 装船、驳运、定位沉石 3. 水下铺平石块
040407016	基槽抛铺碎石	1. 工况等级 2. 石料厚度 3. 沉石深度			1. 石料装运 2. 定位抛石、水下铺平石块

续表

项目编码	项目名称	项目特征	计量单位	工程量计算规则	工程内容
040407017	沉管管节浮运	1. 单节管段质量 2. 管段浮运距离	kt·m	按设计图示尺寸和要求以沉管管节质量和浮运距离的复合单位计算	1. 干坞放水、 2. 管段起浮定位 3. 管段浮运 4. 加载水箱制作、安装、拆除 5. 系缆柱制作、安装、拆除
040407018	管段沉放连接	1. 单节管段重量 2. 管段下沉深度	节	按设计图示数量计算	1. 管段定位 2. 管段压水下沉 3. 管段端面对接 4. 管节拉合
040407019	砂肋软体排覆盖	1. 材料品种 2. 规格	m²	按设计图示尺寸以沉管顶面积加侧面外表面积计算	水下覆盖软体排
040407020	沉管水下压石	1. 材料品种 2. 规格	m³	按设计图示尺寸以顶、侧压石的体积计算	1. 装石船开收工 2. 定位抛石、卸石 3. 水下铺石
040407021	沉管接缝处理	1. 接缝连接形式 2. 接缝长度	条	按设计图示数量计算	1. 按缝拉合 2. 安装止水带 3. 安装止水钢板 4. 混凝土拌和、运输、浇筑
040407022	沉管底部压浆固封充填	1. 压浆材料 2. 压浆要求	m³	按设计图示尺寸以体积计算	1. 制浆 2. 管底压浆 3. 封孔

三、隧道工程定额工程量计算规则

1. 定额工程量计算规则

（1）隧道开挖与出渣

1）隧道的平硐、斜井和竖井开挖与出渣工程量，按设计图开挖断面尺寸，另加允许超挖量以"m³"计算。本定额光面爆破允许超挖量：拱部为 15cm，边墙为 10cm。若采用一般爆破，其允许超挖量：拱部为 20cm，边墙为 15cm。

2）隧道内地沟的开挖和出渣工程量，按设计断面尺寸，以"m³"计算，不得另行计算允许超挖量。

3）平硐出渣的运距，按装渣重心至卸渣重心的直线距离计算。若平硐的轴线为曲线时，硐内段的运距按相应的轴线长度计算。

4）斜井出渣的运距，按装渣重心至斜井口摘钩点的斜距离计算。

5）竖井的提升运距，按装渣重心至井口吊斗摘钩点的垂直距离计算。

（2）临时工程

1）粘胶布通风筒及铁风筒按每一硐口施工长度减 30m 计算。

2）风、水钢管按硐长加 100m 计算。

3）照明线路按硐长计算，如施工组织设计规定需要安双排照明时，应按实际双线部分增加。

4）动力线路按硐长加 50m 计算。

5）轻便轨道以施工组织设计所布置的起、止点为准，定额为单线，如实际为双线应加倍计算，对所设置的道岔，每处按相应轨道折合 30m 计算。

6）硐长＝主硐＋支硐（均以硐口断面为起止点，不含明槽）。

（3）隧道内衬

1）隧道内衬现浇混凝土和石料衬砌的工程量，按施工图所示尺寸加允许超挖量（拱部为 15cm，边墙为 10cm）以"m³"计算，混凝土部分不扣除 0.3m³ 以内孔洞所占体积。

2）隧道衬砌边墙与拱部连接时，以拱部起拱点的连线为分界线，以下为边墙，以上为拱部。边墙底部的扩大部分工程量（含附壁水沟），应并入相应厚度边墙体积内计算。拱部两端支座，先拱后墙的扩大部分工程量，应并入拱部体积内计算。

3）喷射混凝土数量及厚度按设计图计算，不另增加超挖、填平补齐的数量。

4）喷射混凝土定额配合比，按各地区规定的配合比执行。

5）混凝土初喷 5cm 为基本层，每增 5cm 按增加定额计算，不足 5cm 按 5cm 计算，若做临时支护可按一个基本层计算。

6）喷射混凝土定额已包括混合料 200m 运输，超过 200m 时，材料运费另计。运输吨位按初喷 5cm 拱部 26t/100m²，边墙 23t/100m²；每增厚 5cm 拱部 16t/100m²，边墙 14t/100m²。

7）锚杆按 ϕ22 计算，若实际不同时，定额人工、机械应按表 5-66 中所列的系数进行调整，锚杆按净重计算不加损耗。

表 5-66　人工机械系数调整

锚杆直径/mm	28	25	22	20	18	26
调整系数	0.62	0.78	1	1.21	1.49	1.89

8）钢筋工程量按图示尺寸以"t"计算。现浇混凝土中固定钢筋位置的支撑钢筋、双层钢筋用的架立筋（铁马），伸出构件的锚固钢筋均按钢筋计算，并入钢筋工程量内。钢筋的搭接用量：设计图纸已注明的钢筋接头，按图纸规定计算；设计图纸未注明的通长钢筋接头，ϕ25 以内的，每 8m 计算 1 个接头，ϕ25 以上的，每 6m 计算 1 个接头，搭接长度按《市政工程工程量计算规范》GB 50857—2013 计算。

9）模板工程量按模板与混凝土的接触面积以"m²"计算。

（4）隧道沉井

1）沉井工程的井点布置及工程量，按批准的施工组织设计计算，执行《全国统一市政工程预算定额》第一册"通用项目"相应定额。

2）基坑开挖的底部尺寸，按沉井外壁每侧加宽 2.0m 计算，执行第一册"通用项目"中的基坑挖土定额。

3）沉井基坑砂垫层及刃脚基础垫层工程量按批准的施工组织设计计算。

4）刃脚的计算高度，从刃脚踏面至井壁外凸口计算，如沉井井壁没有外凸口时，则从刃脚踏面至底板顶面为准。底板下的地梁并入底板计算。框架梁的工程量包括切入井壁部分的体积。井壁、隔墙或底板混凝土中，不扣除单孔面积 0.3m³ 以内的孔洞所占体积。

5）沉井制作的脚手架安、拆，不论分几次下沉，其工程量均按井壁中心线周长与隔墙长度之和乘以井高计算。

6）沉井下沉的土方工程量，按沉井外壁所围的面积乘以下沉深度（预制时刃脚底面至下沉后设计刃脚底面的高度），并分别乘以土方回淤系数计算。回淤系数：排水下沉深度大于 10m 为 1.05；不排水下沉深度大于 15m 为 1.02。

7）沉井触变泥浆的工程量，按刃脚外凸口的水平面积乘以高度计算。

8）沉井砂石料填心、混凝土封底的工程量；按设计图纸或批准的施工组织设计计算。

9）钢封门安、拆工程量，按施工图用量计算。钢封门制作费另计，拆除后应回收 70% 的主材原值。

（5）盾构法掘进

1）掘进过程中的施工阶段划分。

①负环段掘进：从拼装后靠管片起至盾尾离开出洞井内壁止。

②出洞段掘进：从盾尾离开出洞井内壁至盾尾离开出洞井内壁 40m 止。

③正常段掘进：从出洞段掘进结束至进洞段掘进开始的全段掘进。

④进洞段掘进：按盾构切口距进洞井外壁 5 倍盾构直径的长度计算。

2）掘进定额中盾构机按摊销考虑，若遇下列情况时，可将定额中盾构掘进机台班内的折旧费和大修理费扣除，保留其他费用作为盾构使用费台班进入定额，盾构掘进机费用按不同情况另行计算。

①顶端封闭采用垂直顶升方法施工的给排水隧道。

②单位工程掘进长度不大于 800m 的隧道。

③采用进口或其他类型盾构机掘进的隧道。

④由建设单位提供盾构机掘进的隧道。

3）衬砌压浆量根据盾尾间隙，由施工组织设计确定。

4）柔性接缝环适合于盾构工作井洞门与圆隧道接缝处理，长度按管片中心圆周长计算。

5）预制混凝土管片工程量按实体积加 1% 损耗计算，管片试拼装以每 100 环管片拼装 1 组（3 环）计算。

（6）垂直顶升

1）复合管片不分直径，管节不分大小，均执行本定额。

2）顶升车架及顶升设备的安拆，以每顶升一组出口为安拆一次计算。顶升车架制作费按顶升一组摊销 50% 计算。

3）顶升管节外壁如需压浆时，则套用分块压浆定额计算。

4）垂直顶升管节试拼装工程量按所需顶升的管节数计算。

（7）地下连续墙

工程量计算规则如下：

1）地下连续墙成槽土方量按连续墙设计长度、宽度和槽深（加超深0.5m）计算。混凝土浇筑量同连续墙成槽土方量。

2）锁口管及清底置换以"段"为单位（段指槽壁单元槽段），锁口管吊拔按连续墙段数加1段计算，定额中已包括锁口管的摊销费用。

（8）地下混凝土结构

1）现浇混凝土工程量按施工图计算，不扣除单孔面积0.3m³以内的孔洞所占体积。

2）有梁板的柱高，自柱基础顶面至梁、板顶面计算，梁高以设计高度为准。梁与柱交接，梁长算至柱侧面（即柱间净长）。

3）结构定额中未列预埋件费用，可另行计算。

4）隧道路面沉降缝、变形缝按第二册"道路工程"相应定额执行，其人工、机械乘以系数1.1。

（9）地基加固、监测

1）地基注浆加固以孔为单位的子目，定额按全区域加固编制，若加固深度与定额不同时可内插计算；若采取局部区域加固，则人工和钻机台班不变，材料（注浆阀管除外）和其他机械台班按加固深度与定额深度同比例调减。

2）地基注浆加固以"m³"为单位的子目，已按各种深度综合取定，工程量按加固土体的体积计算。

3）监测点布置分为地表和地下两部分，其中地表测孔深度与定额不同时可内插计算。工程量由施工组织设计确定。

4）监控测试以一个施工区域内监控3项或6项测定内容划分步距，以组日为计量单位，监测时间由施工组织设计确定。

（10）金属构件制作

1）金属构件的工程量按设计图纸的主材（型钢，钢板，方、圆钢等）的重量以"t"计算，不扣除孔眼、缺角、切肢、切边的重量。圆形和多边形的钢板按平方米计算。

2）支撑由活络头、固定头和本体组成，本体按固定头单价计算。

2. 定额工程量计算说明

（1）隧道开挖与出渣

1）平硐全断面开挖 4m² 以内和斜井、竖井全断面开挖 5m² 以内的最小断面不得小于 2m²；如果实际施工中，断面小于 2m² 和平硐全断面开挖的断面大于 100m²，斜井全断面开挖的断面大于 20m²，竖井全断面开挖断面大于 25m² 时，各省、自治区、直辖市可另编补充定额。

2）平硐全断面开挖的坡度在 5°以内；斜井全断面开挖的坡度在 15°～30°范围内。平硐开挖与出渣定额，适用于独头开挖和出渣长度在 500m 内的隧道。斜井和竖井开挖与出渣定额，适用于长度在 50m 内的隧道。硐内地沟开挖定额，只适用于硐内独立开挖的地沟，非独立开挖地沟不得执行本定额。

3）开挖定额均按光面爆破制定，如采用一般爆破开挖时，其开挖定额应乘以系数 0.935。

4）平硐各断面开挖的施工方法，斜井的上行和下行开挖，竖井的正井和反井开挖，均已综合考虑，施工方法不同时，不得换算。

5）爆破材料仓库的选址由公安部门确定，2km 内爆破材料的领退运输用工已包括在定额内，超过 2km 时，其运输费用另行计算。

6）出渣定额中，岩石类别已综合取定，石质不同时不予调整。

7）平硐出渣"人力、机械装渣，轻轨斗车运输"子目中，重车上坡，坡度在 2.5％以内的工效降低因素已综合在定额内，实际在 2.5％以内的不同坡度，定额不得换算。

8）斜井出渣定额，是按向上出渣制定的；若采用向下出渣时，可执行本定额；若从斜井底通过平硐出渣时，其平硐段的运输应执行相应的平硐出渣定额。

9）斜井和竖井出渣定额，均包括硐口外 50m 内的人工推斗车运输；若出硐口后运距超过 50m，运输方式也与本运输方式相同时，超过部分可执行平硐出渣、轻轨斗车运输，每增加 50m 运距的定额；若出硐后，改变了运输方式，应执行相应的运输定额。

10）定额是按无地下水制定的（不含施工湿式作业积水），如果施工出现地下水时，积水的排水费和施工的防水措施费，另行计算。

11）隧道施工中出现塌方和溶洞时，由于塌方和溶洞造成的损失（含停工、窝工）及处理塌方和溶洞发生的费用，另行计算。

12）隧道工程硐口的明槽开挖执行第一册"通用项目"土石方工程的相应开挖定额。

13）各开挖子目，是按电力起爆编制的。若采用火雷管导火索起爆时，可按如下规定换算：电雷管换为火雷管，数量不变，将子目中的两种胶质线扣除，换为导火索，导火索的长度按每个雷管 2.12m 计算。

（2）临时工程

1）临时工程定额适用于隧道硐内施工所用的通风、供水、压风、照明、动力管线以及轻便轨道线路的临时性工程。

2）定额按年摊销量计算，一年内不足一年按一年计算；超过一年按每增一季定额增加；不足一季（3个月）按一季计算（不分月）。

（3）隧道内衬

1）现浇混凝土及钢筋混凝土边墙，拱部均考虑了施工操作平台。竖井采用的脚手架，已综合考虑在定额内，不另计算。喷射混凝土定额中未考虑喷射操作平台费用，如施工中需搭设操作平台时，执行喷射平台定额。

2）混凝土及钢筋混凝土边墙、拱部衬砌，已综合了先拱后墙、先墙后拱的衬砌比例，因素不同时，不另计算。墙如为弧形时，其弧形段每 $10m^3$ 衬砌体积按相应定额增加人工 1.3 工日。

3）定额中的模板是以钢拱架、钢模板计算的，如实际施工的拱架及模板不同时，可按各地区规定执行。

4）定额中的钢筋是以机制手绑、机制电焊综合考虑的（包括钢筋除锈），实际施工不同时，不做调整。

5）料石砌拱部，不分拱跨大小和拱体厚度均执行本定额。

6）隧道内衬施工中，凡处理地震、涌水、流砂、坍塌等特殊情况所采取的必要措施，必须做好签证和隐蔽验收手续，所增加的人工、材料、机械等费用，另行计算。

7）定额中，采用混凝土输送泵浇筑混凝土或商品混凝土时，按各地区的规定执行。

（4）隧道沉井

1）隧道沉井预算定额包括沉井制作、沉井下沉、封底、钢封门安拆等，共13节45个子目。

2）隧道沉井预算定额适用于软土隧道工程中采用沉井方法施工的盾构

工作井及暗埋段连续沉井。

3）沉井定额按矩形和圆形综合取定，无论采用何种形状的沉井，定额不做调整。

4）定额中列有几种沉井下沉方法，套用哪一种沉井下沉定额由批准的施工组织设计确定。挖土下沉不包括土方外运费，水力出土不包括砌筑集水坑及排泥水处理。

5）水力机械出土下沉及钻吸法吸泥下沉等子目均包括井内、外管路及附属设备的费用。

（5）盾构法掘进

1）盾构法掘进定额包括盾构掘进、衬砌拼装、压浆、管片制作、防水涂料、柔性接缝环、施工管线路拆除，以及负环管片拆除等，共33节139个子目。

2）盾构法掘进定额适用于采用国产盾构掘进机，在地面沉降达到中等程度（盾构在砖砌建筑物下穿越时允许发生结构裂缝）的软土地区隧道施工。

3）盾构及车架安装是指现场吊装及试运行，适用于 $\phi 7000$ 以内的隧道施工，拆除是指拆卸装车。$\phi 7000$ 以上盾构及车架安拆按实计算。盾构及车架场外运输费按实另计。

4）盾构掘进机选型，应根据地质报告、隧道复土层厚度、地表沉降量要求及掘进机技术性能等条件，由批准的施工组织设计确定。

5）盾构掘进在穿越不同区域土层时，根据地质报告确定的盾构正掘面含砂性土的比例，按表 5-67 中所列的系数调整该区域的人工、机械费（不含盾构的折旧及大修理费）。

表 5-67　盾构掘进在穿越不同区域土层时的调整系数

质构正掘面土质	隧道横截面含砂性土比例	调整系数
一般软黏土	≤25％	1.0
黏土夹层砂	25％～50％	1.2
砂性土（干式出土盾构掘进）	＞50％	1.5
砂性土（水力出土盾构掘进）	＞50％	1.3

6）盾构掘进在穿越密集建筑群、古文物建筑或堤防、重要管线时，对地表升降有特殊要求者，按表 5-68 中的系数调整该区域的掘进人工、机械费（不含盾构的折旧及大修理费）。

表 5-68　盾构掘进在穿越对地表升降有特殊要求时的调整系数

盾构直径/mm	允许地表升降量/mm			
	±250	±200	±150	±100
≥7000	1.0	1.1	1.2	—
<7000	—	—	1.0	1.2

注：1. 允许地表升降量是指复土层厚度大于 1 倍盾构直径处的轴线上方地表升降量。

2. 如第 5）、6）条所列两种情况同时发生时，调整系数相加减 1 计算。

7）采用干式出土掘进，其土方以吊出井口装车止。采用水力出土掘进，其排放的泥浆水以送至沉淀池止，水力出土所需的地面部分取水、排水的土建及土方外运费用另计。水力出土掘进用水按取用自然水源考虑，不计水费，若采用其他水源需计算水费时可另计。

8）盾构掘进定额中已综合考虑了管片的宽度和成环块数等因素，执行定额时不得调整。

9）盾构掘进定额中含贯通测量费用，不包括设置平面控制网、高程控制网、过江水准及方向、高程传递等测量，如发生时费用另计。

10）预制混凝土管片采用高精度钢模和高强度等级混凝土，定额中已含钢模摊销费，管片预制场地费另计，管片场外运输费另计。

（6）垂直顶升

1）垂直顶升预算定额包括顶升管节、复合管片制作、垂直顶升设备安拆、管节垂直顶升、阴极保护安装及滩地揭顶盖等，共 6 节 21 个子目。

2）垂直顶升预算定额适用于管节外壁断面小于 4m²、每座顶升高度小于 10m 的不出土垂直顶升。

3）预制管节制作混凝土已包括内模摊销费及管节制成后的外壁涂料。管节中的钢筋已归入顶升钢壳制作的子目中。

4）阴极保护安装不包括恒电位仪、阳极、参比电极的原值。

5）滩地揭顶盖只适用于滩地水深不超过 0.5m 的区域，本定额未包括进出水口的围护工程，发生时可套用相应定额计算。

（7）地下连续墙

1）地下连续墙预算定额包括导墙、挖土成槽、钢筋笼制作吊装、锁口管吊拔、浇捣连续墙混凝土、大型支撑基坑土方及大型支撑安装、拆除等，共7节29个子目。

2）地下连续墙预算定额适用于在黏土、砂土及冲填土等软土层地下连续墙工程，以及采用大型支撑围护的基坑土方工程。

3）地下连续墙成槽的护壁泥浆采用比重为1.055的普通泥浆。若需取用重晶石泥浆可按不同比重泥浆单价进行调整。护壁泥浆使用后的废浆处理另行计算。

4）钢筋笼制作包括台模摊销费，定额中预埋件用量与实际用量有差异时允许调整。

5）大型支撑基坑开挖定额适用于地下连续墙、混凝土板桩、钢板桩等作围护的跨度大于8m的深基坑开挖。定额中已包括湿土排水，若需采用井点降水或支撑安拆需打拔中心稳定桩等，其费用另行计算。

6）大型支撑基坑开挖由于场地狭小只能单面施工时，挖土机械按表5-69调整。

表 5-69　挖土机械单面施工的调整系数

宽度	两边停机施工	单边停机施工
基坑宽 15m 内	15t	25t
基坑宽 15m 外	25t	40t

（8）地下混凝土结构

1）地下混凝土结构预算定额包括护坡、地梁、底板、墙、柱、梁、平台、顶板、楼梯、电缆沟、侧石、弓形底板、支承墙、内衬侧墙及顶内衬、行车道槽形板以及隧道内车道等地下混凝土结构，共11节58个子目。

2）地下混凝土结构预算定额适用于地下铁道车站、隧道暗埋段、引道段沉井内部结构、隧道内路面及现浇内衬混凝土工程。

3）定额中混凝土浇捣未含脚手架费用。

4) 圆形隧道路面以大型槽形板作底模，如采用其他形式时定额允许调整。

5) 隧道内衬施工未包括各种滑模、台车及操作平台费用，可另行计算。

（9）地基加固、监测

1) 地基加固、监测定额分为地基加固和监测两部分，共7节59个子目。地基加固包括分层注浆、压密注浆、双重管和三重管高压旋喷；监测包括地表和地下监测孔布置、监控测试等。

2) 地基加固、监测定额按软土地层建筑地下构筑物时采用的地基加固方法和监测手段进行编制。地基加固是控制地表沉降，提高土体承载力，降低土体渗透系数的一个手段，适用于深基坑底部稳定、隧道暗挖法施工和其他建筑物基础加固等。监测是地下构筑物建造时，反映施工对周围建筑群影响程度的测试手段。定额适用于建设单位确认需要监测的工程项目，包括监测点布置和监测两部分。监测单位需及时向建设单位提供可靠的测试数据，工程结束后监测数据立案成册。

3) 分层注浆加固的扩散半径为0.8m，压密注浆加固半径为0.75m，双重管、三重管高压旋喷的固结半径分别为0.4m、0.6m。浆体材料（水泥、粉煤灰、外加剂等）用量按设计含量计算，若设计未提供含量要求时，按批准的施工组织设计计算。检测手段只提供注浆前后 N 值之变化。

4) 定额不包括泥浆处理和微型桩的钢筋费用，为配合土体快速排水需打砂井的费用另计。

（10）金属构件制作

1) 金属构件制作定额包括顶升管片钢壳、钢管片、顶升止水框、联系梁、车架、走道板、钢跑板、盾构基座、钢围令、钢闸墙、钢轨枕、钢支架、钢扶梯、钢栏杆、钢支撑、钢封门等金属构件的制作，共8节26个子目。

2) 金属构件制作定额适用于软土层隧道施工中的钢管片、复合管片钢壳及盾构工作井布置、隧道内施工用的金属支架、安全通道、钢闸墙、垂直顶升的金属构件，以及隧道明挖法施工中大型支撑等加工制作。

3) 金属构件制作预算价格仅适用于施工单位加工制作，需外加工者则按实结算。

4) 金属构件制作定额钢支撑按 ϕ 600 考虑，采用12mm 钢板卷管焊接而成，若采用成品钢管时定额不做调整。

5）钢管片制作已包括台座摊销费，侧面环板燕尾槽加工不包括在内。

6）复合管片钢壳包括台模摊销费，钢筋在复合管片混凝土浇捣子目内。

7）垂直顶升管节钢骨架已包括法兰、钢筋和靠模摊销费。

8）构件制作均按焊接计算，不包括安装螺栓。

四、隧道工程工程量计算实例

【例5-12】××市隧道工程，采用 C25 混凝土，石粒最大粒径为 15mm，沉井立面图及平面图如图 5-92 所示，沉井下沉深度为 15m，沉井封底及底板混凝土强度等级为 C20，石料最大粒径为 10mm，沉井填心采用碎石（20mm）及块石（200mm）。不排水下沉，求其工程量。

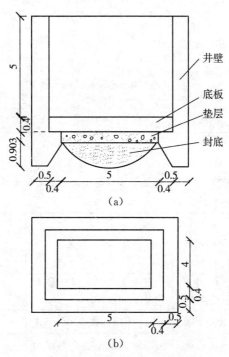

图 5-92　沉井示意图（单位：m）

（a）沉井立面图　　（b）沉井平面图

【解】

（1）清单工程量　清单工程量计算表见表 5-70，分部分项工程和单价措施项目清单与计价表见表 5-71。

表 5-70　清单工程量计算表

工程名称：某隧道工程

序号	清单项目编码	清单项目名称	计算式	工程量合计	计量单位
1	040405001001	沉井井壁混凝土	$V_1 = 5.4 \times (4 + 0.4 \times 2 + 0.5 \times 2) \times (5 + 0.5 \times 2 + 0.4 \times 2) + 0.3 \times 0.9 \times 2 \times (0.8 + 5 + 0.5 \times 2 + 4) - (4 + 0.4 \times 2)(5 + 0.4 \times 2) \times 5.4$	68.44	m³
2	040405002001	沉井下沉	$V_2 = (5.8 + 6.8) \times 2 \times (5 + 0.4 + 0.3 + 0.9) \times 15$	793.8	m³
3	040405003001	沉井混凝土封底	$V_3 = 0.9 \times 5 \times 4$	18	m³
4	040405004001	沉井混凝土底板	$V_4 = 0.4 \times 5.8 \times (4 + 0.4 \times 2)$	11.14	m³
5	040405005001	沉井填心	$V_5 = 5 \times (5 + 0.4 \times 2) \times (4 + 0.4 \times 2)$	139.2	m³

表 5-71　分部分项工程和单价措施项目清单与计价表

工程名称：某隧道工程

序号	项目编码	项目名称	项目特征描述	计量单位	工程量	金额/元	
						综合单价	合价
1	040405001001	沉井井壁混凝土	混凝土 C25，石料最大粒径 15mm	m³	68.44		
2	040405002001	沉井下沉	下沉深度 12m	m³	793.8		
3	040405003001	沉井混凝土封底	封底混凝土强度等级为 C20，石料最大粒径 10mm	m³	18		
4	040405004001	沉井混凝土底板	封底混凝土强度等级为 C20，石料最大粒径 10mm	m³	11.14		
5	040405005001	沉井填心	沉井填心采用碎石（20mm）及块石（200mm）	m³	139.2		

（2）定额工程量

1）沉井井壁混凝土工程量：

$$V_1 = 5.4 \times (4 + 0.4 \times 2 + 0.5 \times 2) \times (5 + 0.5 \times 2 + 0.4 \times 2) + 0.3 \times 0.9 \times$$
$$2 \times (0.8 + 5 + 0.5 \times 2 + 4) - (4 + 0.4 \times 2) \times (5 + 0.4 \times 2) \times 5.4$$
$$= 68.44 \text{m}^3$$

2）沉井下沉工程量：

$$V_2 = (5.8 + 6.8) \times 2 \times (5 + 0.4 + 0.3 + 0.9) \times 15 = 793.8 \text{m}^3$$

3）沉井混凝土封底工程量：

$$V_3 = 0.9 \times 5 \times 4 = 18 \text{m}^3$$

4）沉井混凝土底板工程量：

$$V_4 = 0.4 \times 5.8 \times (4 + 0.4 \times 2) = 11.14 \text{m}^3$$

5）沉井填心工程量：

$$V_5 = 5 \times (5 + 0.4 \times 2) \times (4 + 0.4 \times 2) = 139.2 \text{m}^3$$

【例 5-13】××隧道工程的断面设计图如图 5-93 所示，根据当地地质勘测知，施工段无地下水，岩石类别为特坚石。隧道全长 800m，且均采取光面爆破，要求挖出的石渣运至洞口外 800m 处，现拟浇筑 C50 钢筋混凝土衬砌以加强隧道拱部和边墙受压力，已知混凝土为粒式细石料，厚度为 20cm，求混凝土衬砌工程量。

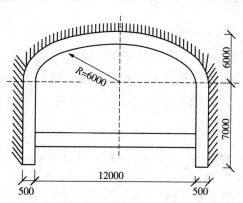

图 5-93 隧道断面图（单位：mm）

【解】

（1）清单工程量 清单工程量计算表见表 5-72，分部分项工程和单价措施项目清单与计价表见表 5-73。

表 5-72　清单工程量计算表

工程名称：隧道口浇筑混凝土衬砌

序号	清单项目编码	清单项目名称	计算式	工程量合计	计量单位
1	040402002001	混凝土顶拱衬砌	$\frac{1}{2}\pi\ (6.5^2-6^2)\times800$	53066	m^3
2	040402003001	混凝土边墙衬砌	$2\times0.5\times7\times800$	5600	m^3

表 5-73　分部分项工程和单价措施项目清单与计价表

工程名称：隧道口浇筑混凝土衬砌

序号	项目编码	项目名称	项目特征描述	计量单位	工程量	金额/元 综合单价	合价
1	040402002001	混凝土顶拱衬砌	C50 钢筋混凝土衬砌，混凝土为粒式细石料厚度为 20cm	m^3	53066		
2	040402003001	混凝土边墙衬砌	C50 钢筋混凝土衬砌，混凝土为粒式细石料厚度为 20cm	m^3	5600		

混凝土衬砌工程量：$53066+5600=58666m^3$

（2）定额工程量　拱部衬砌定额计算根据《全国统一市政工程预算定额》GYD-304—1999"隧道工程"规定，隧道内衬现浇混凝土衬砌的工程量，按施工图所示尺寸加允许超挖量（拱部为 15cm，边墙为 10cm）以"m^3"计算。

1）顶拱衬砌工程量：$\frac{1}{2}\pi\left[\ (6.5+1.5)^2-6^2\right]\times800=10327.46m^3$

2）边墙衬砌工程量：$(0.5+0.1)\times7\times2\times800=2720m^3$

3）混凝土衬砌工程量：$10327.46+2720=13047.46m^3$

【例 5-14】A 市某道路隧道长 150m，洞口桩号为 3+300 和 3+450，其中 3+320～0+370 段岩石为普坚石，此段隧道的设计断面如图 5-94 所示，设计开挖断面积为 66.67m^2，拱部衬砌断面积为 10.17m^2。边墙厚 600mm，混凝土强度等级为 C20，边墙断面积为 3.36m²。设计要求主洞超挖部分必须用与衬砌同强度等级的混凝土充填，招标文件要求开挖出的废渣运至距洞口 900m 处弃场弃置（两洞口外 900m 处均有弃置场地）。现根据上述条件编制隧道 0+320～0+370 段的开挖和衬砌工程量清单项目。

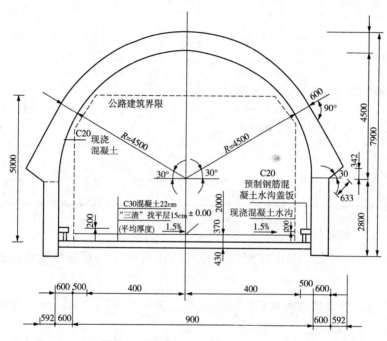

图 5-94　隧道洞口断面（单位：mm）

【解】

（1）工程量清单编制

1）计算清单工程量：

①平洞开挖清单工程量计算：66.67×50＝3333.5m³

②衬砌清单工程量计算：

拱部：10.17×50＝508.50m³

边墙：3.36×50＝168.00m³

2）分部分项工程和单价措施项目清单与计价表见表 5-74。

表 5-74　分部分项工程和单价措施项目清单与计价表

工程名称：A市某道路隧道工程　　　　标段：0＋320～0＋370　　第　页　共　页

序号	项目编号	项目名称	项目特征描述	计量单位	工程量	金额/元		
						综合单价	合价	其中：暂估价
1	040401001001	平洞开挖	普坚石，设计断面 66.67m²	m³	3333.50			
2	040402002001	混凝土顶拱衬砌	拱顶厚 60cm，C20 混凝土	m³	508.50			
3	040402003001	混凝土边墙衬砌	厚 60cm，C20 混凝土	m³	168.00			
			合计					

（2）工程量清单计价

1）施工方案。现根据招标文件及设计图和工程量清单表作综合单价分析：

①从工程地质图和以前进洞 20m 已开挖的主洞看石岩比较好，拟用光面爆破，全断面开挖。

②衬砌采用先拱后墙法施工，对已开挖的主洞及时衬砌，减少岩面曝露时间，以利安全。

③出渣运输用挖掘机装渣，自卸汽车运输。模板采用钢模板、钢模架。

2）施工工程量的计算：

①主洞开挖量计算。设计开挖断面积为 66.67m²，超挖断面积为 3.26m²，施工开挖量为（66.67＋3.26）×50＝3496.5m³。

②拱部混凝土量计算。拱部设计衬砌断面为 10.17m²，超挖充填混凝土断面积为 2.58m²，拱部施工衬砌量为（10.17＋2.58）×50＝637.50m³。

③边墙衬砌量计算。边墙设计断面积为 3.36m²，超挖充填断面积为 0.68m²，边墙施工衬砌量为（3.36＋0.68）×50＝202.0m³。

3）参照定额及管理费、利润的取定：

①定额拟按全国市政工程预算定额。

②管理费按直接费的 10% 考虑，利润按直接费的 5% 考虑。

③根据上述考虑作如下综合单价分析（见"综合单价分析表"表 5-75～表 5-77），分部分项工程和单价措施项目清单与计价表见表 5-78。

表 5-75　综合单价分析表（一）

工程名称：A 市某道路隧道工程　　　　标段：0+320～0+370　　第　页　共　页

项目编码	040401001001		项目名称	平洞开挖		计量单位	m³		工程量	3333.50

清单综合单价组成明细

定额编号	定额项目名称	定额单位	数量	单价/元				合价/元			
				人工费	材料费	机械费	管理费和利润	人工费	材料费	机械费	管理费和利润
4—20	平洞全断面开挖用光面爆破	100m³	0.01	999.69	669.96	1974.31	551.094	10.0	6.70	1.97	5.51
4—54	平洞出渣	100m³	0.01	25.17	—	1804.55	274.46	0.25	—	1.80	2.75
人工单价			小计					10.25	6.70	3.77	8.26
22.47 元/工日			未计价材料费								
清单项目综合单价								28.98			

注："数量"栏为"投标方工程量÷招标方工程量÷定额单位数量"，如"0.01"为"3496.50÷3333.50÷100"。

表 5-76　综合单价分析表（二）

工程名称：A 市某道路隧道工程　　　　标段：0+320～0+370　　第　页　共　页

项目编码	040402002001		项目名称	混凝土顶拱衬砌	计量单位		m³		工程量	508.50

清单综合单价组成明细

定额编号	定额项目名称	定额单位	数量	单价/元				合价/元			
				人工费	材料费	机械费	管理费和利润	人工费	材料费	机械费	管理费和利润
4—91	平洞拱部混凝土衬砌	10m³	0.01	709.15	10.39	137.06	128.49	7.10	0.10	1.37	1.29

续表

项目编码	040402002001	项目名称	混凝土顶拱衬砌	计量单位	m³	工程量	508.50
人工单价		小计		7.10	0.10	1.37	1.29
22.47 元/工日		未计价材料费					
清单项目综合单价					9.86		

注："数量"栏为"投标方工程量÷招标方工程量÷定额单位数量"，如"0.01"为"637.50÷508.50÷100"。

表 5-77 综合单价分析表（三）

工程名称：A市某道路隧道工程　　　　标段：0+320～0+370　　　第 页 共 页

项目编码	040402003001	项目名称	混凝土边墙衬砌	计量单位	m³	工程量	168

清单综合单价组成明细

定额编号	定额项目名称	定额单位	数量	单价/元				合价/元			
				人工费	材料费	机械费	管理费和利润	人工费	材料费	机械费	管理费和利润
4—109	混凝土边墙衬砌	100m³	0.01	535.91	9.18	106.14	97.69	5.36	0.09	1.06	0.98
人工单价		小计						5.36	0.09	1.06	0.98
22.47 元/工日		未计价材料费									
清单项目综合单价								7.49			

注："数量"栏为"投标方工程量÷招标方工程量÷定额单位数量"，如"0.01"为"202÷168÷100"。

表 5-78 分部分项工程和单价措施项目清单与计价表

工程名称：A市某道路隧道工程　　　　标段：0+320～0+370　　　第 页 共 页

序号	项目编号	项目名称	项目特征描述	计量单位	工程量	金额/元		
						综合单价	合价	其中：暂估价
1	040401001001	平洞开挖	普坚石，设计断面 66.67m²	m³	3333.50	28.98	96604.83	
2	040402002001	混凝土拱部衬砌	拱顶厚 60cm，C20 混凝土	m³	508.5	9.86	5013.81	

续表

序号	项目编号	项目名称	项目特征描述	计量单位	工程量	金额/元		其中：暂估价
						综合单价	合价	
3	040402003001	混凝土边墙衬砌	厚 60cm，C20 混凝土	m³	168.00	7.49	1258.32	
合计							102876.96	

第五节　管网工程

一、市政管网工程读图识图

1. 市政给水排水工程施工图

为了能够详细地描述一个市区、一个厂（校）区或一条街道的给水排水管道的布置情况，就需要在该区的总平面图上，画出各种管道的平面布置及其与区域性的给水排水管网、设施的连接等情况，则将该类图称为该区的管网总平面布置图。有时为了表示管道的敷设深度还配以管道的纵剖面图等。管道的附属设备图是指如管道上的阀门井、水表井、管道穿墙及排水管相交处的检查井等构造详图。

（1）城市给水排水系统识图

1）城市给水系统。给水工程系统布置形式主要可以分为统一给水系统和分区给水系统两种。

①统一给水系统。统一给水系统是指按统一的水质、水压标准供水，如图 5-95（a）所示。

②分区给水系统。分区给水系统是指按照不同的水质或水压供水。分区给水系统主要可以分为分质给水系统和分压给水系统，而分压给水系统又可以分为并联和串联两种形式。并联分压给水系统如图 5-95（b）所示。

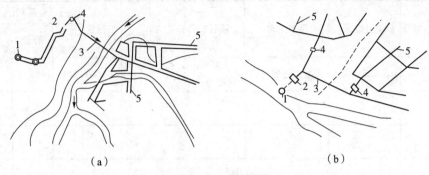

图 5-95　给水系统的布置形式

（a）统一给水系统　　（b）分区给水系统

1—水源及取水构筑物　2—水处理构筑物　3—输水管

4—加压泵站　5—给水管网

2）城市排水系统。影响排水管网布置的主要因素有：地形、竖向规划、污水厂的位置、土壤条件、河流情况，以及污水的种类和污染程度。不同类型的排水管网布置见表 5-79。

表 5-79　排水管网布置

布置形式	适用范围	图示
截流式	适用于地势向水体方向略有倾斜的地区，布置时排水流域的干管与等高线垂直相交，而主干管敷设于排水区域最低处，且走向与等高线平行	泵站　处理厂
独立式	适用于在地势高低相差很大的地区，当污水不能靠重力流汇集到同一条主干管时，可分别在高地区和低地区敷设各自独立的排水系统	处理厂　泵站
分区式及放射式	分区式适用于当城市排水量较大，城市面积辽阔或延伸很长，或城市被自然地形分割成若干部分，或功能分区比较明确的大中型城市。放射式适于地势较高，排水量较大或周围有河流分布的城市	泵站　处理厂　处理厂　分区式　泵站　处理厂　泵站　处理厂　泵站　处理厂　放射式

（2）城市给水排水管道工程图

1）市政管道工程图：

①给水排水平面图。市政给水排水平面图是市政给水排水工程图中的主要图样之一，它表明各给水管道的管径、消火栓安装位置、闸阀的安装位置、排水管网的布置，以及各排水管道的管径、管长、检查井的编号等。

绘制市政给水排水平面图时主要应注意以下几点：

a. 应绘出该地原有和新建的建筑物、构筑物、道路、等高线、施工坐标及指北针等。

b. 绘制给水排水平面图的比例，该比例通常与该地建筑平面图的比例相同。

c. 给水管道、污水管道和雨水管道应绘在同一张图上。

d. 当同一张图上有给水管道、污水管道及雨水管道时，通常应分别以符号 J、W、Y 加以标注。

e. 同一张图上的不同类附属构筑物，应以不同的代号加以标注；当同类附属构筑物的数量多于一个时，应以其代号加阿拉伯数字进行编号。

f. 绘图时，当遇到给水管与污水管、雨水管交叉的情况，应断开污水管和雨水排水管。当遇到污水管和雨水排水管交叉的情况，应断开污水管。

g. 建筑物、构筑物通常标注其 3 个角坐标。当建筑物、构筑物与施工坐标轴线平行时，可标注其对角坐标。

附属建筑物（检查井、阀门井）可标注其中心坐标。管道应标注其管中心坐标。当个别管道和附属构筑物不便于标注坐标时，可标注其控制尺寸。

h. 给水排水平面图的方向，应与该地建筑平面图方向一致。

②路面表面渗水与排水系统图。迅速排出渗入路面的水，可采用开级配粒料作基（垫）层，以汇集由面层或面板接（裂）缝和路面外侧边缘渗下的水并通过空隙和横坡排向基（垫）层的外侧，最后由纵向排水管汇集后横向排出路基。

③构筑物构造图。

a. 雨水口。雨水口是指在雨水管渠或合流管渠上设置的收集地表径流的雨水的构筑物。地表径流的雨水通过雨水口连接管进入雨水管渠或合流管渠，使道路上的积水不致漫过路缘石，从而保证城市道路在雨天时正常使用，因此，雨水口俗称"收水井"。

雨水口的构造主要包括进水箅、井筒和连接管三部分，如图 5-96 所示。进水箅可用铸铁、钢筋混凝土或其他材料做成，其箅条应为纵横交错的形式，以便于收集从路面上不同方向流淌的雨水，如图 5-97 所示。

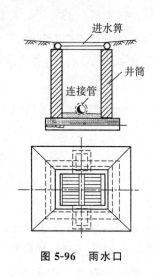

图 5-96　雨水口

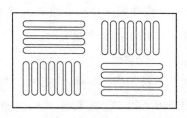

图 5-97　进水箅

　　b. 检查井。为了便于管渠的衔接及对管道进行定期检查和清通，必须在排水管道系统上设置检查井。检查井通常设在管道交汇、转弯、管渠尺寸或坡度改变、呈失水等处，以及相隔一定距离的直线管道上。

　　检查井的平面形状一般为圆线。检查井通常由井底（包括基础）、井身及井盖（包括盖座）三部分组成，如图 5-98 所示。

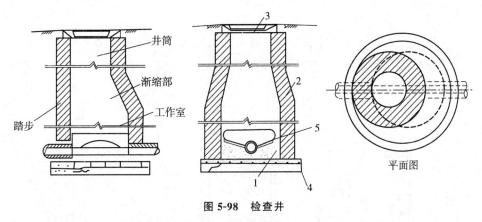

图 5-98　检查井

1—井底　2—井身　3—井盖及盖座　4—井基　5—沟肩

　　井底通常采用低强度等级的混凝土，基础一般采用碎石、卵石、碎砖夯实或低强度等级混凝土。为了使水流通过检查井时阻力较小，井底宜设半圆形或弧形流槽，流槽直壁向上升展。检查井的井口应能够容纳人身的进入。污水管道的检查井流槽顶与上、下游管道的管顶相平或与 0.85 倍大管管径处相平；雨水管渠和合流管渠的检查井流槽顶可与 0.5 倍大管管径处相平。流槽两侧与检查井井壁间的沟肩宽度一般应小于 20cm，以便养护人员下井时立足，并应有 2‰～5‰的坡度坡向流槽，以防检查井积水时淤泥沉积。在管渠转弯或几条管渠交汇处，为使水流畅通，流槽中心线的弯曲半径应按转角大小和管径大小确定，但不得小于大管的管径。

　　检查井井底各种流槽的平面形式，如图 5-99 所示。

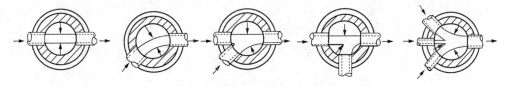

图 5-99　检查井井底流槽形式

　　2）给水排水工程管道纵断面图。管道纵断面图主要是用来表达地面起伏、管道敷设的埋深和管道交接等情况。在管道纵断面图中纵横两个方向应分别采用不同的比例，通常横向（水平距离）选用大比例绘制，常用

1：1000、1：500、1：300；纵向（垂直距离）选用小比例绘制，常用 1：200、1：100、1：50。

图 5-100 所示为某排水工程管道纵断面图和平面图，从图上可以得知设计地面标高和管底标高，管道埋设深度，管道的管径、坡度、长度，检查井的编号及检查井间的距离，所铺设管道的管材、基础形式及接口形式等内容。

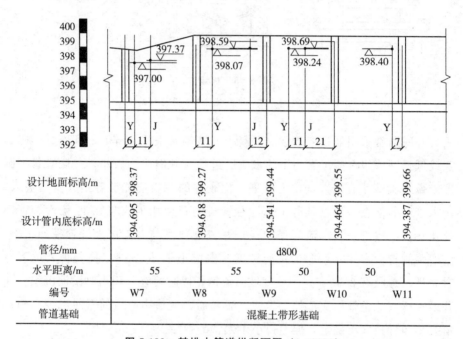

设计地面标高/m	398.37	399.27	399.44	399.55	399.66
设计管内底标高/m	394.695	394.618	394.541	394.464	394.387
管径/mm			d800		
水平距离/m	55	55	50	50	
编号	W7	W8	W9	W10	W11
管道基础			混凝土带形基础		

图 5-100 某排水管道纵断面图（1：2000）

给水排水平面图应按系统进行，必要时还需与底层管道平面图对照。

2. 市政供热管道工程施工图

室外供热管道施工图，主要有管道平面图、纵断面图、横断面图，管道节点安装详图等。

（1）热网管道平面图 热网管道平面图用来表示管道的具体走向，是室外供热管道的主要图纸，应在供热区域平面图或地形图的基础上绘制。供热区域平面图或地形图上的内容应采用细线绘制。

1）图上应表明管道名称、用途、平面位置、管道直径和连接方式。室外供热管道中有蒸汽管道和凝结水管道或供水管道和回水管道。同时还要表明室外供热管道中有无其他不同用途的管线。用粗实线绘制管线中心线；管沟敷设时，管沟轮廓线采用中实线绘制。

2）应绘出管路附件或其检查室，以及管线上为检查、维修、操作所设置的其他设施或构筑物。地上敷设时，还应绘制出各管架；地下敷设时，应标注固定墩和固定支座等，并标注上述各部位中心线的间距尺寸，应用代号加序号对以上各部位编号。

3）注明平面图上管道节点及纵、横断面图的编号，以便按照这些编号查找有关图纸。对枝状管网其剖视方向应从热源向热用户观看。

4）表示管道组时，可采用同一线型加注管道代号及规格，也可采用不同线型加注管道规格来表示各种管道。

5）应在热网管道平面图上注释采用的线型、代号和图形符号。

（2）热网管道纵断面图　管道纵、横断面图：室外供热管道的纵、横断面图主要反映管道及构筑物（地沟、管架）纵、横立面的布置情况，并将平面图上无法表示的立体情况予以表示清楚，所以，纵、横断面图是平面图的辅助性图纸，并不需绘制整个系统，只需绘制某些局部地段。

1）管道纵断面图表示管道纵向布置，应按管线的中心线展开绘制。

2）管线纵断面图应由管线纵断面示意图、管线平面展开图和管线敷设情况表组成。

3）绘制管线纵断面示意图时，距离和高程应按比例绘制，铅垂与水平方向应选用不同的比例，并应绘出铅垂方向的标尺。水平方向的比例应与热网管道平面图的比例相一致；应绘出地形和管线的纵断面；绘出与管线交叉的其他管线、道路、铁路和沟渠等，并标注与热力管线直接相关的标高，用距离标注其位置；地下水位较高时应绘出地下水位线。

4）管线平面展开图上应绘出管线、管路附件，以及管线设施或其他构筑物的示意图，并在各转角点应表示出展开前管线的转角方向。非 90°角还应标出小于 180°角的角度值。

5）管线敷设情况表可按表 5-80 中的形式绘制，表中内容可适当增减。

表 5-80　管线敷设情况表

桩号				
编号				
设计地面标高/m				
自然地面标高/m				
管底标高/m				
管架内底标高/m				
槽底标高/m				
距离/m				
里程/m				
坡度/距离/m				
横断面编号				
代号及规格				

6) 应采用细实线绘制设计地面线，细虚线绘制自然地面线，双点划线绘制地下水位线；其余图线应与热网管道平面图上采用的图线相对应。

7) 在管线始端、末端和转角点等平面控制点处应标注标高；管线上设置有管路附件或检查室处，应标注标高；管线与道路、铁路、涵洞及其他管线的交叉处应标注标高。

8) 各管段的坡度数值应计算到小数点后三位，精度要求高时应计算到小数点后五位。

（3）热网管道横断面图

1) 管道横断面图的图名编号应与热网管线平面图上的编号相一致。用粗实线绘出管道轮廓，用细实线绘出保温结构外轮廓、支架和支墩的简化外形轮廓，用中实线绘出支座简化外形轮廓。

2) 标注各管道中心线的间距。标注管道中心线与沟、槽、管架的相关尺寸，以及沟、槽、管架的轮廓尺寸。标注管道代号、规格和支座的型号。

（4）管线节点及检查室图。

1）管线节点俯视图的方位应与热网管线平面图上该节点的方位相同。图中应绘出检查室和保护穴等节点构筑物的内轮廓、检查室的人孔、爬梯和集水坑。

2）管沟敷设时，应绘出与检查室相连的一部分管沟；地上敷设时，应绘出操作平台或有关构筑物的外轮廓和爬梯。

3）图中应标注管道代号、规格、管道中心线间距、管道与构筑物轮廓的距离、管路附件的主要外形尺寸、管路附件之间的安装尺寸、检查室的内轮廓尺寸、操作平台的主要外轮廓尺寸及标高等，图中还应标出供热介质流向和管道坡度。

4）补偿器安装图应注明管道代号及规格、计算热伸长量、补偿器型号、安装尺寸及其他技术数据。

3. 市政燃气管道工程施工图

（1）燃气管网图 市区燃气管道由气源、燃气门站及高压罐进入高中压管网，再由调压站进入低压管网和低压贮气罐站。其管网具体应分为环状燃气管网与枝状燃气管网两种，如图 5-101、图 5-102 所示。城市燃气管网按压力可以分为：低压管网为 $p \leqslant 4.9 \text{kPa}$；中压管网为 $4.9 \text{kPa} < p \leqslant 14.7 \text{kPa}$；次高压管网为 $14.7 \text{kPa} < p \leqslant 294.3 \text{kPa}$；高压管网为 $294.3 \text{kPa} < p \leqslant 784.8 \text{kPa}$。

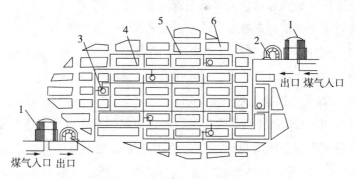

图 5-101 环状燃气管网示意图

1—低压罐 2—压缩机 3—调压器 4—中压管道 5—低压管道 6—城市街区

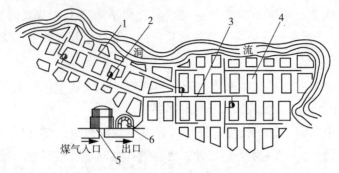

图 5-102 枝状燃气管网示意图

1—低压管道 2—调压器 3—中压管道 4—城市街区 5—低压罐 6—压缩机

(2) 燃气管网施工图识图 燃气管网施工图由以下部分组成：

1) 管道平面图。管道平面图，主要表现地形、地物、河流、指北针等。在管线上画出设计管段的起终点的里程数，居住区燃气管道连接管的准确位置。

2) 管道剖面图。管道剖面图是反映管道埋设情况的主要技术资料，一般按照纵向比例是横向比例的 5～20 倍绘制。管道纵剖面图主要反映以下内容：

①管道的管径、管材、长度和坡度，管道的防腐方法。

②管道所处地面标高、管道的埋深或管顶覆土厚度。

③与管道交叉的地下管线、沟槽的截面位置、标高等。

3) 管道横断面图。管道横断面图主要反映燃气管道与其他管道之间的相对间距，其间距要求可在设计说明中获得。

4. 市政管网工程施工图识图举例

现结合图 5-103 讲述排水管道综合断面图的图示内容及表达方法。

(1) 给水管道系统的识读 原有给水管道由东南角的城市水管网引入，管径 DN150。在西南角转弯进入小区，管中心距综合楼为 4m，管径改为 DN100。给水管一直向北再折向东。沿途分别设置两支管接入综合楼 (DN50)、住宅 B (DN50) 和仓库 (DN100)，并分别在综合楼和仓库前设置了一个室外消火栓。

新建 A 型住宅楼的给水管道从综合楼东面的原有引水管引入，管中心与住宅楼北阳台外墙距离为 2.50m，管径为 $DN50$，其上先装一个阀门及水表，以控制整栋楼的用水，并进行计量，而后接 4 条干管至房间，每一单元有 2 条干管。每栋楼的西北角设置了一个室外消火栓。

（2）排水管道系统的识读　从图中可以看出污水和雨水两个系统结合在一起排放，因此，工程采用的应是合流制。东路接纳东北角仓库的污水和雨水，西路接纳综合楼和住宅 B 的污水和雨水。综合楼和住宅 B 的污水经化粪池简单处理后排入排水干管。图中新建住宅 A 的排水管位于楼北边，距离楼的北外墙 2.8m 处，接纳住宅 A 的污水汇集到化粪池 HC，排入东边的排水干管，最后排入城市给水网管。

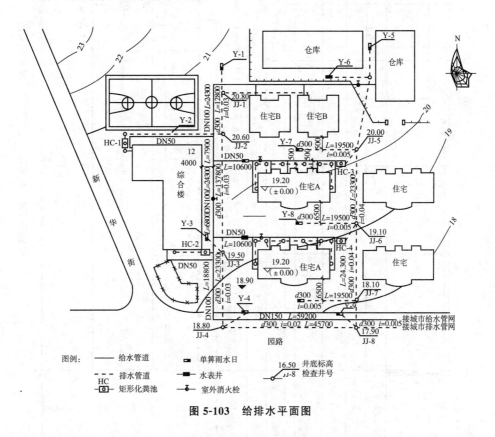

图 5-103　给排水平面图

【例 5-15】图 5-104 所示为某城市市政燃气管道施工图，包含燃气管道平面图和剖面图。本实例是和平路 0＋750～0＋1000m 燃气管道的施工图。天然气管道为中压管道，管材采用 PE 管 SDR＝11，管径为 $De160$。

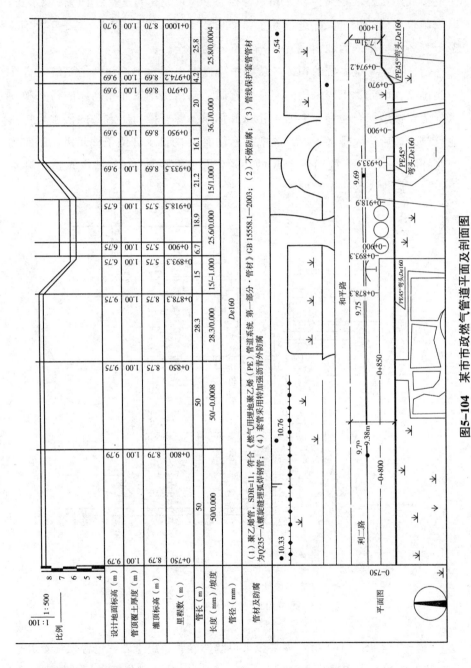

图5-104 某市市政燃气管道平面及剖面图

【解】从图中可以看出：

1）管道于里程 0+750～0+970 之间，离管道中心距离为 9.38m，在里程 0＋970～0＋974.2 之间改变管向，在里程 0＋974.2～1＋000 之间离道路中心线距离是 7.31m。

2）管道在里程 0＋878.3～0＋933.9 之间穿越障碍物，套管采用 Q235-A 螺旋缝埋弧焊接钢管，套管的防腐方法是特加强石油沥青防腐。

3）管道的纵横向比例分别是 1∶500 和 1∶100，分别绘制出设计地面标高、管道覆土厚度、管顶标高、管道的长度和坡度等。如里程 0＋878.3～0＋893.9 之间管道实际长度 2.12m，坡度是－1.00。管道沿地势坡度覆土深度是 1m。

二、管网工程清单工程量计算规则

1. 管道铺设

管道铺设工程量清单项目设置、项目特征描述的内容、计量单位及工程量计算规则，应按表 5-81 的规定执行。

表 5-81 管道铺设（编码：040501）

项目编码	项目名称	项目特征	计量单位	工程量计算规则	工程内容
040501001	混凝土管	1. 垫层、基础材质及厚度 2. 管座材质 3. 规格 4. 接口方式 5. 铺设深度 6. 混凝土强度等级 7. 管道检验及试验要求	m	按设计图示中心线长度以"延长米"计算。不扣除附属构筑物、管件及阀门等所占长度	1. 垫层、基础铺筑及养护 2. 模板制作、安装、拆除 3. 混凝土拌和、运输、浇筑、养护 4. 预制管枕安装 5. 管道铺设 6. 管道接口 7. 管道检验及试验
040501002	钢管	1. 垫层、基础材质及厚度 2. 材质及规格 3. 接口方式 4. 铺设深度 5. 管道检验及试验要求 6. 集中防腐运距			1. 垫层、基础铺筑及养护 2. 模板制作、安装、拆除 3. 混凝土拌和、运输、浇筑、养护 4. 管道铺设 5. 管道检验及试验 6. 集中防腐运输
040501003	铸铁管				

续表

项目编码	项目名称	项目特征	计量单位	工程量计算规则	工程内容
040501004	塑料管	1. 垫层、基础材质及厚度 2. 材质及规格 3. 连接形式 4. 铺设深度 5. 管道检验及试验要求	m	按设计图示中心线长度以"延长米"计算。不扣除附属构筑物、管件及阀门等所占长度	1. 垫层、基础铺筑及养护 2. 模板制作、安装、拆除 3. 混凝土拌和、运输、浇筑、养护 4. 管道铺设 5. 管道检验及试验
					1. 垫层铺筑及养护 2. 管道铺设 3. 接口处保温 4. 管道检验及试验
040501005	直埋式预制保温管	1. 垫层材质及厚度 2. 材质及规格 3. 接口方式 4. 铺设深度 5. 管道检验及试验的要求		按设计图示中心线长度以"延长米"计算。不扣除管件及阀门等所占长度	1. 管道架设 2. 管道检验及试验 3. 集中防腐运输
040501006	管道架空跨越	1. 管道架设高度 2. 管道材质及规格 3. 接口方式 4. 管道检验及试验要求 5. 集中防腐运距		按设计图示中心线长度以"延长米"计算。不扣除附属构筑物、管件及阀门等所占长度	1. 基础铺筑、养护 2. 模板制作、安装、拆除 3. 混凝土拌和、运输、浇筑、养护 4. 管道铺设 5. 管道检测及试验 6. 集中防腐运输

项目编码	项目名称	项目特征	计量单位	工程量计算规则	工程内容
040501007	隧道（沟、管）内管道	1. 基础材质及厚度 2. 混凝土强度等级 3. 材质及规格 4. 接口方式 5. 管道检验及试验要求 6. 集中防腐运距		按设计图示中心线长度以"延长米"计算。不扣除附属构筑物、管件及阀门等所占长度	1. 基础铺筑、养护 2. 模板制作、安装、拆除 3. 混凝土拌和、运输、浇筑、养护 4. 管道铺设 5. 管道检测及试验 6. 集中防腐运输
040501008	水平导向钻进	1. 土壤类别 2. 材质及规格 3. 一次成孔长度 4. 接口方式 5. 泥浆要求 6. 管道检验及试验要求 7. 集中防腐运距	m	按设计图示长度以"延长米"计算。扣除附属构筑物（检查井）所占的长度	1. 设备安装、拆除 2. 定位、成孔 3. 管道接口 4. 拉管 5. 纠偏、监测 6. 泥浆制作、注浆 7. 管道检测及试验 8. 集中防腐运输 9. 泥浆、土方外运
040501009	夯管	1. 土壤类别 2. 材质及规格 3. 一次夯管长度 4. 接口方式 5. 管道检验及试验要求 6. 集中防腐运距		按设计图示长度以"延长米"计算。扣除附属构筑物（检查井）所占的长度	1. 设备安装、拆除 2. 定位、夯管 3. 管道接口 4. 纠偏、监测 5. 管道检测及试验 6. 集中防腐运输 7. 土方外运

续表

项目编码	项目名称	项目特征	计量单位	工程量计算规则	工程内容
040501010	顶（夯）管工作坑	1. 土壤类别 2. 工作坑平面尺寸及深度 3. 支撑、围护方式 4. 垫层、基础材质及厚度 5. 混凝土强度等级 6. 设备、工作台主要技术要求	座	按设计图示数量计算	1. 支撑、围护 2. 模板制作、安装、拆除 3. 混凝土拌和、运输、浇筑、养护 4. 工作坑内设备、工作台安装及拆除
040501011	预制混凝土工作坑	1. 土壤类别 2. 工作坑平面尺寸及深度 3. 垫层、基础材质及厚度 4. 混凝土强度等级 5. 设备、工作台主要技术要求 6. 混凝土构件运距			1. 混凝土工作坑制作 2. 下沉、定位 3. 模板制作、安装、拆除 4. 混凝土拌和、运输、浇筑、养护 5. 工作坑内设备、工作台安装及拆除 6. 混凝土构件运输
040501012	顶管	1. 土壤类别 2. 顶管工作方式 3. 管道材质及规格 4. 中继间规格 5. 工具管材质及规格 6. 触变泥浆要求 7. 管道检验及试验要求 8. 集中防腐运距	m	按设计图示长度以"延长米"计算。扣除附属构筑物（检查井）所占的长度	1. 管道顶进 2. 管道接口 3. 中继间、工具管及附属设备安装拆除 4. 管内挖、运土及土方提升 5. 机械顶管设备调向 6. 纠偏、监测 7. 触变泥浆制作、注浆 8. 洞口止水 9. 管道检测及试验 10. 集中防腐运输 11. 泥浆、土方外运

续表

项目编码	项目名称	项目特征	计量单位	工程量计算规则	工程内容
040501013	土壤加固	1. 土壤类别 2. 加固填充材料 3. 加固方式	1. m 2. m³	1. 按设计图示加固段长度以"延长米"计算 2. 按设计图示加固段体积以"m³"计算	打孔、调浆、灌注
040501014	新旧管连接	1. 材质及规格 2. 连接方式 3. 带（不带）介质连接	处	按设计图示数量计算	1. 切管 2. 钻孔 3. 连接
040501015	临时放水管线	1. 材质及规格 2. 铺设方式 3. 接口形式	m	按放水管线长度以"延长米"计算，不扣除管件、阀门所占长度	管线铺设、拆除
040501016	砌筑方沟	1. 断面规格 2. 垫层、基础材质及厚度 3. 砌筑材料品种、规格、强度等级 4. 混凝土强度等级 5. 砂浆强度等级、配合比 6. 勾缝、抹面要求 7. 盖板材质及规格 8. 伸缩缝（沉降缝）要求 9. 防渗、防水要求 10. 混凝土构件运距		按设计图示尺寸以"延长米"计算	1. 模板制作、安装、拆除 2. 混凝土拌和、运输、浇筑、养护 3. 砌筑 4. 勾缝、抹面 5. 盖板安装 6. 防水、止水 7. 混凝土构件运输

续表

项目编码	项目名称	项目特征	计量单位	工程量计算规则	工程内容
040501017	混凝土方沟	1. 断面规格 2. 垫层、基础材质及厚度 3. 混凝土强度等级 4. 伸缩缝（沉降缝）要求 5. 盖板材质、规格 6. 防渗、防水要求 7. 混凝土构件运距		按设计图示尺寸以"延长米"计算	1. 模板制作、安装、拆除 2. 混凝土拌和、运输、浇筑、养护 3. 盖板安装 4. 防水、止水 5. 混凝土构件运输
040501018	砌筑渠道	1. 断面规格 2. 垫层、基础材质及厚度 3. 砌筑材料品种、规格、强度等级 4. 混凝土强度等级 5. 砂浆强度等级、配合比 6. 勾缝、抹面要求 7. 伸缩缝（沉降缝）要求 8. 防渗、防水要求	m	按设计图示尺寸以延长米计算	1. 模板制作、安装、拆除 2. 混凝土拌和、运输、浇筑、养护 3. 渠道砌筑 4. 勾缝、抹面 5. 防水、止水
040501019	混凝土渠道	1. 断面规格 2. 垫层、基础材质及厚度 3. 混凝土强度等级 4. 伸缩缝（沉降缝）要求 5. 防渗、防水要求 6. 混凝土构件运距		按铺设长度以"延长米"计算	1. 模板制作、安装、拆除 2. 混凝土拌和、运输、浇筑、养护 3. 防水、止水 4. 混凝土构件运输
040501020	警示（示踪）带铺设	规格			铺设

注：1. 管道架空跨越铺设的支架制作、安装及支架基础、垫层应按"支架制作及安装"相关清单项目编码列项。

2. 管道铺设项目中的做法如为标准设计，也可在项目特征中标注标准图集号。

2. 管件、阀门及附件安装

管件、阀门及附件安装工程量清单项目设置、项目特征描述的内容、计量单位及工程量计算规则，应按表 5-82 的规定执行。

表 5-82　管件、阀门及附件安装（编码：040502）

项目编码	项目名称	项目特征	计量单位	工程量计算规则	工程内容
040502001	铸铁管管件	1. 种类 2. 材质及规格 3. 接口形式	个	按设计图示数量计算	安装
040502002	钢管管件制作、安装				制作、安装
040502003	塑料管管件	1. 种类 2. 材质及规格 3. 连接方式			安装
040502004	转换件	1. 材质及规格 2. 接口形式			
040502005	阀门	1. 种类 2. 材质及规格 3. 连接方式 4. 试验要求			安装
040502006	法兰	1. 材质、规格、结构形式 2. 连接方式 3. 焊接方式 4. 垫片材质			
040502007	盲堵板制作、安装	1. 材质及规格 2. 连接方式			制作、安装
040502008	套管制作、安装	1. 形式、材质及规格 2. 管内填料材质			
040502009	水表	1. 规格 2. 安装方式			安装
040502010	消火栓	1. 规格 2. 安装部位、方式			

续表

项目编码	项目名称	项目特征	计量单位	工程量计算规则	工程内容
040502011	补偿器（波纹管）	1. 规格 2. 安装方式	个	按设计图示数量计算	安装
040502012	除污器组成、安装		套		组成、安装
040502013	凝水缸	1. 材料品种 2. 型号及规格 3. 连接方式	组		1. 制作 2. 安装
040502014	调压器	1. 规格 2. 型号 3. 连接方式			安装
040502015	过滤器				
040502016	分离器				
040502017	安全水封	规格			
040502018	检漏（水）管				

注：040502013 项目的"凝水井"应按"管道附属构筑物"相关清单项目编码列项。

3. 支架制作安装

支架制作及安装工程量清单项目设置、项目特征描述的内容、计量单位及工程量计算规则，应按表 5-83 的规定执行。

表 5-83　支架制作及安装（编码：040503）

项目编码	项目名称	项目特征	计量单位	工程量计算规则	工程内容
040503001	砌筑支墩	1. 垫层材质、厚度 2. 混凝土强度等级 3. 砌筑材料、规格、强度等级 4. 砂浆强度等级、配合比	m^3	按设计图示尺寸以体积计算	1. 模板制作、安装、拆除 2. 混凝土拌和、运输、浇筑、养护 3. 砌筑 4. 勾缝、抹面

续表

项目编码	项目名称	项目特征	计量单位	工程量计算规则	工程内容
040503002	混凝土支墩	1. 垫层材质、厚度 2. 混凝土强度等级 3. 预制混凝土构件运距	m³	按设计图示尺寸以体积计算	1. 模板制作、安装、拆除 2. 混凝土拌和、运输、浇筑、养护 3. 预制混凝土支墩安装 4. 混凝土构件运输
040503003	金属支架制作、安装	1. 垫层、基础材质及厚度 2. 混凝土强度等级 3. 支架材质 4. 支架形式 5. 预埋件材质及规格	t	按设计图示质量计算	1. 模板制作、安装、拆除 2. 混凝土拌和、运输、浇筑、养护 3. 支架制作、安装
040503004	金属吊架制作、安装	1. 吊架形式 2. 吊架材质 3. 预埋件材质及规格			制作、安装

4. 管道附属构筑物

管道附属构筑物工程量清单项目设置、项目特征描述的内容、计量单位及工程量计算规则，应按表 5-84 的规定执行。

表 5-84　管道附属构筑物（编码：040504）

项目编码	项目名称	项目特征	计量单位	工程量计算规则	工程内容
040504001	砌筑井	1. 垫层、基础材质及厚度 2. 砌筑材料品种、规格、强度等级 3. 勾缝、抹面要求 4. 砂浆强度等级、配合比 5. 混凝土强度等级 6. 盖板材质、规格 7. 井盖、井圈材质及规格 8. 踏步材质、规格 9. 防渗、防水要求	座	按设计图示数量计算	1. 垫层铺筑 2. 模板制作、安装、拆除 3. 混凝土拌和、运输、浇筑、养护 4. 砌筑、勾缝、抹面 5. 井圈、井盖安装 6. 盖板安装 7. 踏步安装 8. 防水、止水
040504002	混凝土井	1. 垫层、基础材质及厚度 2. 混凝土强度等级 3. 盖板材质、规格 4. 井盖、井圈材质及规格 5. 踏步材质、规格 6. 防渗、防水要求			1. 垫层铺筑 2. 模板制作、安装、拆除 3. 混凝土拌和、运输、浇筑、养护 4. 井圈、井盖安装 5. 盖板安装 6. 踏步安装 7. 防水、止水
040504003	塑料检查井	1. 垫层、基础材质及厚度 2. 检查井材质、规格 3. 井筒、井盖、井圈材质及规格			1. 垫层铺筑 2. 模板制作、安装、拆除 3. 混凝土拌和、运输、浇筑、养护 4. 检查井安装 5. 井筒、井圈、井盖安装

续表

项目编码	项目名称	项目特征	计量单位	工程量计算规则	工程内容
040504004	砖砌井筒	1. 井筒规格 2. 砌筑材料品种、规格 3. 砌筑、勾缝、抹面要求 4. 砂浆强度等级、配合比 5. 踏步材质、规格 6. 防渗、防水要求	m	按设计图示尺寸以"延长米"计算	1. 砌筑、勾缝、抹面 2. 踏步安装
040504005	预制混凝土井筒	1. 井筒规格 2. 踏步规格			1. 运输 2. 安装
040504006	砌体出水口	1. 垫层、基础材质及厚度 2. 砌筑材料品种、规格 3. 砌筑、勾缝、抹面要求 4. 砂浆强度等级及配合比	座	按设计图示数量计算	1. 垫层铺筑 2. 模板制作、安装、拆除 3. 混凝土拌和、运输、浇筑、养护 4. 砌筑、勾缝、抹面
040504007	混凝土出水口	1. 垫层、基础材质及厚度 2. 混凝土强度等级			1. 垫层铺筑 2. 模板制作、安装、拆除 3. 混凝土拌和、运输、浇筑、养护
040504008	整体化粪池	1. 材质 2. 型号、规格			安装
040504009	雨水口	1. 雨水箅子及圈口材质、型号、规格 2. 垫层、基础材质及厚度 3. 混凝土强度等级 4. 砌筑材料品种、规格 5. 砂浆强度等级及配合比			1. 垫层铺筑 2. 模板制作、安装、拆除 3. 混凝土拌和、运输、浇筑、养护 4. 砌筑、勾缝、抹面 5. 雨水箅子安装

注：管道附属构筑物为标准定型附属构筑物时，在项目特征中应标注标准图集编号及页码。

5. 清单相关问题及说明

1）清单项目所涉及土方工程的内容应按"土石方工程"中相关项目编码列项。

2）刷油、防腐、保温工程、阴极保护及牺牲阳极应按现行国家标准《通用安装工程工程量计算规范》GB 50856—2013 中附录 M"刷油、防腐蚀、绝热工程"中相关项目编码列项。

3）高压管道及管件、阀门安装，不锈钢管及管件、阀门安装，管道焊缝无损探伤应按现行国家标准《通用安装工程工程量计算规范》GB 50856—2013 附录 H"工业管道"中相关项目编码列项。

4）管道检验及试验要求应按各专业的施工验收规范及设计要求，对已完管道工程进行的管道吹扫、冲洗消毒、强度试验、严密性试验、闭水试验等内容进行描述。

5）阀门电动机需单独安装，应按现行国家标准《通用安装工程工程量计算规范》GB 50856—2013 附录 K"给排水、采暖、燃气工程"中相关项目编码列项。

6）雨水口连接管应按"管道铺设"中相关项目编码列项。

三、管网工程定额工程量计算规则

1. 定额工程量计算规则

（1）给水工程

1）管道安装：

①管道安装均按施工图中心线的长度计算（支管长度从主管中心开始计算到支管末端交接处的中心），管件、阀门所占长度已在管道施工损耗中综合考虑，计算工程量时均不扣除其所占长度。

②管道安装均不包括管件（指三通、弯头、异径管）、阀门的安装，管件安装执行给水工程有关定额。

③遇有新旧管连接时，管道安装工程量计算到碰头的阀门处，但阀门及与阀门相连的承（插）盘短管、法兰盘的安装均包括在新旧管连接定额内，不再另计。

2）管道内防腐。管道内防腐按施工图中心线长度计算，计算工程量时不扣除管件、阀门所占的长度，但管件、阀门的内防腐也不另行计算。

3）管道附属构筑物：

①各种井均按施工图数量，以"座"为单位。

②管道支墩按施工图以实体积计算，不扣除钢筋、铁件所占的体积。

4）管件安装。管件、分水栓、马鞍卡子、二合三通、水表的安装按施工图数量以"个"或"组"为单位计算。

5）取水工程。大口井内套管、辐射井管安装按设计图中心线长度计算。

（2）排水工程

1）定型混凝土管道基础及铺设：

①各种角度的混凝土基础、混凝土管、缸瓦管铺设，井中至井中的中心扣除检查井长度，以"延长米"计算工程量。每座检查井扣除长度按表5-85计算。

表 5-85　每座检查井扣除长度

检查井规格/mm	扣除长度/m	检查井规格	扣除长度/m
ϕ700	0.4	各种矩形井	1.0
ϕ1000	0.7	各种交汇井	1.20
ϕ1250	0.95	各种扇形井	1.0
ϕ1500	1.20	圆形跌水井	1.60
ϕ2000	1.70	矩形跌水井	1.70
ϕ2500	2.20	阶梯式跌水井	按实扣

②管道接口区分管径和做法，以实际接口个数计算工程量。

③管道闭水试验，以实际闭水长度计算，不扣各种井所占长度。

④管道出水口区分形式、材质及管径，以"处"为单位计算。

2）定型井：

①各种井按不同井深、井径以"座"为单位计算。

②各类井的井深按井底基础以上至井盖顶计算。

3）非定性井、渠、管道基础及砌筑。其工程量计算规则如下：

①本章所列各项目的工程量均以施工图为准计算，其中：

a. 砌筑按计算体积，以"10m³"为单位计算。

b. 抹灰、勾缝以"100m²"为单位计算。

c. 各种井的预制构件以实体积"m³"计算，安装以"套"为单位计算。

d. 井、渠垫层、基础按实体积以"10m³"计算。

e. 沉降缝应区分材质按沉降缝的断面积或铺设长度分别以"100m²"和"100m"计算。

f. 各类混凝土盖板的制作按实体积以"m³"计算，安装应区分单件（块）体积，以"10m³"计算。

②检查井筒的砌筑适用于混凝土管道井深不同的调整和方沟井筒的砌筑，区分高度以"座"为单位计算，高度与定额不同时采用每增减 0.5m 计算。

③方沟（包括存水井）闭水试验的工程量，按实际闭水长度的用水量，以"100m³"计算。

4）顶管工程：

①工作坑土方区分挖土深度，以挖方体积计算。

②各种材质管道的顶管工程量，按实际顶进长度，以"延长米"计算。

③顶管接口应区分操作方法、接口材质，分别以接口的个数和管口断面积计算工程量。

④钢板内、外套环的制作，按套环质量以"t"为单位计算。

5）模板、钢筋、井字架：

①现浇混凝土构件模板按构件与模板的接触面积以"m²"计算。

②预制混凝土构件模板，按构件的实体积以"m³"计算。

③砖、石拱圈的拱盔和支架均以拱盔与圈弧弧形接触面积计算，并执行《全国统一市政工程预算定额》GYD−303−1999 第三册"桥涵工程"相应项目。

④各种材质的地模胎膜，按施工组织设计的工程量，并应包括操作等必要的宽度以"m²"计算，执行第三册"桥涵工程"相应项目。

⑤井字架区分材质和搭设高度以"架"为单位计算，每座井计算一次。

⑥井底流槽按浇筑的混凝土流槽与模板的接触面积计算。

⑦钢筋工程，应区别现浇、预制分别按设计长度乘以单位重量，以"t"计算。

⑧计算钢筋工程量时，设计已规定搭接长度的，按规定搭接长度计算；设计未规定搭接长度的，已包括在钢筋的损耗中，不另计算搭接长度。

⑨先张法预应力钢筋，按构件外形尺寸计算长度，后张法预应力钢筋按设计图规定的预应力钢筋预留孔道长度，并区别不同锚具，分别按下列规定

计算：

a. 钢筋两端采用螺杆锚具时，预应力的钢筋按预留孔道长度减 0.35m，螺杆另计。

b. 钢筋一端采用镦头插片，另一端采用螺杆锚具时，预应力钢筋长度按预留孔道长度计算。

c. 钢筋一端采用镦头插片，另一端采用帮条锚具时，增加 0.15m，如两端均采用帮条锚具，预应力钢筋共增加 0.3m 长度。

d. 采用后张混凝土自锚时，预应力钢筋共增加 0.35m 长度。

e. 钢筋混凝土构件预埋铁件，按设计图示尺寸，以"t"为单位计算工程量。

（3）燃气与集中供热工程

1）管道安装：

①管道安装中各种管道的工程量均按延米计算，管件、阀门、法兰所占长度已在管道施工损耗中综合考虑，计算工程量时均不扣除其所占长度。

②埋地钢管使用套管时（不包括顶进的套管），按套管管径执行同一安装项目。套管封堵的材料费可按实际耗用量调整。

③铸铁管安装按 N1 和 X 型接口计算。如采用 N 型和 SMJ 型，人工乘以系数 1.05。

2）管道试压、吹扫：

①强度试验、气密性试验项目，分段试验合格后，如需总体试压和发生二次或二次以上试压时，应再套用管道试压、吹扫定额相应项目计算试压费用。

②管件长度未满 10m 者，以"10m"计，超过 10m 者按实际长度计。

③管道总试压按每千米为一个打压次数，执行本定额一次项目，不足 0.5km 按实际计算，超过 0.5km 计算一次。

④集中供热高压管道压力试验执行低中压相应定额，其人工乘以系数 1.3。

2. 定额工程量计算说明

（1）给水工程

1）管道安装：

①管道安装定额内容包括铸铁管、混凝土管、塑料管安装，铸铁管及钢

管新旧管连接、管道试压，消毒冲洗。

②管道安装定额管节长度是综合取定的，实际不同时，不做调整。

③套管内的管道铺设按相应的管道安装人工、机械乘以系数1.2。

④混凝土管安装不需要接口时，按《全国统一市政工程预算定额》GYD－306－1999第六册"排水工程"相应定额执行。

⑤给水工程定额给定的消毒冲洗水量，如水质达不到饮用水标准，水量不足时，可按实调整，其他不变。

⑥新旧管线连接项目所指的管径是指新旧管中最大的管径。

⑦管道安装定额不包括以下内容：

a. 管道试压、消毒冲洗、新旧管道连接的排水工作内容，按批准的施工组织设计另计。

b. 新旧管连接所需的工作坑及工作坑垫层、抹灰，马鞍卡子、盲板安装，工作坑及工作坑垫层、抹灰执行《全国统一市政工程预算定额》GYD－306－1999第六册"排水工程"有关定额，马鞍卡子、盲板安装执行给水工程有关定额。

2）管道内防腐：

①管道内防腐定额内容包括铸铁管、钢管的地面离心机械内涂防腐、人工内涂防腐。

②地面防腐综合考虑了现场和厂内集中防腐两种施工方法。

③管道的外防腐执行《全国统一安装工程预算定额》GYD－305－1999的有关定额。

3）管件安装：

①管件安装定额内容包括铸铁管件、承插式预应力混凝土转换件、塑料管件、分水栓、马鞍卡子、二合三通、铸铁穿墙管、水表安装。

②铸铁管件安装适用于铸铁三通、弯头、套管、乙字管、渐缩管、短管的安装，并综合考虑了承口、插口、带盘的接口，与盘连接的阀门或法兰应另计。

③铸铁管件安装（胶圈接口）也适用于球墨铸铁管件的安装。

④马鞍卡子安装所列直径是指主管直径。

⑤法兰式水表组成与安装定额内无缝钢管、焊接弯头所采用壁厚与设计不同时，允许调整其材料预算价格，其他不变。

⑥管件安装定额不包括以下内容：

a. 与马鞍卡子相连的阀门安装，执行《全国统一市政工程预算定额》GYD－307－1999第七册"燃气与集中供热工程"有关定额。

b. 分水栓、马鞍卡子、二合三通安装的排水内容，应按批准的施工组织设计另计。

4）管道附属构筑物：

①管道附属构筑物定额内容包括砖砌圆形阀门井、砖砌矩形卧式阀门井、砖砌矩形水表井、消火栓井、圆形排泥湿井、管道支墩工程。

②砖砌圆形阀门井是按《给水排水标准图集》S143、砖砌矩形卧式阀门井按《给水排水标准图集》S144、砖砌矩形水表井按《给水排水标准图集》S145、消火栓井按《给水排水标准图集》S162、圆形排泥湿井按《给水排水标准图集》S146编制的，且全部按无地下水考虑。

③管道附属构筑物定额所指的井深是指垫层顶面至铸铁井盖顶面的距离。井深大于1.5m时，应按第六册"排水工程"有关项目计取脚手架搭拆费。

④管道附属构筑物定额是按普通铸铁井盖、井座考虑的，如设计要求采用球墨铸铁井盖、井座，其材料预算价格可以换算，其他不变。

⑤排气阀井，可套用阀门井的相应定额。

⑥矩形卧式阀门井筒每增0.2m定额，包括2个井筒同时增0.2m。

⑦管道附属构筑物定额不包括以下内容：

a. 模板安装拆除、钢筋制作安装。如发生时，执行《全国统一市政工程预算定额》GYD－306－1999第六册"排水工程"有关定额。

b. 预制盖板、成型钢筋的场外运输。如发生时，执行《全国统一市政工程预算定额》GYD－306－1999第一册"通用项目"有关定额。

c. 圆形排泥湿井的进水管、溢流管的安装。执行给水工程有关定额。

5）取水工程：

①取水工程定额内容包括大口井内套管安装、辐射井管安装、钢筋混凝土渗渠管制作安装、渗渠滤料填充。

②大口井内套管安装。

a. 大口井套管为井底封闭套管，按法兰套管全封闭接口考虑。

b. 大口井底作反滤层时，执行渗渠滤料填充项目。

③取水工程定额不包括以下内容，如发生时，按以下规定执行：

a. 辐射井管的防腐，执行《全国统一安装工程预算定额》有关定额。

b. 模板制作安装拆除、钢筋制作安装、沉井工程。如发生时，执行《全国统一市政工程预算定额》GYD－306－1999 第六册"排水工程"有关定额。其中渗渠制作的模板安装拆除人工按相应项目乘以系数 1.2。

c. 土石方开挖、回填，脚手架搭拆，围堰工程执《全国统一市政工程预算定额》行第一册"通用项目"有关定额。

d. 船上打桩及桩的制作，执行《全国统一市政工程预算定额》GYD－303－1999 第三册"桥涵工程"有关项目。

e. 水下管线铺设，执行《全国统一市政工程预算定额》GYD－307－1999 第七册"燃气与集中供热工程"有关项目。

（2）排水工程

1）定型混凝土管道基础及铺设：

①定型混凝土管道基础及铺设定额包括混凝土管道基础、管道铺设、管道接口、闭水试验、管道出水口。适用于市政工程雨水、污水及合流混凝土排水管道工程。

②$D300 \sim D700$mm 混凝土管铺设分为人工下管和人机配合下管，$D800 \sim D2400$mm 为人机配合下管。

③如在无基础的槽内铺设管道，其人工、机械乘以系数 1.18。

④如遇有特殊情况，必须在支撑下串管铺设，人工、机械乘以系数 1.33。

⑤若在枕基上铺设缸瓦（陶土）管，人工乘以系数 1.18。

⑥自（预）应力混凝土管胶圈接口采用给水册的相应定额项目。

⑦实际管座角度与定额不同时，采用非定型管座定额项目。企口管的膨胀水泥砂浆接口和石棉水泥接口适于 360°，其他接口均是按管座 120°和 180°列项的。如管座角度不同，按相应材质的接口做法，以管道接口调整表进行调整，见表 5-86。

表 5-86 管道接口调整表

序号	项目名称	实做角度	调整基数或材料	调整系数
1	水泥砂浆抹带接口	90°	120°定额基价	1.330

序号	项目名称	实做角度	调整基数或材料	调整系数
2	水泥砂浆抹带接口	135°	120°定额基价	0.890
3	钢丝网水泥砂浆抹带接口	90°	120°定额基价	1.330
4	钢丝网水泥砂浆抹带接口	135°	120°定额基价	0.890
5	企口管膨胀水泥砂浆抹带接口	90°	定额中1:2水泥砂浆	0.750
6	企口管膨胀水泥砂浆抹带接口	120°	定额中1:2水泥砂浆	0.670
7	企口管膨胀水泥砂浆抹带接口	135°	定额中1:2水泥砂浆	0.625
8	企口管膨胀水泥砂浆抹带接口	180°	定额中1:2水泥砂浆	0.500
9	企口管石棉水泥接口	90°	定额中1:2水泥砂浆	0.750
10	企口管石棉水泥接口	120°	定额中1:2水泥砂浆	0.670
11	企口管石棉水泥接口	135°	定额中1:2水泥砂浆	0.625
12	企口管石棉水泥接口	180°	定额中1:2水泥砂浆	0.500

注：现浇混凝土外套环、变形缝接口，通用于平口、企口管。

⑧定额中的水泥砂浆抹带、钢丝网水泥砂浆接口均不包括内抹口，如设计要求内抹口时，按抹口周长每100延长米增加水泥砂浆0.042m²、人工9.22工日计算。

⑨如工程项目的设计要求与本定额所采用的标准图集不同时，执行非定型的相应项目。

⑩定型混凝土管道基础及铺设各项所需模板、钢筋加工，执行"模板、钢筋、井字架工程"的相应项目。

⑪定额中计列了砖砌、石砌一字式、门字式、八字式适用于 $D300 \sim$ $D2400mm$ 不同复土厚度的出水口，应对应选用，非定型或材质不同时可执行"通用项目"和"非定型井、渠、管道基础及砌筑"相应项目。

2）定型井：

①定型井包括各种定型的砖砌检查井、收水井，适用于 $D700 \sim$ $D2400mm$ 间混凝土雨水、污水及合流管道所设的检查井和收水井。

②各类井实际设计与定额不同时，执行《全国统一市政工程预算定额》GYD－306－1999第六册"排水工程"相应项目。

③各类井均为砖砌，如为石砌时，执行《全国统一市政工程预算定额》

第六册第三章相应项目。

④各类井只计列了内抹灰，如设计要求外抹灰时，执行《全国统一市政工程预算定额》GYD－306－1999第六册"排水工程"第三章的相应项目。

⑤各类井的井盖、井座、井箅均系按铸铁件计列的，如采用钢筋混凝土预制件，除扣除定额中铸铁件外应按下列规定调整。

a. 现场预制，执行《全国统一市政工程预算定额》GYD－306－1999第六册"排水工程"第三章相应定额。

b. 厂集中预制，除按《全国统一市政工程预算定额》GYD－306－1999第六册"排水工程"第三章相应定额执行外，其运至施工地点的运费可按第一册"通用项目"相应定额另行计算。

⑥混凝土过梁的制、安，当小于 $0.04m^3$/件时，执行《全国统一市政工程预算定额》GYD－306－1999第六册"排水工程"第三章小型构件项目；当大于 $0.04m^3$/件时，执行定型井项目。

⑦各类井预制混凝土构件所需的模板钢筋加工，均执行《全国统一市政工程预算定额》GYD－306－1999第六册"排水工程"第七章的相应项目。但定额中已包括构件混凝土部分的人、材、机费用，不得重复计算。

⑧各类检查井，当井深大于1.5m时，可视井深、井字架材质执行《全国统一市政工程预算定额》GYD－306－1999第六册"排水工程"第七章的相应项目。

⑨当井深不同时，除定型井定额中列有增（减）调整项目外，均按《全国统一市政工程预算定额》GYD－306－1999第六册"排水工程"第三章中井筒砌筑定额进行调整。

⑩如遇三通、四通井，执行非定型井项目。

3）非定型井、渠、管道基础及砌筑：

①定额包括非定型井、渠、管道及构筑物垫层、基础，砌筑，抹灰，混凝土构件的制作、安装，检查井筒砌筑等。适用于本册定额各章节非定型的工程项目。

②定额各项目均不包括脚手架，当井深超过1.5m，执行《全国统一市政工程预算定额》GYD－306－1999第六册"排水工程"第七章井字脚手架项目；砌墙高度超过1.2m，抹灰高度超过1.5m所需脚手架执行《全国统一市政工程预算定额》GYD－301－1999第一册"通用项目"相应定额。

③定额所列各项目所需模板的制、安、拆，钢筋（铁件）的加工均执行《全国统一市政工程预算定额》第六册"排水工程"第七章相应项目。

④收水井的混凝土过梁制作、安装执行小型构件的相应项目。

⑤跌水井跌水部位的抹灰，按流槽抹面项目执行。

⑥混凝土枕基和管座不分角度均按相应定额执行。

⑦干砌、浆砌出水口的平坡、锥坡、翼墙执行第一册"通用项目"相应项目。

⑧定额中小型构件是指单件体积在 $0.04m^3$ 以内的构件。凡大于 $0.04m^3$ 的检查井过梁，执行混凝土过梁制作安装项目。

⑨拱（弧）型混凝土盖板的安装，按相应体积的矩形板定额人工、机械乘以系数 1.15 执行。

⑩定额计列了井内抹灰的子目，如井外壁需要抹灰，砖、石井均按井内侧抹灰项目人工乘以系数 0.8，其他不变。

⑪砖砌检查井的升高，执行检查井筒砌筑相应项目，降低则执行《全国统一市政工程预算定额》GYD—301—1999 第一册"通用项目"拆除构筑物相应项目。

⑫石砌体均按块石考虑，如采用片石或平石时，块石与砂浆用量分别乘以系数 1.09 和 1.19，其他不变。

⑬给排水构筑物的垫层执行非定型井、渠、管道基础及砌筑定额相应项目，其中人工乘以系数 0.87，其他不变；如构筑物池底混凝土垫层需要找坡时，其中人工不变。

⑭现浇混凝土方沟底板，采用渠（管）道基础中平基的相应项目。

4）顶管工程：

①顶管工程包括工作坑土方、人工挖土顶管、挤压顶管、混凝土方（拱）管涵顶进、不同材质不同管径的顶管接口等项目，适用于雨、污水管（涵）及外套管的不开槽顶管工程项目。

②工作坑垫层、基础执行《全国统一市政工程预算定额》GYD—306—1999 第六册第三章的相应项目，人工乘以系数 1.10，其他不变。如果方（拱）涵管需设滑板和导向装置时，另行计算。

③工作坑挖土方是按土壤类别综合计算的，土壤类别不同，不允许调整。工作坑回填土，视其回填的实际做法，执行《全国统一市政工程预算定

额》GYD—301—1999 第一册"通用项目"的相应项目。

④工作坑内管（涵）明敷，应根据管径、接口做法执行《全国统一市政工程预算定额》GYD—306—1999 第六册"排水工程"第一章的相应项目，人工、机械乘以系数 1.10，其他不变。

⑤定额是按无地下水考虑的，如遇地下水时，排（降）水费用按相关定额另行计算。

⑥定额中钢板内、外套环接口项目，只适用于设计所要求的永久性管口，顶进中为防止错口，在管内接口处所设置的工具式临时性钢胀圈不得套用。

⑦顶进施工的方（拱）涵断面大于 $4m^2$ 的，按箱涵顶进项目或规定执行。

⑧管道顶进项目中的顶镐均为液压自退式，如采用人力顶镐，定额人工乘以系数 1.43；如是人力退顶（回镐），时间定额乘以系数 1.20，其他不变。

⑨人工挖土顶管设备、千斤顶，高压油泵台班单价中已包括了安拆及场外运费，执行中不得重复计算。

⑩工作坑如设沉井，其制作、下沉套用给排水构筑物章的相应项目。

⑪水力机械顶进定额中，未包括泥浆处理、运输费用，可另计。

⑫单位工程中，管径 $\phi 1650$ 以内敞开式顶进在 100m 以内、封闭式顶进（不分管径）在 50m 以内时，顶进定额中的人工费与机械费乘以系数 1.3。

⑬顶管采用中继间顶进时，顶进定额中的人工费与机械费乘以表 5-87 所列系数分级计算。

表 5-87　中继间顶进的调整系数

中继间顶进分级	一级顶进	二级顶进	三级顶进	四级顶进	超过四级
人工费、机械费调整系数	1.36	1.64	2.15	2.80	另计

⑭安拆中继间项目仅适用于敞开式管道顶进。当采用其他顶进方法时，中继间费用允许另计。

⑮钢套环制作项目以"t"为单位，适用于永久性接口内、外套环，中继间套环，触变泥浆密封套环的制作。

⑯顶管工程中的材料是按 50m 水平运距、坑边取料考虑的，如因场地等情况取用料水平运距超过 50m 时，根据超过距离和相应定额另行计算。

5）模板、钢筋、井字架。关于模板、钢筋、井字架工程的说明如下：

①模板、钢筋、井字架工程定额包括现浇、预制混凝土工程所用不同材质模板的制、安、拆，钢筋、铁件的加工制作，井字脚手架等项目，适用于排水工程定额及"给水工程"中的"管道附属构筑物"和"取水工程"。

②模板是分别按钢模钢撑、复合木模木撑、木模木撑区分不同材质分别列项的，其中钢模模数差部分采用木模。

③定额中现浇、预制项目中，均已包括了钢筋垫块或第一层底浆的工、料，及看模工日，套用时不得重复计算。

④预制构件模板中不包括地、胎模，需设置者，土地模可按"通用项目"平整场地的相应项目执行；水泥砂浆、混凝土砖地、胎模可按"桥涵工程"的相应项目执行。

⑤模板安拆以槽（坑）深 3m 为准，超过 3m 时，人工增加系数 8%，其他不变。

⑥现浇混凝土梁、板、柱、墙的模板，支模高度是按 3.6m 考虑的，超过 3.6m 时，超过部分的工程量另按超高的项目执行。

⑦模板的预留洞，按水平投影面积计算，小于 $0.3m^2$ 者：圆形洞每 10 个增加 0.72 工日；方形洞每 10 个增加 0.62 工日。

⑧小型构件是指单件体积在 $0.04m^3$ 以内的构件；地沟盖板项目适用于单块体积在 $0.3m^3$ 内的矩形板；井盖项目适用于井口盖板，井室盖板按矩形板项目执行。

⑨钢筋加工定额是按现浇、预制混凝土构件、预应力钢筋分别列项的，工作内容包括加工制作、绑扎（焊接）成型、安放及浇捣混凝土时的维护用工等全部工作，除另有说明外均不允许调整。

⑩各项目中的钢筋规格是综合计算的，子目中的 ϕ 以内是指主筋最大规格，凡小于 10 的构造均执行 ϕ 10 以内子目。

⑪定额中非预应力钢筋加工，现浇混凝土构件是按手工绑扎，预制混凝土构件是按手工绑扎，点焊综合计算的，加工操作方法不同不予调整。

⑫钢筋加工中的钢筋接头、施工损耗，绑扎铁线及成型点焊和接头用的焊条均已包括在定额内，不得重复计算。

⑬预制构件钢筋，如用不同直径钢筋点焊在一起时，按直径最小的定额计算，如粗细筋直径比在 2 倍以上时，其人工增加系数 25%。

⑭后张法钢筋的锚固是按钢筋绑条焊、U形插垫编制的，如采用其他方法锚固，应另行计算。

⑮定额中已综合考虑了先张法张拉台座及其相应的夹具、承力架等合理的周转摊销费用，不得重复计算。

⑯非预应力钢筋不包括冷加工，如设计要求冷加工时，另行计算。

⑰下列构件钢筋，人工和机械增加系数见表5-88。

表5-88　构件钢筋人工和机械增加系数表

项目	计算基数	现浇构件钢筋	构筑物钢筋		
		小型构件	小型池槽	矩形	圆形
增加系数	人工机械	100%	152%	25%	50%

（3）燃气与集中供热工程

1）管道安装：

①管道安装包括碳钢管、直埋式预制保温管、碳素钢板卷管、铸铁管（机械接口）、塑料管，以及套管内铺设钢板卷管和铸铁管（机械接口）等各种管道安装。

②管道安装工作内容除各节另有说明外，均包括沿沟排管、50mm以内的清沟底、外观检查及清扫管材。

③新旧管道带气接头未列项目，各地区可按燃气管理条例和施工组织设计以实际发生的人工、材料、机械台班的耗用量和煤气管理部门收取的费用进行结算。

2）管件制作、安装：

①管件制作、安装定额包括碳钢管件制作、安装，铸铁管件安装、盲（堵）板安装、钢塑过渡接头安装，防雨环帽制作与安装等。

②异径管安装以大口径为准，长度综合取定。

③中频煨弯不包括煨制时胎具更换。

④挖眼接管加强筋已在定额中综合考虑。

3）法兰阀门安装：

①法兰阀门安装包括法兰安装、阀门安装、阀门解体、检查、清洗、研磨，阀门水压试验、操纵装置安装等。

②电动阀门安装不包括电动机的安装。

③阀门解体、检查和研磨，已包括一次试压，均按实际发生的数量，按相应项目执行。

④阀门压力试验介质是按水考虑的，如设计要求其他介质，可按实调整。

⑤定额内垫片均按橡胶石棉板考虑，如垫片材质与实际不符时，可按实调整。

⑥各种法兰、阀门安装，定额中只包括一个垫片，不包括螺栓使用量，螺栓用量参考表5-89、表5-90。

表 5-89　平焊法兰安装用螺栓用量表

外径×壁厚/mm	规格	重量/kg	外径×壁厚/mm	规格	重量/kg
57×4.0	M12×50	0.319	377×10.0	M20×75	3.906
76×4.0	M12×50	0.319	426×10.0	M20×80	5.42
89×4.0	M16×55	0.635	478×10.0	M20×80	5.42
108×5.0	M16×55	0.635	529×10.0	M20×85	5.84
133×5.0	M16×60	1.338	630×8.0	M22×85	8.89
159×6.0	M16×60	1.338	720×10.0	M22×90	10.668
219×6.0	M16×65	1.404	820×10.0	M27×95	19.962
273×8.0	M16×70	2.208	920×10.0	M27×100	19.962
325×8.0	M20×70	3.747	1020×10.0	M27×105	24.633

表 5-90　对焊法兰安装用螺栓用量表

外径×壁厚/mm	规格	重量/kg	外径×壁厚/mm	规格	重量/kg
57×3.5	M12×50	0.319	325×8.0	M20×75	3.906
76×4.0	M12×50	0.319	377×9.0	M20×75	3.906
89×4.0	M16×60	0.669	426×9.0	M20×75	5.208
108×4.0	M16×60	0.669	478×9.0	M20×75	5.208
133×4.5	M16×65	1.404	529×9.0	M20×80	5.42
159×5.0	M16×65	1.404	630×9.0	M22×80	8.25
219×6.0	M16×70	1.472	720×9.0	M22×80	9.9

续表

外径×壁厚/mm	规格	重量/kg	外径×壁厚/mm	规格	重量/kg
273×8.0	M16×75	2.31	820×10.0	M27×85	18.804

⑦中压法兰、阀门安装执行低压相应项目，其人工乘以系数1.2。

4）燃气用设备安装：

①燃气用设备安装定额包括凝水缸制作、安装，调压器安装，过滤器、萘油分离器安装，安全水封、检漏管安装，煤气调长器安装。

②凝水缸安装。

a. 碳钢、铸铁凝水缸安装如使用成品头部装置时，只允许调整材料费，其他不变。

b. 碳钢凝水缸安装未包括缸体、套管、抽水管的刷油、防腐，应按不同设计要求另行套用其他定额相应项目计算。

③各种调压器安装。

a. 雷诺式调压器、T型调压器（TMJ、TMZ）安装是指调压器成品安装，调压站内组装的各种管道、管件、各种阀门根据不同设计要求，执行燃气用设备安装定额的相应项目另行计算。

b. 各类型调压器安装均不包括过滤器、萘油分离器（脱萘筒）、安全放散装置（包括水封）安装，发生时，可执行燃气用设备安装定额相应项目另行计算。

c. 燃气用设备安装定额过滤器、萘油分离器均按成品件考虑。

④检漏管安装是按在套管上钻眼攻丝安装考虑的，已包括小井砌筑。

⑤煤气调长器是按焊接法兰考虑的，如采用直接对焊时，应减去法兰安装用材料，其他不变。

⑥煤气调长器是按三波考虑的，如安装三波以上者，其人工乘以系数1.33，其他不变。

5）集中供热用容器具安装：

①碳钢波纹补偿器是按焊接法兰考虑的，如直接焊接时，应减掉法兰安装用材料，其他不变。

②法兰用螺栓按法兰阀门安装螺栓用量表选用。

6）管道试压、吹扫：

①管道试压、吹扫包括管道强度试验、气密性试验、管道吹扫、管道总试压、牺牲阳极和测试桩安装等。

②强度试验、气密性试验、管道总试压。

a. 管道压力试验，不分材质和作业环境均执行管道试压、吹扫。试压水如需加温，热源费用及排水设施另行计算。

b. 强度试验、气密性试验项目，均包括了一次试压的人工、材料和机械台班的耗用量。

c. 液压试验是按普通水考虑的，如试压介质有特殊要求，介质可按实调整。

四、管网工程工程工程量计算实例

【例5-16】某市政排水工程主干管长度为1000m，采用 ϕ600 混凝土管 135°混凝土基础，在主干管上设置雨水检查井 10 座，规格为 ϕ1500，单室雨水井 24 座，雨水口接入管为 ϕ225UPVC 加筋管，共 9 道，每道 10m，如图 5-105 所示，求混凝土管基础及管道铺设长度。

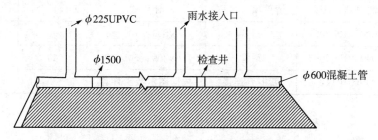

图 5-105　某市政排水工程干管示意图

【解】

定额规定，在定型混凝土管道基础及铺设中，各种角度的混凝土基础、混凝土管、缸瓦管铺设按井中心至井中心的中心线长度扣除检查井长度，以"延长米"计算工程量，ϕ1500 检查井扣除长度为 1.2m。

1）ϕ600 混凝土管道基础及铺设：$l_1 = (1000 - 10 \times 1.2)/100 = 9.88$（100m）

2）ϕ225UPVC 加筋管铺设：$l_2 = (9 \times 10 - 9 \times 1.2)/100 = 0.79$（100m）

【例5-17】某市政给水工程采用镀锌钢管铺设，主干管直径为 500mm，支管直径为 200mm，如图 5-106 所示，计算镀锌钢管铺设及连接工程量。

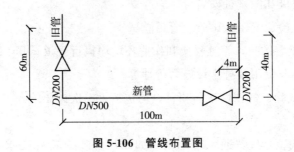

图 5-106　管线布置图

【解】

清单工程量计算表见表 5-91，分部分项工程和单价措施项目清单与计价表见表 5-92。

表 5-91　清单工程量计算表

工程名称：某市政给水工程镀锌钢管铺设

序号	清单项目编码	清单项目名称	计算式	工程量合计	计量单位
1	040501002001	钢管	$DN500$：$100-4$	96	m
2	040501002002	钢管	$DN200$：$60+40$	40	m
3	040501014001	新旧管连接	根据图示数量计算	2	处

表 5-92　分部分项工程和单价措施项目清单与计价表

工程名称：某市政给水工程镀锌钢管铺设

序号	项目编码	项目名称	项目特征描述	计量单位	工程量	金额/元	
						综合单价	合价
1	040501002001	钢管	干管直径为 500mm	m	96		
2	040501002002	钢管	支管直径为 200mm	m	40		
3	040501014001	新旧管连接	镀锌钢管（接头）	处	2		

【例 5-18】某热力外线工程热力小室工艺安装如图 5-107 所示。小室内主要材料：

横向型波纹管补偿器 FA50502A、$DN250$、$T=150°$、$PN1.6$；横向型波纹管补偿器 FA50501A、$DN250$、$T=150°$、$PN1.6$；球阀 $DN250$、

$PN2.5$；机制弯头 90°、$DN250$、$R＝1.00$；柱塞阀 U41S－25C、$DN100$、$PN2.5$；柱塞阀 U41S－25C、$DN50$、$PN2.5$；机制三通 $DN600－250$；直埋穿墙套袖 $DN760$（含保温）；直埋穿墙套袖 $DN400$（含保温）。试列出该热力小室工艺安装分部分项工程量清单。

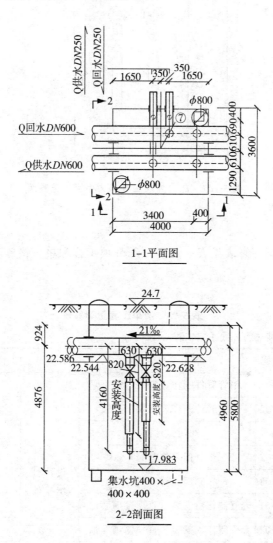

1-1平面图

2-2剖面图

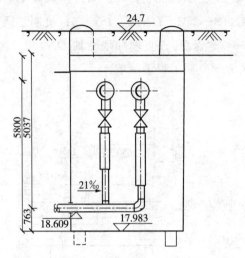

图 5-107　热力外线工程热力小室工艺安装

【解】

清单工程量计算表见表 5-93，分部分项工程和单价措施项目清单与计价表见表 5-94。

表 5-93　清单工程量计算表

工程名称：某热力外线小室工程

序号	清单项目编码	清单项目名称	计算式	工程量合计	计量单位
1	040502002001	钢管管件制作、安装（弯头）		2	个
2	040502002002	钢管管件制作、安装（三通）		2	个
3	040502005001	阀门（球阀）		2	个
4	040502005002	阀门（柱塞阀）		2	个
5	040502005003	阀门（柱塞阀）	设计图示数量	2	个
6	040502008001	套管制作、安装（直埋穿墙套袖）		8	个
7	040502008002	套管制作、安装（直埋穿墙套袖）		4	个
8	040502011001	补偿器（波纹管）		1	个
9	040502011002	补偿器（波纹管）		1	个

表 5-94 分部分项工程和单价措施项目清单与计价表

工程名称：某热力外线小室工程

序号	项目编码	项目名称	项目特征描述	计量单位	工程量	金额/元	
						综合单价	合价
1	040502002001	钢管管件制作、安装	1. 种类：机制弯头 90° 2. 规格：DN250，R＝1.00 3. 连接形式：焊接	个	2		
2	040502002002	钢管管件制作、安装	1. 种类：机制三通 2. 规格：DN600－DN250 3. 连接形式：焊接	个	2		
3	040502005001	阀门	1. 种类：球阀 2. 材质及规格：钢制、DN250、PN2.5 3. 连接形式：焊接	个	2		
4	040502005002	阀门	1. 种类：柱塞阀 2. 材质及规格：钢制、U41S－25C、DN100、PN＝2.5 3. 连接形式：焊接	个	2		
5	040502005003	阀门	1. 种类：柱塞阀 2. 材质及规格：钢制、U41S－25C、DN50、PN＝2.5 3. 连接形式：焊接	个	2		
6	040502008001	套管制作、安装	1. 直埋穿墙套袖 2. DN760 3. 连接形式：焊接	个	8		
7	040502008002	套管制作、安装	1. 直埋穿墙套袖 2. DN400 3. 连接形式：焊接	个	4		
8	040502011001	补偿器（波纹管）	1. 种类：横向型波纹管补偿器 2. 材质及规格：FA50502A、DN250、T＝150°、PN1.6 3. 连接形式：焊接	个	1		

续表

序号	项目编码	项目名称	项目特征描述	计量单位	工程量	金额/元	
						综合单价	合价
9	040502011002	补偿器（波纹管）	1. 种类：横向型波纹管补偿器 2. 材质及规格：FA50501A、$DN250$、$T=150°$、$PN1.6$ 3. 连接形式：焊接	个	1		

第六节　水处理工程

一、市政水处理工程读图识图

城市污水处理厂通常设置在城市河流的下游地段，这样就可以与居民区域城市边界保持一定的卫生防御距离。城市污水厂总平面图如图 5-108 所示。

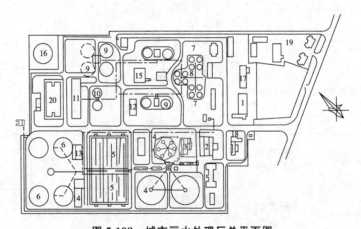

图 5-108　城市污水处理厂总平面图

1—办公化验楼　2—污水提升泵房　3—沉砂池　4—沉池　5—曝气池

6—二沉池　7—活性污泥浓缩池　8—污泥预热池　9—消化池

10—消化污泥浓缩池　11—污泥脱水车间　12—中心控制室

13—污泥回流泵房　14—鼓风机车间　15—锅炉房　16—储气柜

17—食堂　18—变电室　19—生活区　20—事故干化场

城市污水处理的典型流程如图 5-109 所示。

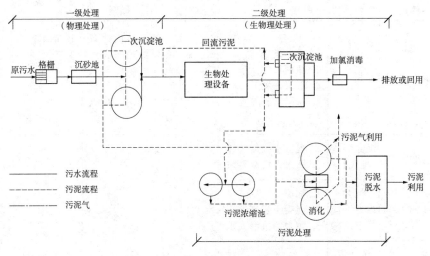

图 5-109 城市污水处理的典型流程图

从图 5-109 中可看出一级处理属于物理处理，二级处理属于生物处理，而污泥处理则采用厌氧生物处理（即消化）。为缩小污泥消化池的容积，通常将两个沉池的污泥在进入消化池前需进行浓缩。经处理后的污泥可进行综合利用，污泥气可做化工原料或燃料使用。

二、水处理工程清单工程量计算规则

1. 水处理构筑物

水处理构筑物工程量清单项目设置、项目特征描述的内容、计量单位及工程量计算规则，应按表 5-95 的规定执行。

表 5-95 水处理构筑物（编码：040601）

项目编码	项目名称	项目特征	计量单位	工程量计算规则	工程内容
040601001	现浇混凝土沉井井壁及隔墙	1. 混凝土强度等级 2. 防水、抗渗要求 3. 断面尺寸	m³	按设计图示尺寸以体积计算	1. 垫木铺设 2. 模板制作、安装、拆除 3. 混凝土拌和、运输、浇筑 4. 养护 5. 预留孔封口

续表

项目编码	项目名称	项目特征	计量单位	工程量计算规则	工程内容
040601002	沉井下沉	1. 土壤类别 2. 断面尺寸 3. 下沉深度 4. 减阻材料种类	m³	按自然面标高至设计垫层底标高间的高度乘以沉井外壁最大断面面积以体积计算	1. 垫木拆除 2. 挖土 3. 沉井下沉 4. 填充减阻材料 5. 余方弃置
040601003	沉井混凝土底板	1. 混凝土强度等级 2. 防水、抗渗要求		按设计图示尺寸以体积计算	1. 模板制作、安装、拆除 2. 混凝土拌和、运输、浇筑 3. 养护
040601004	沉井内地下混凝土结构	1. 部位 2. 混凝土强度等级 3. 防水、抗渗要求			
040601005	沉井混凝土顶板				
040601006	现浇混凝土池底				
040601007	现浇混凝土池壁（隔墙）	1. 混凝土强度等级 2. 防水、抗渗要求			
040601008	现浇混凝土池柱				
040601009	现浇混凝土池梁				
040601010	现浇混凝土池盖板				
040601011	现浇混凝土板	1. 名称、规格 2. 混凝土强度等级 3. 防水、抗渗要求			

续表

项目编码	项目名称	项目特征	计量单位	工程量计算规则	工程内容
040601012	池槽	1. 混凝土强度等级 2. 防水、抗渗要求 3. 池槽断面尺寸 4. 盖板材质	m	按设计图示尺寸以长度计算	1. 模板制作、安装、拆除 2. 混凝土拌和、运输、浇筑 3. 养护 4. 盖板安装 5. 其他材料铺设
040601013	砌筑导流壁、筒	1. 砌体材料、规格 2. 断面尺寸 3. 砌筑、勾缝、抹面砂浆强度等级	m³	按设计图示尺寸以体积计算	1. 砌筑 2. 抹面 3. 勾缝
040601014	混凝土导流壁、筒	1. 混凝土强度等级 2. 防水、抗渗要求 3. 断面尺寸			1. 模板制作、安装、拆除 2. 混凝土拌和、运输、浇筑 3. 养护
040601015	混凝土楼梯	1. 结构形式 2. 底板厚度 3. 混凝土强度等级	1. m² 2. m³	1. 以"m²"计量，按设计图示尺寸以水平投影面积计算 2. 以"m³"计量，按设计图示尺寸以体积计算	1. 模板制作、安装、拆除 2. 混凝土拌和、运输、浇筑或预制 3. 养护 4. 楼梯安装
040601016	金属扶梯、栏杆	1. 材质 2. 规格 3. 防腐刷油材质、工艺要求	1. t 2. m	1. 以"t"计量，按设计图示尺寸以质量计算 2. 以"m"计量，按设计图示尺寸以长度计算	1. 制作、安装 2. 除锈、防腐、刷油

续表

项目编码	项目名称	项目特征	计量单位	工程量计算规则	工程内容
040601017	其他现浇混凝土构件	1. 构件名称、规格 2. 混凝土强度等级	m³	按设计图示尺寸以体积计算	1. 模板制作、安装、拆除 2. 混凝土拌和、运输、浇筑 3. 养护
040601018	预制混凝土板	1. 图集、图纸名称 2. 构件代号、名称 3. 混凝土强度等级 4. 防水、抗渗要求			1. 模板制作、安装、拆除 2. 混凝土拌和、运输、浇筑 3. 养护 4. 构件安装 5. 接头灌浆 6. 砂浆制作 7. 运输
040601019	预制混凝土槽				
040601020	预制混凝土支墩				
040601021	其他预制混凝土构件	1. 部位 2. 图集、图纸名称 3. 构件代号、名称 4. 混凝土强度等级 5. 防水、抗渗要求			
040601022	滤板	1. 材质 2. 规格 3. 厚度 4. 部位	m²	按设计图示尺寸以面积计算	1. 制作 2. 安装
040601023	折板				
040601024	壁板				
040601025	滤料铺设	1. 滤料品种 2. 滤料规格	m³	按设计图示尺寸以体积计算	铺设
040601026	尼龙网板	1. 材料品种 2. 材料规格	m²	按设计图示尺寸以面积计算	1. 制作 2. 安装
040601027	刚性防水	1. 工艺要求 2. 材料品种、规格			1. 配料 2. 铺筑
040601028	柔性防水				涂、贴、粘、刷防水材料
040601029	沉降（施工）缝	1. 材料品种 2. 沉降缝规格 3. 沉降缝部位	m	按设计图示尺寸以长度计算	铺、嵌沉降（施工）缝
040601030	井、池渗漏试验	构筑物名称	m³	按设计图示储水尺寸以体积计算	渗漏试验

注：1. 沉井混凝土地梁工程量，应并入底板内计算。

　　2. 各类垫层应按"桥涵工程"相关编码列项。

2. 水处理设备

水处理设备工程量清单项目设置、项目特征描述的内容、计量单位及工程量计算规则，应按表 5-96 的规定执行。

表 5-96　水处理设备（编码：040602）

项目编码	项目名称	项目特征	计量单位	工程量计算规则	工程内容
040602001	格栅	1. 材质 2. 防腐材料 3. 规格	1. t 2. 套	1. 以"t"计量，按设计图示尺寸以质量计算 2. 以"套"计量，按设计图示数量计算	1. 制作 2. 防腐 3. 安装
040602002	格栅除污机	1. 类型 2. 材质 3. 规格、型号 4. 参数	台	按设计图示数量计算	1. 安装 2. 无负荷试运转
040602003	滤网清污机				
040602004	压榨机				
040602005	刮砂机				
040602006	吸砂机	1. 类型 2. 材质 3. 规格、型号 4. 参数	台	按设计图示数量计算	1. 安装 2. 无负荷试运转
040602007	刮泥机				
040602008	吸泥机				
040602009	刮吸泥机				
040602010	撇渣机				
040602011	砂（泥）水分离器				
040602012	曝气机				
040602013	曝气器		个		
040602014	布气管	1. 材质 2. 直径	m	按设计图示以长度计算	1. 钻孔 2. 安装

续表

项目编码	项目名称	项目特征	计量单位	工程量计算规则	工程内容
040602015	滗水器	1. 类型 2. 材质 3. 规格、型号 4. 参数	套	按设计图示数量计算	1. 安装 2. 无负荷试运转
040602016	生物转盘		套		
040602017	搅拌机		台		
040602018	推进器		台		
040602019	加药设备	1. 类型 2. 材质 3. 规格、型号 4. 参数	套		
040602020	加氯机		套		
040602021	氯吸收装置		套		
040602022	水射器	1. 材质 2. 公称直径	个		
040602023	管式混合器		个		
040602024	冲洗装置		套		
040602025	带式压滤机	1. 类型 2. 材质 3. 规格、型号 4. 参数	台		
040602026	污泥脱水机		台		
040602027	污泥浓缩机		台		
040602028	污泥浓缩脱水一体机		台		
040602029	污泥输送机		台		
040602030	污泥切割机		台		
040602031	闸门	1. 类型 2. 材质 3. 形式 4. 规格、型号	1. 座 2. t	1. 以"座"计量，按设计图示数量计算 2. 以"t"计量，按设计图示尺寸以质量计算	1. 安装 2. 操纵装置安装 3. 调试
040602032	旋转门				
040602033	堰门				
040602034	拍门				
040602035	启闭机	1. 类型 2. 材质 3. 形式 4. 规格、型号	台	按设计图示数量计算	
040602036	升杆式铸铁泥阀	公称直径	座		
040602037	平底盖闸		座		

续表

项目编码	项目名称	项目特征	计量单位	工程量计算规则	工程内容
040602038	集水槽	1. 材质	m²	按设计图示尺寸以面积计算	1. 制作 2. 安装
040602039	堰板	2. 厚度 3. 形式 4. 防腐材料			
040602040	斜板	1. 材料品种 2. 厚度			
040602041	斜管	1. 斜管材料品种 2. 斜管规格	m	按设计图示以长度计算	
040602042	紫外线消毒设备	1. 类型 2. 材质 3. 规格、型号 4. 参数	套	按设计图示数量计算	1. 安装 2. 无负荷试运转
040602043	臭氧消毒设备				
040602044	除臭设备				
040602045	膜处理设备				
040602046	在线水质检测设备				

3. 清单相关问题及说明

1) 水处理工程中建筑物应按现行国家标准《房屋建筑和装饰工程工程量计算规范》GB 50854—2013 中相关项目编码列项，园林绿化项目应按现行国家标准《园林绿化工程工程量计算规范》GB 50858—2013 中相关项目编码列项。

2) 本节清单项目工作内容中均未包括土石方开挖、回填夯实等内容，发生时应按"土石方工程"中相关项目编码列项。

3) 本节设备安装工程只列了水处理工程专用设备的项目，各类仪表、泵、阀门等标准、定型设备应按现行国家标准《通用安装工程工程量计算规范》GB 50856—2013 中相关项目编码列项。

三、水处理工程定额工程量计算规则

1. 定额工程量计算规则

（1）给排水构筑物

1）沉井：

①沉井垫木按刃脚中心线以"100 延长米"为单位。

②沉井井壁及隔墙的厚度不同，如上薄下厚时，可按平均厚度执行相应定额。

2）钢筋混凝土池：

①钢筋混凝土各类构件均按图示尺寸，以混凝土实体积计算，不扣除 0.3m² 以内的孔洞体积。

②各类池盖中的进人孔、透气孔盖及与盖相连接的结构，工程量合并在池盖中计算。

③平底池的池底体积，应包括池壁下的扩大部分；池底带有斜坡时，斜坡部分应按坡底计算；锥形底应算至壁基梁底面，无壁基梁者算至锥底坡的上口。

④池壁分别按不同厚度计算体积，如上薄下厚的池壁，以平均厚度计算。池壁高度应自池底板面算至池盖下面。

⑤无梁盖柱的柱高，应自池底上表面算至池盖的下表面，并包括柱座、柱帽的体积。

⑥无梁盖应包括与池壁相连的扩大部分的体积；肋形盖应包括主、次梁及盖部分的体积；球形盖应自池壁顶面以上，包括边侧梁的体积在内。

⑦沉淀池水槽，是指池壁上的环形溢水槽及纵横 U 形水槽，但不包括与水槽相连接的矩形梁，矩形梁可执行梁的相应项目。

3）预制混凝土构件：

①预制钢筋混凝土滤板按图示尺寸区分厚度以"10m³"计算，不扣除滤头套管所占体积。

②除钢筋混凝土滤板外，其他预制混凝土构件均按图示尺寸以"m³"计算，不扣除 0.3m² 以内孔洞所占体积。

4）折板、壁板制作安装：

①折板安装区分材质均按图示尺寸以"m²"计算。

②稳流板安装区分材质不分断面均按图示长度以"延长米"计算。

5）滤料铺设：各种滤料铺设均按设计要求的铺设平面乘以铺设厚度以"m^3"计算，锰砂、铁矿石滤料以"10t"计算。

6）防水工程：

①各种防水层按实铺面积，以"$100m^2$"计算，不扣除 $0.3m^2$ 以内孔洞所占面积。

②平面与立面交接处的防水层，其上卷高度超过 500mm 时，按立面防水层计算。

7）施工缝：各种材质的施工缝填缝及盖缝均不分断面按设计缝长以"延长米"计算。

8）井、池渗漏试验：井、池的渗漏试验区分井、池的容量范围，以"1000m"水容量计算。

（2）给排水机械设备安装

1）机械设备类。

①格栅除污机、滤网清污机、搅拌机械、曝气机、生物转盘、带式压滤机均区分设备重量，以"台"为计量单位，设备重量均包括设备带有的电动机的重量在内。

②螺旋泵、水射器、管式混合器、辊压转鼓式污泥脱水机、污泥造粒脱水机均区分直径，以"台"为计量单位。

③排泥、撇渣和除砂机械均区分跨度或池径按"台"为计量单位。

④闸门及驱动装置，均区分直径或长×宽以"座"为计量单位。

⑤曝气管不分曝气池和曝气沉砂池，均区分管径和材质按"延长米"为计量单位。

2）其他项目。

①集水槽制作安装分别按碳钢、不锈钢，区分厚度按"$10m^2$"为计量单位。

②集水槽制作、安装以设计断面尺寸乘以相应长度以"m^2"计算，断面尺寸应包括需要折边的长度，不扣除出水孔所占面积。

③堰板制作分别按碳钢、不锈钢区分厚度按"$10m^2$"为计量单位。

④堰板安装分别按金属和非金属区分厚度按"$10m^2$"计量。金属堰板适

用于碳钢、不锈钢,非金属堰板适用于玻璃钢和塑料。

⑤齿型堰板制作安装按堰板的设计宽度乘以长度以"m²"计算,不扣除齿型间隔空隙所占面积。

⑥穿孔管钻孔项目,区分材质按管径以"100个孔"为计量单位。钻孔直径是综合考虑取定的,不论孔径大与小均不做调整。

⑦斜板、斜管安装仅是安装费,按"10m²"为计量单位。

⑧格栅制作安装区分材质按格栅重量,以"t"为计量单位,制作所需的主材应区分规格、型号分别按定额中规定的使用量计算。

2. 定额工程量计算说明

(1)给排水构筑物 定额包括沉井、现浇钢筋混凝土池、预制混凝土构件、折(壁)板、滤料铺设、防水工程、施工缝、井池渗漏试验等项目。

1)沉井:

①沉井工程是按深度12m以内、陆上排水沉井考虑的。水中沉井、陆上水冲法沉井以及离河岸边近的沉井,需要采取地基加固等特殊措施者,可执行第四册"隧道工程"相应项目。

②沉井下沉项目中已考虑了沉井下沉的纠偏因素,但不包括压重助沉措施,若发生可另行计算。

③沉井制作不包括外渗剂,若使用外渗剂时可按当地有关规定执行。

2)现浇钢筋混凝土池类:

①池壁遇有附壁柱时,按相应柱定额项目执行,其中人工乘以系数1.05,其他不变。

②池壁挑檐是指在池壁上向外出檐作走道板用。池壁牛腿是指池壁上向内出檐以承托池盖用。

③无梁盖柱包括柱帽及桩座。

④井字梁、框架梁均执行连续梁项目。

⑤混凝土池壁、柱(梁)、池盖是按在地面以上3.6m以内施工考虑的,如超过3.6m者按:

a.采用卷扬机施工时,每10m³混凝土增加卷扬机(带塔)和人工见表5-97。

表 5-97　卷扬机施工

序号	项目名称	增加人工工日	增加卷扬机（带塔）台班
1	池壁、隔墙	8.7	0.59
2	柱、梁	6.1	0.39
3	池盖	6.1	0.39

b. 采用塔式起重机施工时，每 $10m^3$ 混凝土增加塔式起重机台班，按相应项目中搅拌机台班用量的 50% 计算。

⑥池盖定额项目中不包括进人孔，可按《全国统一安装工程预算定额》相应定额执行。

⑦格型池池壁执行直型池壁相应项目（指厚度）人工乘以系数 1.15，其他不变。

⑧悬空落泥斗按落泥斗相应项目人工乘以系数 1.4，其他不变。

3）预制混凝土构件：

①预制混凝土滤板中已包括了所设置预埋件 ABS 塑料滤头的套管用工，不得另计。

②集水槽若需留孔时，按每 10 个孔增加 0.5 个工日计。

③除混凝土滤板、铸铁滤板、支墩安装外，其他预制混凝土构件安装均执行异型构件安装项目。

4）施工缝：

①各种材质填缝的断面取定见表 5-98。

表 5-98　各种材质填缝断面尺寸

序号	项目名称	断面尺寸/cm
1	建筑油膏、聚氯乙烯胶泥	3×2
2	油浸木丝板	2.5×15
3	紫铜板止水带	展开宽 45
4	氯丁橡胶止水带	展开宽 30
5	其余	15×3

331

②如实际设计的施工缝断面与表 5-98 不同时，材料用量可以换算，其他不变。

③各项目的工作内容为：

a. 油浸麻丝：熬制沥青、调配沥青麻丝、填塞。

b. 油浸木丝板：熬制沥青、浸木丝板、嵌缝。

c. 玛琋脂：熬制玛琋脂、灌缝。

d. 建筑油膏、沥青砂浆：熬制油膏沥青，拌和沥青砂浆，嵌缝。

e. 贴氯丁橡胶片：清理，用乙酸乙酯洗缝；隔纸，用氯丁胶粘剂贴氯丁橡胶片，最后在氯丁橡胶片上涂胶铺砂。

f. 紫铜板止水带：铜板剪裁、焊接成型，铺设。

g. 聚氯乙烯胶泥：清缝、水泥砂浆勾缝，垫牛皮纸，熬制、灌取聚氯乙烯胶泥。

h. 预埋止水带：止水带制作、接头及安装。

i. 铁皮盖板：平面埋木砖，钉木条，木条上钉铁皮，立面埋木砖、木砖上钉铁皮。

④井、池渗漏试验：

a. 井池渗漏试验容量在 500m³ 是指井或小型池槽。

b. 井、池渗漏试验注水采用电动单级离心清水泵，定额项目中已包括了泵的安装与拆除用工，不得再另计。

c. 如构筑物池容量较大，需从一个池子向另一个池注水做渗漏试验，采用潜水泵时，其台班单价可以换算，其他均不变。

⑤执行《全国统一市政工程预算定额》GYD－306－1999 第六册"排水工程"或其他册章节的项目：

a. 构筑物的垫层执行《全国统一市政工程预算定额》GYD－306－1999 第三章非定型井、渠砌筑相应项目。

b. 构筑物混凝土项目中的钢筋、模板项目执行《全国统一安装工程预算定额》GYD－307－1999 第七章相应项目。

c. 需要搭拆脚手架者，执行《全国统一市政工程预算定额》GYD－301－1999 第一册"通用项目"相应项目。

d. 泵站上部工程及未包括的建筑工程，执行《全国统一建筑工程基础定额》相应项目。

e. 构筑物中的金属构件制作安装，执行《全国统一安装工程预算定额》相应项目。

f. 构筑物的防腐、内衬工程金属面，执行《全国统一安装工程预算定额》相应项目，非金属面应执行《全国统一建筑工程基础定额》相应项目。

（2）给排水机械设备安装

1）设备、机具和材料的搬运：

①设备：包括自安装现场指定堆放地点运至安装地点的水平和垂直搬运。

②机具和材料：包括施工单位现场仓库运至安装地点的水平和垂直搬运。

③垂直运输基准面：在室内，以室内地平面为基准面；在室外以室外安装现场地平面为基准面。

2）工作内容：

①设备、材料及机具的搬运，设备开箱点件、外观检查，配合基础验收，起重机具的领用、搬运、装拆、清洗、退库。

②划线定位，铲麻面、吊装、组装、连接、放置垫铁及地脚螺栓，找正、找平、精平、焊接、固定、灌浆。

③施工及验收规范中规定的调整、试验及无负荷试运转。

④工种间交叉配合的停歇时间、配合质量检查、交工验收，收尾结束工作。

⑤设备本体带有的物体、机件等附件的安装。

3）定额除有特别说明外，均未包括下列内容：

①设备、成品、半成品、构件等自安装现场指定堆放点外的搬运工作。

②因场地狭小、有障碍物，沟、坑等所引起的设备、材料、机具等增加的搬运、装拆工作。

③设备基础地脚螺栓孔、预埋件的修整及调整所增加的工作。

④供货设备整机、机件、零件、附件的处理、修补、修改、检修、加工、制作、研磨及测量等工作。

⑤非与设备本体联体的附属设备或构件等的安装、制作、刷油、防腐、保温等工作和脚手架搭拆工作。

⑥设备变速箱、齿轮箱的用油，以及试运转所用的油、水、电等。

⑦专用垫铁、特殊垫铁、地脚螺栓和产品图纸注明的标准件、紧固件。

⑧负荷试运转、生产准备试运转工作。

4）定额设备的安装是按无外围护条件下施工考虑的，如在有外围护的施工条件下施工，定额人工及机械应乘以 1.15 的系数，其他不变。

5）定额是按国内大多数施工企业普遍采用的施工方法、机械化程度和合理的劳动组织编制的，除另有说明外，均不得因上述因素有差异而对定额进行调整或换算。

6）一般起重机具的摊销费，执行《全国统一安装工程预算定额》的有关规定。

7）各节有关说明：

①拦污及提水设备：

a. 格栅组对的胎具制作，另行计算。

b. 格栅制作是按现场加工制作考虑的。

②投药、消毒设备：

a. 管式药液混合器，以两节为准，如为三节，乘以系数 1.3。

b. 水射器安装以法兰式连接为准，不包括法兰及短管的焊接安装。

c. 加氯机为膨胀螺栓固定安装。

d. 溶药搅拌设备以混凝土基础为准考虑。

③水处理设备：

a. 曝气机以带有公共底座考虑，如无公共底座时，定额基价乘以系数 1.3。如需制作安装钢制支承平台时，应另行计算。

b. 曝气管的分管以闸阀划分为界，包括钻孔。塑料管为成品件，如需粘接和焊接时，可按相应规格项目的定额基价分别乘以系数 1.2 和 1.3。

c. 卧式表曝机包括泵（E）型、平板型、倒伞型和 K 型叶轮。

④排泥、撇渣及除砂机械：

a. 排泥设备的池底找平由土建负责，如需钳工配合，另行计算。

b. 吸泥机以虹吸式为准，如采用泵吸式，定额基价乘以系数 1.3。

⑤污泥脱水机械：设备安装就位的上排、拐弯、下排，定额中均已综合考虑，施工方法与定额不同时，不得调整。

⑥闸门及驱动装置：

a. 铸铁圆闸门包括升杆式和暗杆式，其安装深度按 6m 以内考虑。

b. 铸铁方闸门以带门框座为准，其安装深度按 6m 以内考虑。

c. 铸铁堰门安装深度按 3m 以内考虑。

d. 螺杆启闭机安装深度按手轮式为 3m、手摇式为 4.5m、电动为 6m、汽动为 3m 以内考虑。

⑦集水槽、堰板制作安装及其他：

a. 集水槽制作安装：

（a）集水槽制作项目中已包括了钻孔或铣孔的用工和机械，执行时，不得再另计。

（b）碳钢集水槽制作和安装中已包括了除锈和刷一遍防锈漆、二遍调和漆的人工和材料，不得再另计除锈刷油费用。但如果油漆种类不同，油漆的单价可以换算，其他不变。

b. 堰板制作安装：

（a）碳钢、不锈钢矩形堰执行齿型堰相应项目，其中人工乘以系数 0.6，其他不变。

（b）金属齿型堰板安装方法是按有连接板考虑的，非金属堰板安装方法是按无连接板考虑的，如实际安装方法不同，定额不做调整。

（c）金属堰板安装项目，是按碳钢考虑的，不锈钢堰板按金属堰板安装相应项目基价乘以系数 1.2，主材另计，其他不变。

（d）非金属堰板安装项目适用于玻璃钢和塑料堰板。

c. 穿孔管、穿孔板钻孔：

（a）穿孔管钻孔项目适用于水厂的穿孔配水管、穿孔排泥管等各种材质管的钻孔。

（b）其工作内容包括：切管、划线、钻孔、场内材料运输。穿孔管的对接、安装应另按有关项目目计算。

d. 斜板、斜管安装：

（a）斜板安装定额是按成品考虑的，其内容包括固定、螺栓连接等，不包括斜板的加工制作费用。

（b）聚丙烯斜管安装定额是按成品考虑的，其内容包括铺装、固定、安装等。

四、水处理工程工程量计算实例

【例 5-19】图 5-110 所示为某给水排水工程中给水排水构筑物现浇钢筋混

凝土半地下室水池（水池为圆形），试计算其工程量。

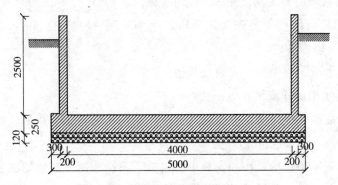

图 5-110　某水池剖面图（单位：mm）

【解】

清单工程量计算表见表 5-99，分部分项工程和单价措施项目清单与计价表见表 5-100。

表 5-99　清单工程量计算表

工程名称：某现浇钢筋混凝土半地下水池

序号	清单项目编码	清单项目名称	计算式	工程量合计	计量单位
1	040601006001	现浇混凝土池底	$V_1 = \pi \times 2.5^2 \times 0.25$	4.91	m³
2	040601007001	现浇混凝土池壁（隔墙）	$V_2 = (\pi \times 2.2^2 - \pi \times 2^2) \times 2.5$	6.59	m³

表 5-100　分部分项工程和单价措施项目清单与计价表

工程名称：某现浇钢筋混凝土半地下水池

序号	项目编码	项目名称	项目特征描述	计量单位	工程量	金额/元	
						综合单价	合价
1	040601006001	现浇混凝土池底	圆形钢筋混凝土	m³	4.91		
2	040601007001	现浇混凝土池壁（隔墙）	厚300mm	m³	6.59		

【例5-20】如图5-111所示：某直线井盖板长度$l=5\text{m}$，宽$B=3\text{m}$，厚度$h=0.3\text{m}$，铸铁井盖半径$r=0.3\text{m}$。

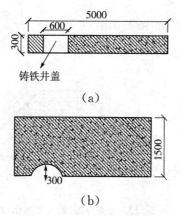

(a)

(b)

图5-111　直线井示意图

(a) 直线井剖面图　　(b) 直线井平面图（一半）

【解】

清单工程量计算表见表5-101，分部分项工程和单价措施项目清单与计价表见表5-102。

表5-101　清单工程量计算表

工程名称：某直线井

清单项目编码	清单项目名称	计算式	工程量合计	计量单位
040601005001	沉井混凝土顶板	$V=(Bl-\pi r^2)h$ $=(3\times5-3.14\times0.3^2)\times0.3$	4.42	m³

表5-102　分部分项工程和单价措施项目清单与计价表

工程名称：某直线井

项目编码	项目名称	项目特征描述	计量单位	工程量	金额/元	
					综合单价	合价
040601005001	沉井混凝土顶板	直线井的钢筋混凝土顶板	m³	4.42		

第七节　生活垃圾处理工程

一、市政垃圾处理工程读图识图

垃圾填埋场的基本组成如图 5-112 所示。

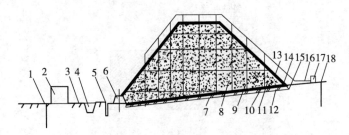

图 5-112　垃圾填埋场的基本组成

1—地下水监测井　2—污水处理厂　3—污水输送管道　4—污水调节池

5—污水集液井　6—垃圾坝　7—渗滤液收集管　8—垃圾填埋层

9—填埋气体导排井　10—渗滤水导流层　11—防渗层（包括隔水层，土工布保护层）

12—场底垫层　13—覆盖隔水层　14—覆盖土层　15—雨水沟　16—填埋气体输送管

17—填埋气体抽取站及回收利用设施　18—气体监测井

　　垃圾填埋场为防止顶面与底部渗漏需设置封顶层和防渗层。封顶层通常由矿物质密封层、排气层、排水层及地表土层组成，如图 5-113 所示。防渗层是指使用膨润土或 HDPE 膜等铺设而成的复合防渗层，如图 5-114、图 5-115 所示。

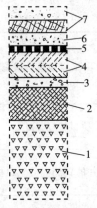

图 5-113　复合型封顶层示意图

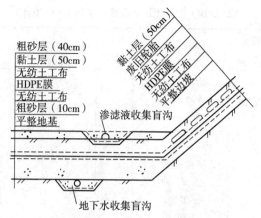

图 5-114　复合防渗示意图

1—垃圾堆积体　2—调整层　3—排气层

4—矿物密封层（包括第一、第二、第三层）　5—土工薄膜

6—排放系统　7—恢复断面（包括底层土和表土）

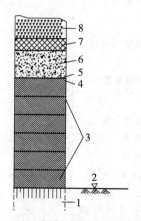

图 5-115　复合型底部衬层示意图

1—老土（下卧土）　2—下卧土层标高　3—矿物密封层（包括第一、第二、第三层）

4—土工薄膜　5—保护层　6—排水层　7—过渡层（如需要时）　8—废弃物

二、垃圾处理工程清单工程量计算规则

1. 垃圾卫生填埋

垃圾卫生填埋工程量清单项目设置、项目特征描述的内容、计量单位及工程量计算规则，应按表 5-103 的规定执行。

表 5-103 垃圾卫生填埋（编码：040701）

项目编码	项目名称	项目特征	计量单位	工程量计算规则	工程内容
040701001	场地平整	1. 部位 2. 坡度 3. 压实度	m²	按设计图示尺寸以面积计算	1. 找坡、平整 2. 压实
040701002	垃圾坝	1. 结构类型 2. 土石种类、密实度 3. 砌筑形式、砂浆强度等级 4. 混凝土强度等级 5. 断面尺寸	m³	按设计图示尺寸以体积计算	1. 模板制作、安装、拆除 2. 地基处理 3. 摊铺、夯实、碾压、整形、修坡 4. 砌筑、填缝、铺浆 5. 浇筑混凝土 6. 沉降缝 7. 养护
040701003	压实黏土防渗层	1. 厚度 2. 压实度 3. 渗透系数			1. 填筑、平整 2. 压实
040701004	高密度聚乙烯（HDPD）膜	1. 铺设位置 2. 厚度、防渗系数 3. 材料规格、强度、单位重量 4. 连（搭）接方式	m²	按设计图示尺寸以面积计算	1. 裁剪 2. 铺设 3. 连（搭）接
040701005	钠基膨润土防水毯（GCL）				
040701006	土工合成材料				
040701007	袋装土保护层	1. 厚度 2. 材料品种、规格 3. 铺设位置			1. 运输 2. 土装袋 3. 铺设或铺筑 4. 袋装土放置

续表

项目编码	项目名称	项目特征	计量单位	工程量计算规则	工程内容
040701008	帷幕灌浆垂直防渗	1. 地质参数 2. 钻孔孔径、深度、间距 3. 水泥浆配比	m	按设计图示尺寸以长度计算	1. 钻孔 2. 清孔 3. 压力注浆
040701009	碎（卵）石导流层	1. 材料品种 2. 材料规格 3. 导流层厚度或断面尺寸	m³	按设计图示尺寸以体积计算	1. 运输 2. 铺筑
040701010	穿孔管铺设	1. 材质、规格、型号 2. 直径、壁厚 3. 穿孔尺寸、间距 4. 连接方式 5. 铺设位置	m	按设计图示尺寸以长度计算	1. 铺设 2. 连接 3. 管件安装
040701011	无孔管铺设	1. 材质、规格 2. 直径、壁厚 3. 连接方式 4. 铺设位置			
040701012	盲沟	1. 材质、规格 2. 垫层、粒料规格 3. 断面尺寸 4. 外层包裹材料性能指标			1. 垫层、粒料铺筑 2. 管材铺设、连接 3. 粒料填充 4. 外层材料包裹
040701013	导气石笼	1. 石笼直径 2. 石料粒径 3. 导气管材质、规格 4. 反滤层材料 5. 外层包裹材料性能指标	1. m 2. 座	1. 以"m"计量，按设计图示尺寸以长度计算 2. 以"座"计量，按设计图示数量计算	1. 外层材料包裹 2. 导气管铺设 3. 石料填充

续表

项目编码	项目名称	项目特征	计量单位	工程量计算规则	工程内容
040701014	浮动覆盖膜	1. 材质、规格 2. 锚固方式	m²	按设计图示尺寸以面积计算	1. 浮动膜安装 2. 布置重力压管 3. 四周锚固
040701015	燃烧火炬装置	1. 基座形式、材质、规格、强度等级 2. 燃烧系统类型、参数	套	按设计图示数量计算	1. 浇筑混凝土 2. 安装 3. 调试
040701016	监测井	1. 地质参数 2. 钻孔孔径、深度 3. 监测井材料、直径、壁厚、连接方式 4. 滤料材质	口		1. 钻孔 2. 井筒安装 3. 填充滤料
040701017	堆体整形处理	1. 压实度 2. 边坡坡度		按设计图示尺寸以面积计算	1. 挖、填及找坡 2. 边坡整形 3. 压实
040701018	覆盖植被层	1. 材料品种 2. 厚度 3. 渗透系数	m²		1. 铺筑 2. 压实
040701019	防风网	1. 材质、规格 2. 材料性能指标			安装
040701020	垃圾压缩设备	1. 类型、材质 2. 规格、型号 3. 参数	套	按设计图示数量计算	1. 安装 2. 调试

注：1. 边坡处理应按"桥涵工程"中相关项目编码列项。

2. 填埋场渗沥液处理系统应按"水处理工程"中相关项目编码列项。

2. 垃圾焚烧

垃圾焚烧工程量清单项目设置、项目特征描述的内容、计量单位及工程量计算规则，应按表 5-104 的规定执行。

表 5-104　垃圾焚烧（编码：040702）

项目编码	项目名称	项目特征	计量单位	工程量计算规则	工程内容
040702001	汽车衡	1. 规格、型号 2. 精度	台	按设计图示数量计算	1. 安装 2. 调试
040702002	自动感应洗车装置	1. 类型 2. 规格、型号 3. 参数	套	按设计图示数量计算	1. 安装 2. 调试
040702003	破碎机		台		
040702004	垃圾卸料门	1. 尺寸 2. 材质 3. 自动开关装置	m²	按设计图示尺寸以面积计算	
040702005	垃圾抓斗起重机	1. 规格、型号、精度 2. 跨度、高度 3. 自动称重、控制系统要求	套	按设计图示数量计算	
040702006	焚烧炉体	1. 类型 2. 规格、型号 3. 处理能力 4. 参数			

3. 清单相关问题及说明

1）垃圾处理工程中的建筑物、园林绿化等应按相关专业计量规范清单项目编码列项。

2）清单项目工作内容中均未包括"土石方开挖"、"回填夯实"等，应按"土石方工程"中相关项目编码列项。

3）本节设备安装工程只列了垃圾处理工程专用设备的项目，其余如除尘装置、除渣设备、烟气净化设备、飞灰固化设备、发电设备及各类风机、仪表、泵、阀门等标准、定型设备等应按现行国家标准《通用安装工程工程量计算规范》GB 50856—2013 中相关项目编码列项。

第八节 路灯工程

一、市政路灯工程读图识图

1. 路灯工程施工图组成

城市道路照明施工图是市政建设项目各类图纸的重要组成部分之一。它的任务主要是用来表明城市道路电气照明工程的构造和功能，描述电气照明装置的工作原理，提供设备、线路等的安装技术数据和使用维护依据等。城市道路照明施工图，虽然属于建筑电气工程施工图，但它的组成却与建筑电气工程施工图的组成不完全相同。路灯照明施工图，一般来说仅由图纸目录，设计说明、平面图和详图等几部分组成，而没有电气照明系统图，这是路灯照明施工图组成，与建筑电气施工图组成的惟一不同点。关于路灯照明工程施工图的组成内容和特点分述如下：

（1）图纸目录和设计说明 图纸目录是用来表明本项市政建设项目路灯照明工程由哪些图纸所组成，各类图纸的名称、编号、张数、图幅规格等。其作用主要是为了便于查阅该项工程有关图纸。

设计说明又称施工说明。它没有固定的内容格式，应视工程具体情况而定。但一般主要阐明工程的概貌、工程规模、设计依据、施工要求等。

（2）施工图纸 路灯工程施工图主要是平面图、接线图和详图。

1）路灯平面图。表明照明线路，照明设备平面布置的图纸，就称为"平面图"。它一般是在城市道路平面图的基础上绘制出来的。它可以单独绘制，也可以与给排水管道、燃气与集中供热管道等施工图绘制在同一张图纸上。

2）接线图。电气工程接线图可分为电气装置内部各元件之间及其与其他装置之间的连接关系等图。这里说的接线图，主要是指路灯照明系统中的电缆（线）接线、电缆中间头接线，灯具接线、路灯控制设备接线等。这种图纸是用来指导路灯照明线路、设备安装、接线和查线的图纸，如图 5-116 所示。

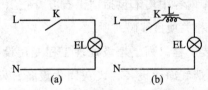

图 5-116 高压汞灯控制线路图

(a) 自镇流式接线图 (b) 带镇流器式线图

3）详图。又称节"点大样图"。它主要是表明路灯照明工程中设备安装的某一部分的具体安装要求和做法的图纸。路灯照明工程详图按照使用性质的不同，有全国通用详图和非通用详图两大类。图 5-117 所示是防爆荧光灯立柱式安装全国通用详图。该详图安装所需材料及规格等，见表 5-105。

表 5-105　防爆荧光灯立柱式安装材料表

编号	名称	型号及规格	单位	数量
1	槽钢	[5，$l=200$	根	4
2	槽钢	[14，$l=2500$	根	1
3	镀锌钢管	DN32	m	4
4	电缆	由工程设计定	m	—
5	防爆荧光灯	BYS—80	套	1
6	关卡	由防爆灯具成套供应	个	2
7	密封头	DN32 钢管用	个	1
8	防爆接线盒	由工程设计定	个	1
9	钢板	$250 \times 250 \times 10$	块	1
10	螺栓、螺母、垫圈	U 型 M16/90，AM16，A16	套	4

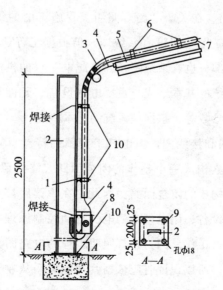

图 5-117　防爆荧光灯立柱式安装详图

（3）设备材料表 设备材料表又称"工程量表"。根据工程规模大小不同，有设备材料明细表和综合表之分。设备材料表列出了该项电气照明工程所需要的设备和材料的名称、型号（或牌号）、规格和数量等。其用途主要是供建设单位采购材料和造价人员编制工程量清单和工程预算计算工程量时的参考。

2. 路灯照明工程施工图识读

城市道路照明施工图识读没有固定的方法。同时，路灯照明工程施工图一般来说，比工业建设项目的电气图小且张数少，而且内容也比较简单，所以当拿到一套城市道路照明施工图时，应按照下述步骤和方法进行识读，才能获得理想的效果和达到识图的目的。

（1）识读的步骤

1）查看图纸目录。了解工程项目图纸组成内容、张数、图号及名称等。

2）阅读设计总说明。了解工程总体概况及设计依据和标准。了解图纸中未能表达清楚的各有关事项，如供电电源的来源、电压等级、线路敷设方式、设备安装高度，安装方式及施工应注意的事项等。有些分项局部问题是在各分项工程图纸上说明的，所以阅读分项工程图纸时，也要先看图纸中的设计说明。

3）阅读系统图。在关于"路灯照明工程施工图的组成和特点"一题中已说明路灯照明施工图一般没有系统图，但根据工程项目规模大小的不同，有些照明供电电源部分也有系统图，如变配电工程的供电系统图等。读系统图的目的是了解系统的基本组成、主要电气设备、元件等连接关系及它们的规格、型号，有关参数等，掌握该系统的基本概况。

4）阅读电路图和接线图。由电气工程图的特点得知，任何一个电路都必须由四个基本要素构成一个整体的闭合回路，路灯照明电路也是由电源、开关、导线和光源构成的闭合回路。因此，在识读路灯照明施工图时，要了解各系统中的供电设备、用电设备的电气自动控制原理，以便指导设备的安装和控制系统的调试工作。因为路灯照明工程的电路图设计人员一般是采用功能布局法绘制的，所以识读时应依据其功能关系从左至右或从上至下一个回路一个回路地进行阅读。

5）阅读平面布置图。平面布置图是电气设备安装工程图纸中的重要图纸之一，各类电气平面图，都是用来表示设备安装位置、线路敷设部位、敷设方式及所用导线型号、规格、数量、管径大小的，是安装施工、编制工程量清单及工程预算的主要依据，必须具有熟练的阅读功能。

6）阅读安装大样图（详图）。安装大样图是按照机械制图方法绘制的用来详细表示设备安装方法的图纸，也是用来指导施工、计算工程量和编制工程材料计划的重要依据。

7）阅读设备材料表。设备材料表提供了该工程所需要的设备、材料的型号、规格和数量，是编制设备、材料采购计划的重要依据，也是编制工程量清单及工程预算计算工程量的重要参考依据。

（2）识读的方法　城市路灯照明工程施工的识读方法，概括起来是：从电源来源处起，沿电能输送电路的方向，分系统，分道路，分街巷，至用电设备（主要是指"电光源"），一条线一条线地阅读。这种方法可用程序式表达为电源起点→配电设备→控制设备→用电设备（电光源）。

（3）识图注意事项

1）注意从粗到细，循序看图，切忌粗糙，杂乱无章，无头无绪地看。

2）注意相互对照，综合看图。

3）注意从整体到局部及重点看图。

4）注意在施工现场和日常生活中，结合实际看图。

5）泣意图中说明或附注。

6）注意索引标志和详图标志。

7）注意标高和比例。

8）注意材料规格、数量和做法。

二、路灯工程清单工程量计算规则

1. 变配电设备工程

变配电设备工程工程量清单项目设置、项目特征描述的内容、计量单位及工程量计算规则，应按表 5-106 的规定执行。

表 5-106　变配电设备工程（编码：040801）

项目编码	项目名称	项目特征	计量单位	工程量计算规则	工程内容
040801001	杆上变压器	1. 名称 2. 型号 3. 容量（kV·A） 4. 电压（kV） 5. 支架材质、规格 6. 网门、保护门材质、规格 7. 油过滤要求 8. 干燥要求	台	按设计图示数量计算	1. 支架制作、安装 2. 本体安装 3. 油过滤 4. 干燥 5. 网门、保护门制作、安装 6. 补刷（喷）油漆 7. 接地
040801002	地上变压器	1. 名称 2. 型号 3. 容量（kV·A） 4. 电压（kV） 5. 基础形式、材质、规格 6. 网门、保护门材质、规格 7. 油过滤要求 8. 干燥要求			1. 基础制作、安装 2. 本体安装 3. 油过滤 4. 干燥 5. 网门、保护门制作、安装 6. 补刷（喷）油漆 7. 接地
040801003	组合型成套箱式变电站	1. 名称 2. 型号 3. 容量（kV·A） 4. 电压（kV） 5. 组合形式 6. 基础形式、材质、规格			1. 基础制作、安装 2. 本体安装 3. 进箱母线安装 4. 补刷（喷）油漆 5. 接地
040801004	高压成套配电柜	1. 名称 2. 型号 3. 规格 4. 母线配置方式 5. 种类 6. 基础形式、材质、规格			1. 基础制作、安装 2. 本体安装 3. 补刷（喷）油漆 4. 接地

续表

项目编码	项目名称	项目特征	计量单位	工程量计算规则	工程内容
040801005	低压成套控制柜	1. 名称 2. 型号 3. 规格 4. 种类 5. 基础形式、材质、规格 6. 接线端子材质、规格 7. 端子板外部接线材质、规格	台	按设计图示数量计算	1. 基础制作、安装 2. 本体安装 3. 附件安装 4. 焊、压接线端子 5. 端子接线 6. 补刷（喷）油漆 7. 接地
040801006	落地式控制箱	1. 名称 2. 型号 3. 规格 4. 基础形式、材质、规格 5. 回路 6. 附件种类、规格 7. 接线端子材质、规格 8. 端子板外部接线材质、规格			
040801007	杆上控制箱	1. 名称 2. 型号 3. 规格 4. 回路 5. 附件种类、规格 6. 支架材质、规格 7. 进出线管管架材质、规格、安装高度 8. 接线端子材质、规格 9. 端子板外部接线材质、规格			1. 支架制作、安装 2. 本体安装 3. 附件安装 4. 焊、压接线端子 5. 端子接线 6. 进出线管管架安装 7. 补刷（喷）油漆 8. 接地

续表

项目编码	项目名称	项目特征	计量单位	工程量计算规则	工程内容
040801008	杆上配电箱	1. 名称 2. 型号 3. 规格	台	按设计图示数量计算	1. 支架制作、安装 2. 本体安装 3. 焊、压接线端子 4. 端子接线 5. 补刷（喷）油漆 6. 接地
040801009	悬挂嵌入式配电箱	4. 安装方式 5. 支架材质、规格 6. 接线端子材质、规格 7. 端子板外部接线材质、规格			
040801010	落地式配电箱	1. 名称 2. 型号 3. 规格 4. 基础形式、材质、规格 5. 接线端子材质、规格 6. 端子板外部接线材质、规格			
040801011	控制屏	1. 名称 2. 型号 3. 规格 4. 种类 5. 基础形式、材质、规格			1. 基础制作、安装 2. 本体安装 3. 端子板安装 4. 焊、压接线端子 5. 盘柜配线、端子接线 6. 小母线安装 7. 屏边安装 8. 补刷（喷）油漆 9. 接地
040801012	继电、信号屏	6. 接线端子材质、规格 7. 端子板外部接线材质、规格 8. 小母线材质、规格 9. 屏边规格			

续表

项目 编码	项目 名称	项目特征	计量 单位	工程量 计算规则	工程内容
040801013	低压 开关柜 （配电屏）	1. 名称 2. 型号 3. 规格 4. 种类 5. 基础形式、材质、规格 6. 接线端子材质、规格 7. 端子板外部接线材质、规格 8. 小母线材质、规格 9. 屏边规格			1. 基础制作、安装 2. 本体安装 3. 端子板安装 4. 焊、压接线端子 5. 盘柜配线、端子接线 6. 屏边安装 7. 补刷（喷）油漆 8. 接地
040801014	弱电控制返回屏	1. 名称 2. 型号 3. 规格 4. 种类 5. 基础形式、材质、规格 6. 接线端子材质、规格 7. 端子板外部接线材质、规格 8. 小母线材质、规格 9. 屏边规格	台	按设计图示数量计算	1. 基础制作、安装 2. 本体安装 3. 端子板安装 4. 焊、压接线端子 5. 盘柜配线、端子接线 6. 小母线安装 7. 屏边安装 8. 补刷（喷）油漆 9. 接地
040801015	控制台	1. 名称 2. 型号 3. 规格 4. 种类 5. 基础形式、材质、规格 6. 接线端子材质、规格 7. 端子板外部接线材质、规格 8. 小母线材质、规格			1. 基础制作、安装 2. 本体安装 3. 端子板安装 4. 焊、压接线端子 5. 盘柜配线、端子接线 6. 屏边安装 7. 补刷（喷）油漆 8. 接地

续表

项目编码	项目名称	项目特征	计量单位	工程量计算规则	工程内容
040801016	电力电容器	1. 名称 2. 型号 3. 规格 4. 质量	个	按设计图示数量计算	1. 本体安装、调试 2. 接线 3. 接地
040801017	跌落式熔断器	1. 名称 2. 型号 3. 规格 4. 安装部位	组		1. 本体安装、调试 2. 接线 3. 接地
040801018	避雷器	1. 名称 2. 型号 3. 规格 4. 电压（kV） 5. 安装部位	组		1. 本体安装、调试 2. 接线 3. 补刷（喷）油漆 4. 接地
040801019	低压熔断器	1. 名称 2. 型号 3. 规格 4. 接线端子材质、规格	个		1. 本体安装 2. 焊、压接线端子 3. 接线
040801020	隔离开关	1. 名称 2. 型号 3. 容量（A） 4. 电压（kV） 5. 安装条件 6. 操作机构名称、型号 7. 接线端子材质、规格	组		1. 本体安装、调试 2. 接线 3. 补刷（喷）油漆 4. 接地
040801021	负荷开关		组		
040801022	真空断路器		台		
040801023	限位开关	1. 名称 2. 型号 3. 规格 4. 接线端子材质、规格	个		1. 本体安装 2. 焊、压接线端子 3. 接线
040801024	控制器		台		
040801025	接触器		台		
040801026	磁力启动器		台		

续表

项目编码	项目名称	项目特征	计量单位	工程量计算规则	工程内容
040801027	分流器	1. 名称 2. 型号 3. 规格 4. 容量（A） 5. 接线端子材质、规格	个	按设计图示数量计算	1. 本体安装 2. 焊、压接线端子 3. 接线
040801028	小电器	1. 名称 2. 型号 3. 规格 4. 接线端子材质、规格	个（套、台）		
040801029	照明开关	1. 名称 2. 材质 3. 规格 4. 安装方式	个		1. 本体安装 2. 接线
040801030	插座				
040801031	线缆断线报警装置	1. 名称 2. 型号 3. 规格 4. 参数	套		1. 本体安装、调试 2. 接线
040801032	铁构件制作、安装	1. 名称 2. 材质 3. 规格	kg	按设计图示尺寸以质量计算	1. 制作 2. 安装 3. 补刷（喷）油漆
040801033	其他电器	1. 名称 2. 型号 3. 规格 4. 安装方式	个（套、台）	按设计图示数量计算	1. 本体安装 2. 接线

注：1. 小电器包括按钮、测量表计、继电器、电磁锁、屏上辅助设备、辅助电压互感器、小型安全变压器等。

2. 其他电器安装指未列的电器项目，必须根据电器实际名称确定项目名称。明确描述项目特征、计量单位、工程量计算规则、工作内容。

3. 铁构件制作、安装适用于路灯工程的各种支架、铁构件的制作、安装。

4. 设备安装未包括地脚螺栓安装、浇筑（二次灌浆、抹面），如需安装应按现行国家标准

《房屋建筑与装饰工程工程量计算规范》GB 50854—2013 中相关项目编码列项。

5. 盘、箱、柜的外部进出线预留长度见表 5-107。

表 5-107　盘、箱、柜的外部进出电线预留长度

序号	项目	预留长度/（m/根）	说明
1	各种箱、柜、盘、板、盒	高+宽	盘面尺寸
2	单独安装的铁壳开关、自动开关、刀开关、启动器、箱式电阻器、变阻器	0.5	从安装对象中心算起
3	继电器、控制开关、信号灯、按钮、熔断器等小电器	0.3	
4	分支接头	0.2	分支线预留

2. 10kV 以下架空线路工程

10kV 以下架空线路工程工程量清单项目设置、项目特征描述的内容、计量单位及工程量计算规则，应按表 5-108 的规定执行。

表 5-108　10kV 以下架空线路工程（编码：040802）

项目编码	项目名称	项目特征	计量单位	工程量计算规则	工程内容
040802001	电杆组立	1. 名称 2. 规格 3. 材质 4. 类型 5. 地形 6. 土质 7. 底盘、拉盘、卡盘规格 8. 拉线材质、规格、类型 9. 引下线支架安装高度 10. 垫层、基础：厚度、材料品种、强度等级 11. 电杆防腐要求	根	按设计图示数量计算	1. 工地运输 2. 垫层、基础浇筑 3. 底盘、拉盘、卡盘安装 4. 电杆组立 5. 电杆防腐 6. 拉线制作、安装 7. 引下线支架安装

续表

项目编码	项目名称	项目特征	计量单位	工程量计算规则	工程内容
040802002	横担组装	1. 名称 2. 规格 3. 材质 4. 类型 5. 安装方式 6. 电压（kV） 7. 瓷瓶型号、规格 8. 金具型号、规格	组	按设计图示数量计算	1. 横担安装 2. 瓷瓶、金具组装
040802003	导线架设	1. 名称 2. 型号 3. 规格 4. 地形 5. 导线跨越类型	km	按设计图示尺寸另加预留量以单线长度计算	1. 工地运输 2. 导线架设 3. 导线跨越及进户线架设

注：导线架设预留长度见表5-109。

表 5-109 架空导线预留长度

项目		预留长度/（m/根）
高压	转角	2.5
	分支、终端	2.0
低压	分支、终端	0.5
	交叉跳线转角	1.5
与设备连线		0.5
进户线		2.5

3. 电缆工程

电缆工程工程量清单项目设置、项目特征描述的内容、计量单位及工程量计算规则，应按表5-110的规定执行。

表 5-110 电缆工程 (编码：040803)

项目编码	项目名称	项目特征	计量单位	工程量计算规则	工程内容
040803001	电缆	1. 名称 2. 型号 3. 规格 4. 材质 5. 敷设方式、部位 6. 电压（kV） 7. 地形	m	按设计图示尺寸另加预留及附加量以长度计算	1. 揭（盖）盖板 2. 电缆敷设
040803002	电缆保护管	1. 名称 2. 型号 3. 规格 4. 材质 5. 敷设方式 6. 过路管加固要求		按设计图示尺寸以长度计算	1. 保护管敷设 2. 过路管加固
040803003	电缆排管	1. 名称 2. 型号 3. 规格 4. 材质 5. 垫层、基础：厚度、材料品种、强度等级 6. 排管排列形式	m	按设计图示尺寸以长度计算	1. 垫层、基础浇筑 2. 排管敷设
040803004	管道包封	1. 名称 2. 规格 3. 混凝土强度等级			1. 灌注 2. 养护
040803005	电缆终端头	1. 名称 2. 型号 3. 规格 4. 材质、类型 5. 安装部位 6. 电压（kV）	个	按设计图示数量计算	1. 制作 2. 安装 3. 接地

续表

项目编码	项目名称	项目特征	计量单位	工程量计算规则	工程内容
040803006	电缆中间头	1. 名称 2. 型号 3. 规格 4. 材质、类型 5. 安装方式 6. 电压（kV）	个	按设计图示数量计算	1. 制作 2. 安装 3. 接地
040803007	铺砂、盖保护板（砖）	1. 种类 2. 规格	m	按设计图示尺寸以长度计算	1. 铺砂 2. 盖保护板（砖）

注：1. 电缆穿刺线夹按电缆中间头编码列项。

2. 电缆保护管敷设方式清单项目特征描述时应区分直埋保护管、过路保护管。

3. 顶管敷设应按"管道铺设"中相关项目编码列项。

4. 电缆井应按"管道附属构筑物"中相关项目编码列项，如有防盗要求的应在项目特征中描述。

5. 电缆敷设预留量及附加长度见表 5-111。

表 5-111 电缆敷设预留量及附加长度

序号	项目	预留（附加）长度/m	说明
1	电缆敷设弛度、波形弯度、交叉	2.5%	按电缆全长计算
2	电缆进入建筑物	2.0	规范规定最小值
3	电缆进入沟内或吊架时引上（下）预留	1.5	规范规定最小值
4	变电所进线、出线	1.5	规范规定最小值
5	电力电缆终端头	1.5	检修余量最小值
6	电缆中间接头盒	两端各留 2.0	检修余量最小值
7	电缆进控制、保护屏及模拟盘等	高+宽	按盘面尺寸
8	高压开关柜及低压配电盘、箱	2.0	盘下进出线
9	电缆至电动机	0.5	从电动机接线盒算起
10	厂用变压器	3.0	从地坪算起
11	电缆绕过梁、柱等增加长度	按实计算	按被绕物的断面情况计算增加长度

4. 配管、配线工程

配管、配线工程工程量清单项目设置、项目特征描述的内容、计量单位及工程量计算规则，应按表 5-112 的规定执行。

表 5-112　配管、配线工程（编码：040804）

项目编码	项目名称	项目特征	计量单位	工程量计算规则	工程内容
040804001	配管	1. 名称 2. 材质 3. 规格 4. 配置形式 5. 钢索材质、规格 6. 接地要求	m	按设计图示尺寸以长度计算	1. 预留沟槽 2. 钢索架设（拉紧装置安装） 3. 电线管路敷设 4. 接地
040804002	配线	1. 名称 2. 配线形式 3. 型号 4. 规格 5. 材质 6. 配线部位 7. 配线线制 8. 钢索材质、规格	m	按设计图示尺寸另加预留量以单线长度计算	1. 钢索架设（拉紧装置安装） 2. 支持体（绝缘子等）安装 3. 配线
040804003	接线箱	1. 名称 2. 规格 3. 材质 4. 安装形式	个	按设计图示数量计算	本体安装
040804004	接线盒				
040804005	带形母线	1. 名称 2. 型号 3. 规格 4. 材质 5. 绝缘子类型、规格 6. 穿通板材质、规格 7. 引下线材质、规格 8. 伸缩节、过渡板材质、规格 9. 分相漆品种	m	按设计图示尺寸另加预留量以单相长度计算	1. 支持绝缘子安装及耐压试验 2. 穿通板制作、安装 3. 母线安装 4. 引下线安装 5. 伸缩节安装 6. 过渡板安装 7. 拉紧装置安装 8. 刷分相漆

注：1. 配管安装不扣除管路中间的接线箱（盒）、灯头盒、开关盒所占长度。

2. 配管名称指电线管、钢管、塑料管等。

3. 配管配置形式是指明配、暗配、钢结构支架、钢索配管、埋地敷设、水下敷设、砌筑沟内敷设等。

4. 配线名称指管内穿线、塑料护套配线等。

5. 配线形式指照明线路、木结构、砖、混凝土结构、沿钢索等。

6. 配线进入箱、柜、板的预留长度见表 5-113，母线配置安装的预留长度见表 5-114。

表 5-113　配线进入箱、柜、板的预留长度（每一根线）

序号	项目	预留长度/m	说明
1	各种开关箱、柜、板	高＋宽	盘面尺寸
2	单独安装（无箱、盘）的铁壳开关、闸刀开关、启动器、线槽进出线盒等	0.3	从安装对象中心算起
3	由地面管子出口引至动力接线箱	1.0	从管口计算
4	电源与管内导线连接（管内穿线与软、硬、母线接点）	1.5	从管口计算

表 5-114　母线配制安装预留长度

序号	项目	预留长度/m	说明
1	带形母线终端	0.3	从最后一个支持点算起
2	带形母线与分支线连接	0.5	分支线预留
3	带形母线与设备连接	0.5	从设备端子接口算起
4	接地母线、引下线附加长度	3.9%	按接地母线、引下线全长计算

5. 照明器具安装工程

照明器具安装工程工程量清单项目设置、项目特征描述的内容、计量单位及工程量计算规则，应按表 5-115 的规定执行。

表 5-115　照明器具安装工程（编码：040805）

项目编码	项目名称	项目特征	计量单位	工程量计算规则	工程内容
040805001	常规照明灯				1. 垫层铺筑 2. 基础制作、安装 3. 立灯杆 4. 杆座制作、安装 5. 灯架制作、安装 6. 灯具附件安装
040805002	中杆照明灯	1. 名称 2. 型号 3. 灯杆材质、高度 4. 灯杆编号 5. 灯架形式及臂长 6. 光源数量 7. 附件配置	套	按设计图示数量计算	7. 焊、压接线端子 8. 接线 9. 补刷（喷）油漆 10. 灯杆编号 11. 接地 12. 试灯
040805003	高杆照明灯	8. 垫层、基础：厚度、材料品种、强度等级 9. 杆座形式、材质、规格 10. 接线端子材质、规格 11. 编号要求 12. 接地要求			1. 垫层铺筑 2. 基础制作、安装 3. 立灯杆 4. 杆座制作、安装 5. 灯架制作、安装 6. 灯具附件安装 7. 焊、压接线端子 8. 接线 9. 补刷（喷）油漆 10. 灯杆编号 11. 升降机构接线调试 12. 接地 13. 试灯

续表

项目编码	项目名称	项目特征	计量单位	工程量计算规则	工程内容
040805004	景观照明灯	1. 名称 2. 型号 3. 规格 4. 安装形式 5. 接地要求	1. 套 2. m	1. 以"套"计量，按设计图示数量计算 2. 以"m"计量，按设计图示尺寸以"延长米"计算	1. 灯具安装 2. 焊、压接线端子 3. 接线 4. 补刷（喷）油漆 5. 接地 6. 试灯
040805005	桥栏杆照明灯		套	按设计图示数量计算	
040805006	地道涵洞照明灯				

注：1. 常规照明灯是指安装在高度≤15m 的灯杆上的照明器具。

2. 中杆照明灯是指安装在高度≤19m 的灯杆上的照明器具。

3. 高杆照明灯是指安装在高度>19m 的灯杆上的照明器具。

4. 景观照明灯是指利用不同的造型、相异的光色与亮度来造景的照明器具。

6. 防雷接地装置工程

防雷接地装置工程工程量清单项目设置、项目特征描述的内容、计量单位及工程量计算规则，应按表 5-116 的规定执行。

表 5-116　防雷接地装置工程（编码：040806）

项目编码	项目名称	项目特征	计量单位	工程量计算规则	工程内容
040806001	接地极	1. 名称 2. 材质 3. 规格 4. 土质 5. 基础接地形式	根（块）	按设计图示数量计算	1. 接地极（板、桩）制作、安装 2. 补刷（喷）油漆

续表

项目编码	项目名称	项目特征	计量单位	工程量计算规则	工程内容
040806002	接地母线	1. 名称 2. 材质 3. 规格			1. 接地母线制作、安装 2. 补刷（喷）油漆
040806003	避雷引下线	1. 名称 2. 材质 3. 规格 4. 安装高度 5. 安装形式 6. 断接卡子、箱材质、规格	m	按设计图示尺寸另加附加量以长度计算	1. 避雷引下线制作、安装 2. 断接卡子、箱制作、安装 3. 补刷（喷）油漆
040806004	避雷针	1. 名称 2. 材质 3. 规格 4. 安装高度 5. 安装形式	套（基）	按设计图示数量计算	1. 本体安装 2. 跨接 3. 补刷（喷）油漆
040806005	降阻剂	名称	kg	按设计图示数量以质量计算	施放降阻剂

注：接地母线、引下线附加长度见表 5-114。

7. 电气调整工程

电气调整试验工程量清单项目设置、项目特征描述的内容、计量单位及工程量计算规则，应按表 5-117 的规定执行。

表 5-117　电气调整试验（编码：040807）

项目编码	项目名称	项目特征	计量单位	工程量计算规则	工程内容
040807001	变压器系统调试	1. 名称 2. 型号 3. 容量(kV·A)	系统	按设计图示数量计算	系统调试

续表

项目编码	项目名称	项目特征	计量单位	工程量计算规则	工程内容
040807002	供电系统调试	1. 名称 2. 型号 3. 电压（kV）	系统	按设计图示数量计算	系统调试
040807003	接地装置调试	1. 名称 2. 类别	系统 （组）		接地电阻测试
040807004	电缆试验	1. 名称 2. 电压（kV）	次（根、点）		试验

8. 清单相关问题及说明

1）本节清单项目工作内容中均未包括土石方开挖及回填、破除混凝土路面等，发生时应按"土石方工程"及"拆除工程"中相关项目编码列项。

2）本节清单项目工作内容中均未包括除锈、刷漆（补刷漆除外），发生时应按现行国家标准《通用安装工程工程量计算规范》GB 50856—2013 中相关项目编码列项。

3）本节清单项目工作内容包含补漆的工序，可不进行特征描述，由投标人根据相关规范标准自行考虑报价。

4）本节中的母线、电线、电缆、架空导线等，按表 5-107、表 5-109、表 5-111、表 5-113、表 5-114 的规定计算附加长度（波形长度或预留量）计入工程量中。

三、路灯工程定额工程量计算规则

1. 定额工程量计算规则

（1）变配电设备工程

1）变压器安装，按不同容量以"台"为计量单位。一般情况下不需要变压器干燥，如确实需要干燥，可执行《全国统一安装工程预算定额》相应项目。

2）变压器油过滤，不论过滤多少次，直到过滤合格为止。以"t"为计量单位，变压器油的过滤量，可按制造厂提供的油量计算。

3）高压成套配电柜和组合箱式变电站安装，以"台"为计量单位，均未包括基础槽钢、母线及引下线的配置安装。

4）各种配电箱、柜安装均按不同半周长以"套"为单位计算。

5) 铁构件制作安装按施工图示以"100kg"为单位计算。

6) 盘柜配线按不同断面、长度应按表 5-107 计算。

7) 各种接线端子按不同导线截面积，以"10 个"为单位计算。

(2) 架空线路工程

1) 底盘、卡盘、拉线盘按设计用量以"块"为单位计算。

2) 各种电线杆组立，分材质与高度，按设计数量以"根"为单位计算。

3) 拉线制作安装，按施工图设计规定，分不同形式以"组"为单位计算。

4) 横担安装，按施工图设计规定，分不同线数以"组"为单位计算。

5) 导线架设，分导线类型与截面，按"1km/单线"计算，导线预留长度规定见表 5-109。

6) 导线跨越架设，指越线架的搭设、拆除和越线架的运输以及因跨越施工难度而增加的工作量，以"处"为单位计算，每个跨越间距按 50m 以内考虑的，大于 50m 小于 100m 时，按 2 处计算。

7) 路灯设施编号按"100 个"为单位计算；开关箱号不满 10 只按 10 只计算；路灯编号不满 15 只按 15 只计算；钉粘贴号牌不满 20 个按 20 个计算。

8) 混凝土基础制作以"m³"为单位计算。

9) 绝缘子安装以"10 个"为单位计算。

(3) 电缆工程

1) 直埋电缆的挖、填土（石）方，除特殊要求外，可按表 5-118 计算土方量。

表 5-118　直埋电缆的挖、填土（石）方土方量的计算

项目	电缆根数	
每米沟长挖方量/（m³/m）	1～2	每增一根
	0.45	0.153

2) 电缆沟盖板揭、盖定额，按每揭盖一次以"延长米"计算。如又揭又盖，则按两次计算。

3) 电缆保护管长度，除按设计规定长度计算外，遇有下列情况，应按以下规定增加保护管长度。

①横穿道路，按路基宽度两端各加 2m。

②垂直敷设时管口离地面加 2m。

③穿过建筑物外墙时，按基础外缘以外加 2m。

④穿过排水沟，按沟壁外缘以外加 1m。

4）电缆保护管埋地敷设时，其土方量有施工图注明的，按施工图计算；无施工图的一般按沟深 0.9m，沟宽按最外边的保护管两侧边缘外各加 0.3m 工作面计算。

5）电缆敷设按"单根延长米"计算。

6）电缆敷设长度应根据敷设路径的水平和垂直敷设长度，电缆附加长度见表 5-111。

7）电缆终端头及中间头均以"个"为计量单位。一根电缆按两个终端头，中间头设计有图示的，按图示确定，没有图示，按实际计算。

（4）配管配线工程

1）各种配管的工程量计算，应区别不同敷设方式、敷设位置、管材材质、规格，以"延长米"为计量单位。不扣除管路中间的接线箱（盒）、灯盒、开关盒所占长度。

2）定额中未包括钢索架设及拉紧装置、接线箱（盒）、支架的制作安装，其工程量另行计算。

3）管内穿线定额工程量计算，应区别线路性质、导线材质、导线截面积，按"单线延长米"计算。线路的分支接头线的长度已综合考虑在定额中，不再计算接头长度。

4）塑料护套线明敷设工程量计算，应区别导线截面积、导线芯数、敷设位置，按"单线路延长米"计算。

5）钢索架设工程量计算，应区分圆钢、钢索直径，按图示墙柱内缘距离，按"延长米"计算，不扣除拉紧装置所占长度。

6）母线拉紧装置及钢索拉紧装置制作安装工程量计算，应区别母线截面积、花篮螺栓直径以"10 套"为单位计算。

7）带行母线安装工程量计算，应区分母线材质、母线截面积、安装位置，按"延长米"计算。

8）接线盒安装工程量计算，应区别安装形式，以及接线盒类型，以"10 个"为单位计算。

9）开关、插座、按钮等的预留线，已分别综合在相应定额内，不另计算。

（5）照明器具安装工程

1）各种悬挑灯、广场灯、高杆灯灯架分别以"10套""套"为单位计算。

2）各种灯具、照明器件安装分别以"10套""套"为单位计算。

3）灯杆座安装以"10只"为单位计算。

（6）防雷接地装置工程

1）接地极制作安装以"根"为计量单位，其长度按设计长度计算，设计无规定时，按每根2.5m计算，若设计有管冒时，管冒另按加工件计算。

2）接地母线敷设，按设计长度以"10m"为计量单位计算。接地母线、避雷线敷设，均按"延长米"计算，其长度按施工图设计水平和垂直规定长度另加39%的附加长度（包括转弯、上下波动、避绕障碍物、搭接头所占长度）。计算主材费时另加规定的损耗率。

3）接地跨接线以"10处"为计量单位计算。按规程规定凡需作接地跨接线的工作内容，每跨接一次按一处计算。

（7）路灯灯架制作安装工程

1）路灯灯架制作安装按每组重量及灯架直径，以"t"为单位计算。

2）型钢煨制胎具，按不同钢材、煨制直径以"个"为单位计算。

3）焊缝无损探伤按被探件厚度不同，分别以"10张""10m"为单位计算。

（8）刷油防腐工程

1）本定额不包括除微锈（标准氧化皮完全紧附，仅有少量锈点），发生时按轻锈定额的人工、材料、机械乘以系数0.2。

2）因施工需要发生的二次除锈，其工程量另行计算。

3）金属面刷油不包括除锈费用。

4）油漆与实际不同时，可根据实际要求进行换算，但人工不变。

2. 定额工程量计算说明

（1）变配电设备工程

1）该定额主要包括：变压器安装，组合型成套箱式变电站安装；电力电容器安装；高低压配电柜及配电箱、盖板制作安装；熔断器、控制器、启动器、分流器安装；接线端子焊压安装。

2）变压器安装用枕木、绝缘导线、石棉布是按一定的折旧率摊销的，实际摊销量与定额不符时不做换算。

3）变压器油按设备带来考虑，但施工中变压器油的过滤损耗及操作损耗已包括在有关定额中。

4）高压成套配电柜安装定额是综合考虑编制的，执行中不做换算。

5）配电及控制设备安装，均不包括支架制作和基础型钢制作安装，也不包括设备元件安装及端子板外部接线，应另执行相应定额。

6）铁构件制作安装适用于本定额范围的各种支架制作安装，但铁构件制作安装均不包括镀锌。轻型铁构件是指厚度在 3mm 以内的构件。

7）各项设备安装均未包括接线端子及二次接线。

（2）架空线路工程

1）该定额按平原条件编制的，如在丘陵、山地施工时，其人工和机械乘以表 5-119 的地形系数：

表 5-119　丘陵、山地架空线路工程地形系数

地形类别	丘陵（市区）	一般山地
调整系数	1.2	1.6

2）地形划分：

①平原地带：指地形比较平坦，地面比较干燥的地带。

②丘陵地带：指地形起伏的矮岗，土丘等地带。

③一般山地：指一般山岭、沟谷地带、高原台地等。

3）线路一次施工工程量按 5 根以上电杆考虑，如 5 根以内者，其人工和机械乘以系数 1.2。

4）导线跨越：

①在同一跨越档内，有两种以上跨越物时，则每一跨越物视为"一处"跨越，分别套用定额。

②单线广播线不算跨越物。

5）横担安装定额已包括金具及绝缘子安装人工。

6）该定额基础子目适用于路灯杆塔、金属灯柱、控制箱安置基础工程，

其他混凝土工程套用有关定额。

7）该定额不包括灯杆坑挖填土工作，应执行通用册有关子目。

（3）电缆工程

1）该定额包括常用的 10kV 以下电缆敷设，未考虑在河流和水区、水底、井下等条件的电缆敷设。

2）电缆在山地丘陵地区直埋敷设时，人工乘以系数 1.3。该地段所需的材料如固定桩、夹具等按实计算。

3）电缆敷设定额中均未考虑波形增加长度及预留等富余长度，该长度应计入工程量之内。

4）该定额未包括下列工作内容：

①隔热层，保护层的制作安装。

②电缆的冬季施工加温工作。

（4）照明器具安装工程

1）该定额主要包括各种悬挑灯、广场灯、高杆灯、庭院灯及照明元器件的安装。

2）各种灯架元器具件的配线，均已综合考虑在定额内，使用时不做调整。

3）各种灯柱穿线均套相应的配管配线定额。

4）该定额已考虑了高度在 10m 以内的高空作业因素，如安装高度超过 10m 时，其定额人工乘以系数 1.4。

5）本章定额已包括利用仪表测量绝缘及一般灯具的试亮工作。

6）该定额未包括电缆接头的制作及导线的焊压接线端子。如实际使用时，可套用有关章节的定额。

（5）防雷接地装置工程

1）该定额适用于高杆灯杆防雷接地，变配电系统接地及避雷针接地装置。

2）接地母线敷设定额按自然地坪和一般土质考虑的，包括地沟的挖填土和夯实工作，执行本定额不应再计算土方量。如遇有石方、矿渣、积水、障碍物等情况可另行计算。

3）该定额不适用于采用爆破法施工敷设接地线、安装接地极，也不包括高土壤电阻率地区采用换土或化学处理的接地装置及接地电阻的测试工作。

4）该定额避雷针安装、避雷引下线的安装均已考虑了高空作业的因素。

5）该定额避雷针按成品件考虑的。

（6）路灯灯架制作安装工程

该定额主要适用灯架施工的型钢煨制，钢板卷材开卷与平直、型钢胎具制作，金属无损探伤检验工作。

（7）刷油防腐工程

1）该定额适用于金属灯杆面的人工、半机械除锈、刷油防腐工程。

2）人工、半机械除锈分轻、中锈二种，区分标准为：

①轻锈：部分氧化皮开始破裂脱落，轻锈开始发生。

②中锈：氧化皮部分破裂脱呈堆粉末状，除锈后用肉眼能见到腐蚀小凹点。

③该定额按安装地面刷油考虑，没考虑高空作业因素。

第九节　钢筋与拆除工程

一、钢筋与拆除工程清单工程量计算规则

1. 钢筋工程

钢筋工程工程量清单项目设置、项目特征描述的内容、计量单位及工程量计算规则，应按表 5-120 的规定执行。

表 5-120　钢筋工程（编码：040901）

项目编码	项目名称	项目特征	计量单位	工程量计算规则	工程内容
040901001	现浇构件钢筋	1. 钢筋种类 2. 钢筋规格	t	按设计图示尺寸以质量计算	1. 制作 2. 运输 3. 安装
040901002	预制构件钢筋				
040901003	钢筋网片				
040901004	钢筋笼				
040901005	先张法预应力钢筋（钢丝、钢绞线）	1. 部位 2. 预应力筋种类 3. 预应力筋规格			1. 张拉台座制作、安装、拆除 2. 预应力筋制作、张拉

续表

项目编码	项目名称	项目特征	计量单位	工程量计算规则	工程内容
040901006	后张法预应力钢筋（钢丝束、钢绞线）	1. 部位 2. 预应力筋种类 3. 预应力筋规格 4. 锚具种类、规格 5. 砂浆强度等级 6. 压浆管材质、规格	t	按设计图示尺寸以质量计算	1. 预应力筋孔道制作、安装 2. 锚具安装 3. 预应力筋制作、张拉 4. 安装压浆管道 5. 孔道压浆
040901007	型钢	1. 材料种类 2. 材料规格			1. 制作 2. 运输 3. 安装、定位
040901008	植筋	1. 材料种类 2. 材料规格 3. 植入深度 4. 植筋胶品种	根	按设计图示数量计算	1. 定位、钻孔、清孔 2. 钢筋加工成型 3. 注胶、植筋 4. 抗拔试验 5. 养护
040901009	预埋铁件		t	按设计图示尺寸以质量计算	1. 制作 2. 运输 3. 安装
040901010	高强螺栓	1. 材料种类 2. 材料规格	1. t 2. 套	1. 按设计图示尺寸以质量计算 2. 按设计图示数量计算	

注：1. 现浇构件中伸出构件的锚固钢筋、预制构件的吊钩和固定位置的支撑钢筋等，应并入钢筋工程量内。除设计标明的搭接外，其他施工搭接不计算工程量，由投标人在报价中综合考虑。

2. "钢筋工程"所列"型钢"是指劲性骨架的型钢部分。

3. 凡型钢与钢筋组合（除预埋铁件外）的钢格栅，应分别列项。

2. 拆除工程

拆除工程工程量清单项目设置、项目特征描述的内容、计量单位及工程量计算规则，应按表 5-121 的规定执行。

表 5-121　拆除工程（编码：041001）

项目编码	项目名称	项目特征	计量单位	工程量计算规则	工程内容
041001001	拆除路面	1. 材质 2. 厚度	m²	按拆除部位以面积计算	1. 拆除、清理 2. 运输
041001002	拆除人行道				
041001003	拆除基层	1. 材质 2. 厚度 3. 部位	m²	按拆除部位以面积计算	1. 拆除、清理 2. 运输
041001004	铣刨路面	1. 材质 2. 结构形式 3. 厚度			
041001005	拆除侧、平（缘）石	材质	m	按拆除部位以"延长米"计算	1. 拆除、清理 2. 运输
041001006	拆除管道	1. 材质 2. 管径			
041001007	拆除砖石结构	1. 结构形式 2. 强度等级	m³	按拆除部位以体积计算	
041001008	拆除混凝土结构				
041001009	拆除井	1. 结构形式 2. 规格尺寸 3. 强度等级	座	按拆除部位以数量计算	1. 拆除、清理 2. 运输
041001010	拆除电杆	1. 结构形式 2. 规格尺寸	根		
041001011	拆除管片	1. 材质 2. 部位	处		

注：1. 拆除路面、人行道及管道清单项目的工作内容中均不包括基础及垫层拆除，发生时按本章相应清单项目编码列项。

2. 伐树、挖树蔸应按现行国家标准《园林绿化工程工程量计算规范》GB 50858—2013 中相应清单项目编码列项。

二、拆除工程定额工程量计算规则

1. 定额工程量计算规则

1）拆除旧路及人行道按实际拆除面积以"m²"计算。

2）拆除侧缘石及各类管道按长度以"m"计算。

3）拆除构筑物及障碍物按体积以"m³"计算。

4）伐树、挖树蔸按实挖数以"棵"计算。

5）路面凿毛、路面铣刨按施工组织设计的面积以"m²"计算。铣刨路面厚度＞5cm须分层铣刨。

2. 定额工程量计算说明

1）机械拆除项目中包括人工配合作业。

2）拆除后的旧料应整理干净就近堆放整齐。如需运至指定地点回收利用，则另行计算运费和回收价值。

3）管道拆除要求拆除后的旧管保持基本完好，破坏性拆除不得套用本定额。拆除混凝土管道未包括拆除基础及垫层用工。基础及垫层拆除按本章相应定额执行。

4）拆除工程定额中未考虑地下水因素，若发生则另行计算。

5）人工拆除二碴、三碴基层应根据材料组成情况套无骨料多合土或有骨料多合土基层拆除子目。机械拆除二碴、三碴基层执行液压岩石破碎机破碎松石。

三、钢筋与拆除工程工程量计算实例

【例 5-21】某污水管道工程，全长为 245m，$D400$ 混凝土管，设检查井（$\phi 1000$）7 座，管线上部原地面为 10cm 厚沥青混凝土路面，50cm 厚多合土，外径为 2m，挡土板示意图如图 5-118 所示。试计算拆除混凝土路面、基层、管道铺设工程量。

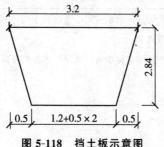

图 5-118 挡土板示意图

【解】

（1）清单工程量　清单工程量计算表见表 5-122，分部分项工程和单价措施项目清单与计价表见表 5-123。

表 5-122　清单工程量计算表

工程名称：某污水管道工程

序号	清单项目编码	清单项目名称	计算式	工程量合计	计量单位
1	041001001001	拆除路面	245×3.2	784	m²
2	041001003001	拆除基层	$245 \times 3.2 \times 8$	6272	m²
3	040501001001	混凝土管	设计图示数量	245	m

表 5-123　分部分项工程和单价措施项目清单与计价表

工程名称：某污水管道工程

序号	项目编码	项目名称	项目特征描述	计量单位	工程量	金额/元 综合单价	合价
1	041001001001	拆除路面	沥青混凝土路面，厚10cm	m²	784		
2	041001003001	拆除基层	50cm厚多合土	m²	6272		
3	040501001001	混凝土管	$D400$	m	245		

（2）定额工程量

1）拆除路面工程数量：$245 \times 3.2 \div 100 = 7.84$，单位 100m²。

2）拆除 50cm 厚无骨料多合土，工程量为：$245 \times 3.2 \times 8 \div 100 = 62.72$，单位 100m²。

3）支撑木挡板工程数量：$S = al = \sqrt{.046^2 + 1.84^2} \times 245 \times 2 \div 100 = 17.65$，单位 100m²。

4）浇灌管座基础工程量：$245 - 2 \times 7 = 2.31$，单位 100m。

5）铺设管道工程量：$245 - 0.7 \times 7 \div 100 = 241.1$，单位 m。

【例 5-22】某市政水池如图 5-119 所示，长 9m，宽 6m，围护高度为 900mm，厚度为 240mm 水池底层是 C10 混凝土垫层 100mm，计算该拆除工程量。

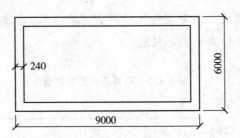

图 5-119 某市政水池平面图（单位：mm）

【解】拆除水池砖砌体工程量＝（9＋6）×2×0.24×0.9＝6.48m³

拆除水池 C10 混凝土垫层的工程量＝（9－0.24×2）×（6－0.24×2）×0.1＝4.70m³

拆除水池砌体：残渣外运工程量＝6.48m³

拆除水池 C10 混凝土垫层，残渣外运工程量＝4.70m³

【例 5-23】某桥梁工程，其钢筋工程的分部分项工程量清单见表 5-124，试编制综合单价表和分部分项工程和单价措施项目清单与计价表。（其中管理费按直接费的 10%、利润按直接费的 5% 计取）

表 5-124 分部分项工程量清单

序号	项目编码	项目名称	数量	单位
1	040901001001	现浇构件钢筋（现浇部分 ϕ10 以内）	1.57	t
2	040901001002	现浇构件钢筋（现浇部分 ϕ10 以外）	7.03	t
3	040901002001	预制构件钢筋（预制部分 ϕ10 以内）	11.99	t
4	040901002002	预制构件钢筋（预制部分 ϕ10 以外）	36.99	t
5	040901009001	预埋铁件	2.82	t

【解】

（1）编制综合单价分析表

综合单价分析表见表 5-125～表 5-129。

表 5-125　综合单价分析表（一）

工程名称：某桥梁钢筋工程　　　　　标段：　　　　　　　　　第　页　共　页

项目编码	040901001001	项目名称	现浇构件钢筋	计量单位	t	工程量	1.57

清单综合单价组成明细

定额编号	定额项目名称	定额单位	数量	单价/元				合价/元			
				人工费	材料费	机械费	管理费和利润	人工费	材料费	机械费	管理费和利润
3-235	现浇构件钢筋（φ10 以内）	t	1	374.35	41.82	40.10	68.44	374.35	41.82	40.10	68.44
人工单价				小计				374.35	41.82	40.10	68.44
40 元/工日				未计价材料费							
清单项目综合单价								524.71			

注："数量"栏为"投标方工程量÷招标方工程量÷定额单位数量"，如"1"为"1.57÷1.57÷1"。

表 5-126　综合单价分析表（二）

工程名称：某桥梁钢筋工程　　　　　标段：　　　　　　　　　第　页　共　页

项目编码	040901001002	项目名称	现浇构件钢筋	计量单位	t	工程量	7.03

清单综合单价组成明细

定额编号	定额项目名称	定额单位	数量	单价/元				合价/元			
				人工费	材料费	机械费	管理费和利润	人工费	材料费	机械费	管理费和利润
3-235	现浇构件钢筋（φ10 以外）	t	1	182.23	61.78	69.66	47.05	182.23	61.78	69.66	47.05

续表

项目编码	040901001002	项目名称		现浇构件钢筋	计量单位		t	工程量		7.03

清单综合单价组成明细

定额编号	定额项目名称	定额单位	数量	单价/元				合价/元			
				人工费	材料费	机械费	管理费和利润	人工费	材料费	机械费	管理费和利润
人工单价			小计					182.23	61.78	69.66	47.05
40元/工日			未计价材料费								
清单项目综合单价								360.72			

注："数量"栏为"投标方工程量÷招标方工程量÷定额单位数量",如"1"为"7.03÷7.03÷1"。

表 5-127 综合单价分析表 (三)

工程名称：某桥梁钢筋工程 　　　标段：　　　　　　　　　第 页 共 页

项目编码	040701002001	项目名称	预制构件钢筋	计量单位	t	工程量	11.99

清单综合单价组成明细

定额编号	定额项目名称	定额单位	数量	单价/元				合价/元			
				人工费	材料费	机械费	管理费和利润	人工费	材料费	机械费	管理费和利润
3-233	预制构件钢筋（ϕ10 以内）	t	1	463.11	45.03	49.21	83.75	463.11	45.03	49.21	83.75
人工单价			小计					463.11	45.03	49.21	83.75
40元/工日			未计价材料费								
清单项目综合单价								641.10			

注："数量"栏为"投标方工程量÷招标方工程量÷定额单位数量",如"1"为"11.99÷11.99÷1"。

表 5-128　综合单价分析表（四）

工程名称：某桥梁钢筋工程　　　　　　　标段：　　　　　　　第　页　共　页

| 项目编码 | 040901002002 | 项目名称 | 预制构件钢筋 | 计量单位 | t | 工程量 | 36.99 |

清单综合单价组成明细

定额编号	定额项目名称	定额单位	数量	单价/元				合价/元			
				人工费	材料费	机械费	管理费和利润	人工费	材料费	机械费	管理费和利润
3-234	预制构件钢筋（ ϕ 10 以外）	t	1	176.61	58.32	67.44	45.36	176.61	58.32	67.44	45.36
人工单价		小计						176.61	58.32	67.44	45.36
40 元/工日		未计价材料费									
清单项目综合单价								347.73			

注："数量"栏为"投标方工程量÷招标方工程量÷定额单位数量"，如"1"为"36.99÷
36.99÷1"。

表 5-129　综合单价分析表（五）

工程名称：某桥梁钢筋工程　　　　　　　标段：　　　　　　　第　页　共　页

| 项目编码 | 040901009001 | 项目名称 | 预埋铁件 | 计量单位 | kg | 工程量 | 2820 |

清单综合单价组成明细

定额编号	定额项目名称	定额单位	数量	单价/元				合价/元			
				人工费	材料费	机械费	管理费和利润	人工费	材料费	机械费	管理费和利润
3-238	预埋铁件	t	0.01	860.83	3577.07	310.52	712.26	8.61	35.77	3.11	7.12
人工单价		小计						8.61	35.77	3.11	7.12

续表

项目编码	040901009001	项目名称	预埋铁件	计量单位	kg	工程量	2820

清单综合单价组成明细

定额编号	定额项目名称	定额单位	数量	单价/元				合价/元			
				人工费	材料费	机械费	管理费和利润	人工费	材料费	机械费	管理费和利润
40 元/工日				未计价材料费							
清单项目综合单价								54.61			

注："数量"栏为"投标方工程量÷招标方工程量÷定额单位数量",如"0.01"为"2820.00÷2820.00÷100"。

（2）编制分部分项工程和单价措施项目清单与计价表

分部分项工程和单价措施项目清单与计价表见表 5-130。

表 5-130　分部分项工程和单价措施项目清单与计价表

工程名称：某桥梁钢筋工程　　　　标段：　　　　　　　　　　　第　页　共　页

序号	项目编号	项目名称	项目特征描述	计量单位	工程量	金额/元		其中
						综合单价	合价	暂估价
1	040901001001	现浇构件钢筋	非预应力钢筋（现浇部分 ϕ10 以内）	t	1.57	524.71	823.79	
2	040901001002	现浇构件钢筋	非预应力钢筋（现浇部分 ϕ10 以外）	t	7.03	360.72	2535.86	
3	040901002001	预制构件钢筋	非预应力钢筋（预制部分 ϕ10 以内）	t	11.99	641.10	7686.79	
4	040901002002	预制构件钢筋	非预应力钢筋（预制部分 ϕ10 以外）	t	36.99	347.73	12862.53	
5	040901009001	预埋铁件	预埋铁件	t	2.82	54.61	154.00	
	合计						24062.97	

第十节　措施项目

一、措施项目清单工程量计算规则

1. 脚手架工程

脚手架工程工程量清单项目设置、项目特征描述的内容、计量单位及工程量计算规则，应按表 5-131 的规定执行。

表 5-131　脚手架工程（编码：041101）

项目编码	项目名称	项目特征	计量单位	工程量计算规则	工程内容
041101001	墙面脚手架	墙高	m²	按墙面水平边线长度乘以墙面砌筑高度计算	1. 清理场地 2. 搭设、拆除脚手架、安全网 3. 材料场内外运输
041101002	柱面脚手架	1. 柱高 2. 柱结构外围周长		按柱结构外围周长乘以柱砌筑高度计算	
041101003	仓面脚手架	1. 搭设方式 2. 搭设高度		按仓面水平面积计算	
041101004	沉井脚手架	沉井高度		按井壁中心线周长乘以井高计算	
041101005	井字架	井深	座	按设计图示数量计算	1. 清理场地 2. 搭、拆井字架 3. 材料场内外运输

注：各类井的井深按井底基础以上至井盖顶的高度计算。

2. 混凝土模板及支架

混凝土模板及支架工程量清单项目设置、项目特征描述的内容、计量单位及工程量计算规则，应按表 5-132 的规定执行。

表 5-132　混凝土模板及支架（编码：041102）

项目编码	项目名称	项目特征	计量单位	工程量计算规则	工程内容
041102001	垫层模板	构件类型	m²	按混凝土与模板接触面的面积计算	1. 模板制作、安装、拆除、整理、堆放 2. 模板粘接物及模内杂物清理、刷隔离剂 3. 模板场内外运输及维修
041102002	础模板				
041102003	承台模板				
041102004	墩（台）帽模板	1. 构件类型 2. 支模高度			
041102005	墩（台）身模板				
041102006	支撑梁及横梁模板				
041102007	墩（台）盖梁模板				
041102008	拱桥拱座模板				
041102009	拱桥拱肋模板				
041102010	拱上构件模板				
041102011	箱梁模板				
041102012	柱模板				
041102013	梁模板				
041102014	板模板				
041102015	板梁模板				
041102016	板拱模板				
041102017	挡墙模板				
041102018	压顶模板	构件类型			
041102019	防撞护栏模板				
041102020	楼梯模板				
041102021	小型构件模板				
041102022	箱涵滑（底）板模板	1. 构件类型 2. 支模高度			
041102023	箱涵侧墙模板				
041102024	箱涵顶板模板				
041102025	拱部衬砌模板	1. 构件类型 2. 衬砌厚度 3. 拱跨径			
041102026	边墙衬砌模板				

续表

项目编码	项目名称	项目特征	计量单位	工程量计算规则	工程内容
041102027	竖井衬砌模板	1. 构件类型 2. 壁厚	m²	按混凝土与模板接触面的面积计算	1. 模板制作、安装、拆除、整理、堆放 2. 模板粘接物及模内杂物清理、刷隔离剂 3. 模板场内外运输及维修
041102028	沉井井壁（隔墙）模板	1. 构件类型 2. 支模高度			
041102029	沉井顶板模板				
041102030	沉井底板模板	构件类型			
041102031	管（渠）道平基模板	构件类型			
041102032	管（渠）道管座模板				
041102033	井顶（盖）板模板				
041102034	池底模板				
041102035	池壁（隔墙）模板	1. 构件类型 2. 支模高度			
041102036	池盖模板				
041102037	其他现浇构件模板	构件类型			
041102038	设备螺栓套	螺栓套孔深度	个	按设计图示数量计算	
041102039	水上桩基础支架、平台	1. 位置 2. 材质 3. 桩类型	m²	按支架、平台搭设的面积计算	1. 支架、平台基础处理 2. 支架、平台的搭设、使用及拆除 3. 材料场内外运输
041102040	桥涵支架	1. 部位 2. 材质 3. 支架类型	m²	按支架搭设的空间体积计算	1. 支架地基处理 2. 支架的搭设、使用及拆除 3. 支架预压 4. 材料场内外运输

注：原槽浇灌的混凝土基础、垫层不计算模板。

3. 围堰

围堰工程量清单项目设置、项目特征描述的内容、计量单位及工程量计算规则，应按表 5-133 的规定执行。

表 5-133　围堰（编码：041103）

项目编码	项目名称	项目特征	计量单位	工程量计算规则	工程内容
041103001	围堰	1. 围堰类型 2. 围堰顶宽及底宽 3. 围堰高度 4. 填心材料	1. m³ 2. m	1. 以"m³"计量，按设计图示围堰体积计算 2. 以"m"计量，按设计图示围堰中心线长度计算	1. 清理基底 2. 打、拔工具桩 3. 堆筑、填心、夯实 4. 拆除清理 5. 材料场内外运输
041103002	筑岛	1. 筑岛类型 2. 筑岛高度 3. 填心材料	m³	按设计图示筑岛体积计算	1. 清理基底 2. 堆筑、填心、夯实 3. 拆除清理

4. 便道及便桥

便道及便桥工程量清单项目设置、项目特征描述的内容、计量单位及工程量计算规则，应按表 5-134 的规定执行。

表 5-134　便道及便桥（编码：041104）

项目编码	项目名称	项目特征	计量单位	工程量计算规则	工程内容
041104001	便道	1. 结构类型 2. 材料种类 3. 宽度	m²	按设计图示尺寸以面积计算	1. 平整场地 2. 材料运输、铺设、夯实 3. 拆除、清理
041104002	便桥	1. 结构类型 2. 材料种类 3. 跨径 4. 宽度	座	按设计图示数量计算	1. 清理基底 2. 材料运输、便桥搭设

5. 洞内临时设施

洞内临时设施工程量清单项目设置、项目特征描述的内容、计量单位及工程量计算规则，应按表 5-135 的规定执行。

表 5-135　洞内临时设施（编码：041105）

项目编码	项目名称	项目特征	计量单位	工程量计算规则	工程内容
041105001	洞内通风设施	1. 单孔隧道长度 2. 隧道断面尺寸 3. 使用时间 4. 设备要求	m	按设计图示隧道长度以"延长米"计算	1. 管道铺设 2. 线路架设 3. 设备安装 4. 保养维护 5. 拆除、清理 6. 材料场内外运输
041105002	洞内供水设施				
041105003	洞内供电及照明设施	1. 单孔隧道长度 2. 隧道断面尺寸 3. 使用时间 4. 设备要求			
041105004	洞内通信设施				
041105005	洞内外轨道铺设	1. 单孔隧道长度 2. 隧道断面尺寸 3. 使用时间 4. 轨道要求		按设计图示轨道铺设长度以"延长米"计算	1. 轨道及基础铺设 2. 保养维护 3. 拆除、清理 4. 材料场内外运输

注：设计注明轨道铺设长度的，按设计图示尺寸计算；设计未注明时可按设计图示隧道长度以"延长米"计算，并注明洞外轨道铺设长度由投标人根据施工组织设计自定。

6. 大型机械设备进出场及安拆

大型机械设备进出场及安拆工程量清单项目设置、项目特征描述的内容、计量单位及工程量计算规则，应按表 5-136 的规定执行。

表 5-136　大型机械设备进出场及安拆（编码：041106）

项目编码	项目名称	项目特征	计量单位	工程量计算规则	工程内容
041106001	大型机械设备进出场及安拆	1. 机械设备名称 2. 机械设备规格型号	台·次	按使用机械设备的数量计算	1. 安拆费包括施工机械、设备在现场进行安装拆卸所需人工、材料、机械和试运转费用以及机械辅助设施的折旧、搭设、拆除等费用 2. 进出场费包括施工机械、设备整体或分体自停放地点运至施工现场或由一施工地点运至另一施工地点所发生的运输、装卸、辅助材料等费用

7. 施工排水、降水

施工排水、降水工程量清单项目设置、项目特征描述的内容、计量单位及工程量计算规则，应按表 5-137 的规定执行。

表 5-137　施工排水、降水（编码：041107）

项目编码	项目名称	项目特征	计量单位	工程量计算规则	工程内容
041107001	成井	1. 成井方式 2. 地层情况 3. 成井直径 4. 井（滤）管类型、直径	m	按设计图示尺寸以钻孔深度计算	1. 准备钻孔机械、埋设护筒、钻机就位；泥浆制作、固壁；成孔、出渣、清孔等 2. 对接上、下井管（滤管），焊接，安放，下滤料，洗井，连接试抽等
041107002	排水、降水	1. 机械规格型号 2. 降排水管规格	昼夜	按排、降水日历天数计算	1. 管道安装、拆除，场内搬运等 2. 抽水、值班、降水设备维修等

注：相应专项设计不具备时，可按暂估量计算。

8. 处理、监测、监控

处理、监测、监控工程量清单项目设置、工作内容及包含范围，应按表5-138的规定执行。

表 5-138　处理、监测、监控（编码：041108）

项目编码	项目名称	工作内容及包含范围
041108001	地下管线交叉处理	1. 悬吊 2. 加固 3. 其他处理措施
041108002	施工监测、监控	1. 对隧道洞内施工时可能存在的危害因素进行检测 2. 对明挖法、暗挖法、盾构法施工的区域等进行周边环境监测 3. 对明挖基坑围护结构体系进行监测 4. 对隧道的围岩和支护进行监测 5. 盾构法施工进行监控测量

注：地下管线交叉处理指施工过程中对现有施工场地范围内各种地下交叉管线进行加固及处理所发生的费用，但不包括地下管线或设施改、移发生的费用。

9. 安全文明施工及其他措施项目

安全文明施工及其他措施项目工程量清单项目设置、工作内容及包含范围，应按表5-139的规定执行。

表 5-139　安全文明施工及其他措施项目（041109）

项目编码	项目名称	工作内容及包含范围
041109001	安全文明施工	1. 环境保护：施工现场为达到环保部门要求所需要的各项措施。包括施工现场为保持工地清洁、控制扬尘、废弃物与材料运输的防护、保证排水设施通畅、设置密闭式垃圾站、实现施工垃圾与生活垃圾分类存放等环保措施；其他环境保护措施 2. 文明施工：根据相关规定在施工现场设置企业标志、工程项目简介牌、工程项目责任人员姓名牌、安全六大纪律牌、安全生产记数牌、十项安全技术措施牌、防火须知牌、卫生须知牌及工地施工总平面布置图、安全警示标志牌，施工现场围挡，以及为符合场容场貌、材料堆放、现场防火等要求采取的相应措施；其他文明施工措施

续表

项目编码	项目名称	工作内容及包含范围
041109001	安全文明施工	3. 安全施工：根据相关规定设置安全防护设施、现场物料提升架与卸料平台的安全防护设施、垂直交叉作业与高空作业安全防护设施、现场设置安防监控系统设施、现场机械设备（包括电动工具）的安全保护与作业场所和临时安全疏散通道的安全照明与警示设施等；其他安全防护措施 4. 临时设施：施工现场临时宿舍、文化福利及公用事业房屋与构筑。物、仓库、办公室、加工厂、工地实验室，以及规定范围内的道路、水、电、管线等临时设施和小型临时设施等的搭设、维修、拆除、周转；其他临时设施搭设、维修、拆除
041109002	夜间施工	1. 夜间固定照明灯具和临时可移动照明灯具的设置、拆除 2. 夜间施工时，施工现场交通标志、安全标牌、警示灯等的设置、移动、拆除 3. 夜间照明设备及照明用电、施工人员夜班补助、夜间施工劳动效率降低等
041109003	二次搬运	由于施工场地条件限制而发生的材料、成品、半成品一次运输不能到达堆积地点，必须进行的二次或多次搬运
041109004	冬雨季施工	1. 冬雨季施工时增加的临时设施（防寒保温、防雨没施）的搭设、拆除 2. 冬雨季施工时对砌体、混凝土等采用的特殊加温、保温和养护措施 3. 冬雨季施工时施工现场的防滑处理、对影响施工的雨雪的清除 4. 冬雨季施工时增加的临时设施、施工人员的劳动保护用品、冬雨季施工劳动效率降低等
041109005	行车、行人干扰	1. 由于施工受行车、行人干扰的影响，导致人工、机械效率降低而增加的措施 2. 为保证行车、行人的安全，现场增设维护交通与疏导人员而增加的措施
041109006	地上、地下设施、建筑物的临时保护设施	在工程施工过程中，对已建成的地上、地下设施和建筑物进行的遮盖、封闭、隔离等必要保护措施所发生的人工和材料

续表

项目编码	项目名称	工作内容及包含范围
041109007	已完工程及设备保护	对已完工程及设备采取的覆盖、包裹、封闭、隔离等必要保护措施所发生的人工和材料

注：本表所列项目应根据工程实际情况计算措施项目费用，需分摊的应合理计算摊销费用。

编制工程量清单时，若设计图纸中有措施项目的专项设计方案时，应按措施项目清单中有关规定描述其项目特征，并根据工程量计算规则计算工程量；若无相关设计方案，其工程数量可为暂估量，在办理结算时，按经批准的施工组织设计方案计算。

二、措施项目定额工程量计算规则

1. 定额工程量计算规则

（1）围堰工程

1）围堰工程分别采用"m³"和"延长米"计量。

2）用"m³"计算的围堰工程按围堰的施工断面乘以围堰中心线的长度。

3）以"延长米"计算的围堰工程按围堰中心线的长度计算。

4）围堰高度按施工期内的最高临水面加 0.5m 计算。

5）草袋围堰如使用麻袋、尼龙袋装土的定额消耗量应乘以调整系数，调整系数为：装 1m³ 土需用麻袋或尼龙袋数除以 17.86。

（2）脚手架及其他工程

1）脚手架工程量按墙面水平边线长度乘以墙面砌筑高度以"m²"计算。柱形砌体按图示柱结构外围周长另加 3.6m 乘以砌筑高度以"m²"计算。浇混凝土用仓面脚手按仓面的水平面积以"m²"计算。

2）轻型井点"50 根"为一套；喷射井点"30 根"为一套；大口径井点以"10 根"为一套。井点使用定额单位为套天，累计根数不足一套者作一套计算，1d 系按"24h"计算。井管的安装、拆除以"根"计算。

2. 定额工程量计算说明

（1）围堰工程

1）围堰定额未包括施工期内发生潮汛冲刷后所需的养护工料。潮汛养护工料可根据各地规定计算。如遇特大潮汛发生人力所不能抗拒的损失时，应根据实际情况，另行处理。

2）围堰工程 50m 范围以内取土、砂、砂砾，均不计土方和砂、砂砾的材料价格。取 50m 范围以外的土方、砂、砂砾，应计算土方和砂、砂砾材料的挖、运或外购费用，但应扣除定额中土方现场挖运的人工：55.5 工日/100m³ 粘土。定额括号中所列粘土数量为取自然土方数量，结算中可按取土的实际情况调整。

3）本章围堰定额中的各种木桩、钢桩均按本册第二章水上打拔工具桩的相应定额执行，数量按实计算。定额括号中所列打拔工具桩数量仅供参考。

4）草袋围堰如使用麻袋、尼龙袋装土围筑，应按麻袋、尼龙袋的规格、单价换算，但人工、机械和其他材料消耗量应按定额规定执行。

5）围堰施工中若未使用驳船，而是搭设了栈桥，则应扣除定额中驳船费用而套用相应的"脚手架"子目。

6）定额围堰尺寸的取定：

①土草围堰的堰顶宽为 1～2m，堰高为 4m 以内。

②土石混合围堰的堰顶宽为 2m，堰高为 6m 以内。

③圆木桩围堰的堰顶宽为 2～2.5m，堰高 5m 以内。

④钢桩围堰的堰顶宽为 2.5～3m，堰高 6m 以内。

⑤钢板桩围堰的堰顶宽为 2.5～3m，堰高 6m 以内。

⑥竹笼围堰竹笼间粘土填心的宽度为 2～2.5m，堰高 5m 以内。

⑦木笼围堰的堰顶宽度为 2.4m，堰高 4m 以内。

7）"筑岛填心"子目是指在围堰围成的区域内填土、砂及砂砾石。

8）双层竹笼围堰竹笼间粘土填心的宽度超过 2.5m，则超出部分可套筑岛填心子目。

9）施工围堰的尺寸按有关设计施工规范确定。堰内坡脚至堰内基坑边缘距离根据河床土质及基坑深度而定，但不得小于 1m。

（2）脚手架及其他工程

1）脚手架定额中竹、钢管脚手架已包括斜道及拐弯平台的搭设。砌筑物高度超过 1.2m 可计算脚手架搭拆费用。

仓面脚手不包括斜道，若发生则另按建筑工程预算定额中脚手架斜道计算；但采用井字架或吊扒杆转运施工材料时，不再计算斜道费用。对无筋或单层布筋的基础和垫层不计算仓面脚手费。

2）混凝土小型构件是指单件体积在 $0.04m^3$ 以内、重量在 100kg 以内的各类小型构件。小型构件、半成品运输系指预制、加工场地取料中心至施工现场堆放使用中心距离的超出 150m 的运输。

3）井点降水项目适用于地下水位较高的粉砂土、砂质粉土、粘质粉土或淤泥质夹薄层砂性土的地层。其他降水方法如深井降水、集水井排水等，各省、自治区、直辖市可自行补充。

4）井点降水：轻型井点、喷射井点、大口径井点的采用由施工组织设计确定。一般情况下，降水深度 6m 以内采用轻型井点，6m 以上 30m 以内采用相应的喷射井点，特殊情况下可选用大口径井点。井点使用时间按施工组织设计确定。喷射井点定额包括两根观察孔制作，喷射井管包括了内管和外管。井点材料使用摊销量中已包括井点拆除时的材料损耗量。

井点间距根据地质和降水要求由施工组织设计确定，一般轻型井点管间距为 1.2m，喷射井点管间距为 2.5m，大口径井点管间距为 10m。

轻型井点井管（含滤水管）的成品价可按所需钢管的材料价乘以系数 2.40 计算。

5）井点降水过程中，如需提供资料，则水位监测和资料整理费用另计。

6）井点降水成孔过程中产生的泥水处理及挖沟排水工作应另行计算。遇有天然水源可用时，不计水费。

三、措施项目工程量计算实例

【例 5-24】某河运槽横断面如图 5-121 所示，试计算围堰高度。

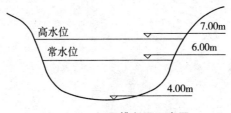

图 5-121　河运槽断面示意图

【解】

围堰高度：

$H_1 = 7.00 - 4.00 + 1 = 4.00m$

如果河底有淤泥，厚 1m，则堰高应为：

$H_2 = 4.00 + 1 = 5.00 \text{m}$

【例 5-25】某管道开槽施工采用轻型井点降水，井点管间距为 1.2m，开槽埋管管径、长度如下：$D_1 = 1500$、$L_1 = 150 \text{m}$；$D_2 = 1000$、$L_2 = 180 \text{m}$；$D_3 = 900$、$L_3 = 90 \text{m}$，求井点管使用"套·天"数。

【解】

$\Sigma L = L_1 + L_2 + L_3 = 150 + 180 + 90 = 420 \text{m}$

井点根数：$420 \div 1.2 = 350$ 根

井点使用：$350 \div 50 = 7$ 套

取 7 套或 $350/60 = 7$ 套

井点使用套天数的计算为：

$D_1 = 800 \quad 90 \div 60 = 1.5$ 套，$1.5 \times 12 = 18$ 套·天

$D_2 = 1000 \quad 180 \div 60 = 3$ 套，$3 \times 13 = 39$ 套·天

$D_1 = 1500 \quad 7 - 1.5 - 3 = 2.5$ 套，$2.5 \times 16 = 40$ 套·天

合计井点使用"套·天"：$18 + 39 + 40 = 97$ 套·天。

第六章 市政工程竣工结算

第一节 工程价款结算

一、工程价款结算方式

1. 按月结算

按月结算是指实行旬末或月中预支、月终结算、竣工后清算的办法。跨年度施工的工程，通常是在年终进行工程盘点，办理年度结算。

2. 分段结算

分段结算是指当年开工，但当年不能竣工的单项工程或单位工程按照工程形象进度，划分不同阶段进行结算。分段的划分标准，通常是由各部门或省、自治区、直辖市、计划单列市规定，分段结算可以按月预支工程款。

3. 竣工后一次结算

当建设项目或单项工程全部建筑安装工程建设期均在 12 个月以内或工程承包合同价值在 100 万元以下的，可以实行工程价款每月月中预支，竣工后一次结算的方法。

4. 目标结算

将合同中的工程内容分解成不同的验收单元，当承包商完成单元工程内容并经业主（或其委托人）验收后，业主支付构成单元工程内容的工程价款。

目标结款方式中，对控制界面的设定应明确描述，以便于量化及质量控制，同时还应适应项目资金的供应周期和支付频率。承包商想要获得工程价款，就必须按照合同约定的质量标准完成界面内的工程内容。承包商要想尽早获得工程价款，就必须充分发挥自己组织实施能力，在保证质量的前提下，加快施工进度，这就意味着当承包商拖延工期时，则业主推迟付款，增加承包商的财务费用、运营成本，降低承包商的收益，客观上使承包商因延迟工期而遭受损失；反之，则承包商可提前获得工程价款，增加承包收益，客观上承包商因提前工期而增加了有效利润。同时，因承包商在界面内质量达不到合同约定的标准而业主不预验收时，承包商也会因此而遭受损失。由此可见，目标结款方式实质上是采用合同手段以及财务手段对工程的完成期限进行主动控制。

5. 结算双方约定的其他结算方式

施工企业实行按月结算、竣工后一次结算以及分段结算的工程，当年结算的工程款应与年度完成工作量相一致，年终不另清算。

在采用按月结算工程价款方式时，需编制"已完工程月报表"；对于工期较短、能在年度内竣工的单项工程或小型建设项目，可在工程竣工后编制"工程价款结算账单"，按合同中工程造价一次结算；在采用分段结算工程价款方式时，要在合同中规定工程部位完工的月份，根据已完工程部位的工程数量计算已完工程造价，按发包单位编制"已完工程月报表"和"工程价款结算账单"。

为了确保工程按期收尾竣工，工程在施工期间，不论工程长短，其结算工程款，一般不得超过承包工程价值的95%，结算双方可以在5%的幅度内协商确定尾款比例，并在工程承包合同中予以说明。施工企业如已向发包单位出具履约保函或有其他保证的，可以不留工程尾款。

"已完工程月报表"和"工程价款结算账单"的格式见表6-1和表6-2。

表 6-1 已完工程月报表

发包单位名称：　　　　　　　年　月　日　　　　　　　　单位：元

单项工程和单位工程名称	合同造价	建筑面积	开竣工日期		实际完成数		备注
			开工日期	竣工日期	至上月（期）止已完工程累计	本月（期）已完工程	

施工企业：　　　　　　　　　　　　　　　　　编制日期：　年　月　日

表 6-2　工程价款结算账单

发包单位名称：　　　　　　　　　　年　月　日　　　　　　　　　单位：元

单项工程和单位工程名称	合同造价	本月（期）应收工程款	应扣款项			本月（期）实收工程款	尚未归还	累计已收工程款	备注
			合计	预收工程款	预收备料款				

施工企业：　　　　　　　　　　　　　　　　编制日期：　　　年　月　日

二、工程预付备料款结算

为了确保工程施工的正常进行，工程项目在开工之前，建设单位应按照合同规定，拨付给施工企业一定限额的工程预付备料款，此预付款构成施工企业为该工程项目储备主要材料和结构件所需的流动资金。

1. 预付备料款限额

决定建设单位向施工企业预付备料款的限额的因素主要有：

1）工程项目中主要材料占工程合同造价的比重，包括外购构件。

2）材料储备期。

3）施工工期。

为了简化计算，在实际工作中，预付备料款的限额可按预付款占工程合同造价的额度进行计算。其计算公式为：

$$预付备料款限额＝工程合同造价×预付备料款额度 \qquad (6-1)$$

式中，预付备料款额度的取值应遵循下列规定：

1）建筑工程通常不应超过年建筑工程工程量的 30％，其中包括水、电、暖。

2）安装工程通常不应超过年安装工程量的 10％。

3）材料占比重较大的安装工程按年计划产值的 15％左右拨付。

对于材料由建设单位供给的只包工不包料的工程，则可以不预付工程备料款。

2. 预付备料款扣回

当工程进展到一定阶段，随着工程所需储备的主要材料和结构件逐步减少，建设单位应将开工前预付的备料款，以抵充工程进度款的方式陆续扣回，并在竣工结算前全部扣清。

当未施工工程所需的主要材料和结构件的价值恰好等于工程预付备料款数额时，开始起扣工程预付备料款。

三、工程进度款结算

工程进度款是指工程项目开工后，施工企业按照工程施工进度及施工合同的规定，以当月（期）完成的工程量为依据计算各项费用，向建设单位办理结算的工程价款。通常是在月初结算上月完成的工程进度款。

工程进度款的结算主要分为以下三种情况：

1. 开工前期进度款结算

开工前期是指从工程项目开工到施工进度累计完成的产值小于"起扣点"的这段期间。其计算公式为：

$$本月（期）应结算的工程进度款＝本月（期）已完成产值$$
$$＝\Sigma 本月已完成工程量×预算单价＋相应收取的其他费用 \qquad (6-2)$$

2. 施工中期进度款结算

施工中期是指从工程施工进度累计完成的产值达到"起扣点"以后，到工程竣工结束前一个月的这段期间。

此时，每月结算的工程进度款，应扣除当月（期）应扣回的工程预付备料款。其计算公式为：

$$本月（期）应抵扣的预付备料款＝本月（期）已完成产值×$$
$$主材费所占比重 \qquad (6-3)$$

本月（期）应结算的工程进度款＝本月（期）已完成产值－本月（期）应抵扣的预付备料款＝本月（期）已完成产值×（1－主材费所占比重） $\qquad (6-4)$

对于"起扣点"恰好处在本月完成产值的当月，其计算公式为：

$$"起扣点"当月应抵扣的预付备料款＝（累计完成产值－起扣点）×主材$$
$$费所占比重 \qquad (6-5)$$

"起扣点"当月应结算的工程进度款＝本月（期）已完成产值－（累计

完成产值－起扣点）×主材费所占比重　　　　　　　　　　（6-6）

3. 工程尾期进度款结算

按照国家有关规定，工程项目总造价中应预留一定比例的尾留款（又称为保留金）作为质量保修费用。待工程项目保修期结束后，根据保修情况予以最后支付。

因此，工程尾期（最后月）的进度款除按施工中期的办法结算外，还应扣留保留金。其计算公式为：

$$应扣保留金＝工程合同造价×保留金比例　　　　　（6-7）$$

式中，保留金比例按合同规定计取，通常取 5%。

最后月（期）应结算的工程尾款＝最后月（期）完成产值×

（1－主材费所占比重）－应扣保留金　　　　　　　　　（6-8）

第二节　工程竣工结算的编制与审核

一、工程竣工结算的编制

1. 工程结算编制依据

工程结算的编制依据主要包括以下内容：

1）国家有关法律、法规、规章制度和相关的司法解释。

2）国务院建设行政主管部门及各省、自治区、直辖市和有关部门发布的工程造价计价标准、计价办法、有关规定和相关解释。

3）施工发承包合同、专业分包合同及补充合同，有关材料、设备采购合同。

4）招投标文件，包括招标答疑文件、投标承诺、中标报价书及其组成内容。

5）工程竣工图或施工图、施工图会审记录，经批准的施工组织设计，以及设计变更、工程洽商和相关会议纪要。

6）经批准的开、竣工报告或停、复工报告。

7）建设工程工程量清单计价规范或工程预算定额、费用定额及价格信息、调价规定等。

8）工程预算书。

9）影响工程造价的相关资料。

10）结算编制委托合同。

2. 工程结算编制程序

1）工程结算应按准备、编制以及定稿三个工作阶段来进行，并实行编制人、校对人及审核人分别署名盖章确认的内部审核制度。

2）结算编制准备阶段：

①收集与工程结算编制相关的原始资料。

②熟悉工程结算资料内容，并进行分类、归纳和整理。

③召集相关单位或部门的有关人员参加工程结算预备会议，对结算内容和结算资料进行核对与充实完善。

④收集建设期内影响合同价格的法律和政策性文件。

3）结算编制阶段。

①根据竣工图、施工图及施工组织设计进行现场踏勘，对需要调整的工程项目进行观察、对照、必要的现场实测和计算，并应做好书面或影像记录。

②按既定的工程量计算规则计算需调整的分部分项、施工措施或其他项目工程量。

③按招投标文件、施工发承包合同规定的计价原则及计价办法对分部分项、施工措施或其他项目进行计价。

④对于工程量清单或定额缺项及采用新材料、新设备、新工艺的，应根据施工过程中的合理消耗和市场价格，编制综合单价或单位估价分析表。

⑤工程索赔应按合同约定的索赔处理原则、程序及计算方法，提出索赔费用，经发包人确认后作为结算依据。

⑥汇总计算工程费用，其中主要包括编制分部分项工程费、施工措施项目费、其他项目费、零星工作项目费或直接费、间接费、利润及税金等表格，初步确定工程结算价格。

⑦编写编制说明。

⑧计算主要技术经济指标。

⑨提交结算编制的初步成果文件待校对、审核。

4）结算编制定稿阶段。

①由结算编制受托人单位的部门负责人对初步成果文件进行检查、校对。

②由结算编制受托人单位的主管负责人审核批准。

③在合同约定的期限内，向委托人提交经编制人、校对人、审核人及受托人单位盖章确认的正式的结算编制文件。

3．工程结算编制方法

1）工程结算的编制首先应区分施工发承包合同的类型，采用相应的编制方法。

①采用总价合同的，应在合同价基础上对设计变更、工程洽商及工程索赔等合同约定可以调整的内容进行调整。

②采用单价合同的，应计算或核定竣工图或施工图以内的各个分部分项工程量，依据合同约定的方式确定分部分项工程项目价格，并对设计变更、工程洽商、施工措施及工程索赔等内容进行调整。

③采用成本加酬金合同的，应依据合同约定的方法计算各个分部分项工程及设计变更、工程洽商、施工措施等内容的工程成本，并计算酬金及有关税费。

2）工程结算中涉及工程单价的调整时，应当遵循以下原则：

①合同中已有适用于变更工程、新增工程单价的，应按已有的单价结算。

②合同中有类似变更工程、新增工程单价的，则可以参照类似单价作为结算依据。

③合同中没有适用或类似变更工程、新增工程单价的，结算编制受托人可商洽承包人或发包人提出适当的价格，经对方确认后方可作为结算依据。

3）工程结算编制中涉及的工程单价应按合同要求分别采用综合单价或工料单价。工程量清单计价的工程项目应采用综合单价，定额计价的工程项目可采用工料单价。

①综合单价。综合单价是指把分部分项工程单价综合成全费用单价，其内容主要包括直接费（直接工程费和措施费）、间接费、利润及税金，经综合计算后生成。各分项工程量乘以综合单价的合价汇总后，生成工程结算价。

②工料单价。工料单价是指把分部分项工程量乘以单价形成直接工程费，加上按规定标准计算的措施费，构成直接费。直接工程费主要是由人工、材料、机械的消耗量及其相应价格来确定的。直接费汇总后另计算间接费、利润、税金，生成工程结算价。

4．工程结算编制内容

1）工程结算采用工程量清单计价的，其工程结算编制内容主要应包括：

①工程项目的所有分部分项工程量及实施工程项目采用的措施项目工程量，为完成所有工程量并按规定计算的人工费、材料费和设备费、机械费、间接费、利润和税金。

②分部分项和措施项目以外的其他项目所需计算的各项费用。

2）工程结算采用定额计价的，其工程结算编制内容主要应包括：套用定额的分部分项工程量、措施项目工程量和其他项目，以及为完成所有工程量和其他项目并按规定计算的人工费、材料费和设备费、机械费、间接费、利润和税金。

3）采用工程量清单或定额计价的，其工程结算编制内容主要应包括：

①设计变更和工程变更费用。

②索赔费用。

③合同约定的其他费用。

二、工程竣工结算的审核

1. 结算审核需提供的工程资料

结算审核需提供的工程资料主要有：

1）施工图纸。

2）图纸会审记录。

3）设计变更资料。

4）现场签证资料（零星用工、材料价格签证）。

5）施工合同（协议）、补充合同（协议）。

6）招标的工程招标文件。

7）经建设单位批准的施工组织设计或施工方案。

8）工程结算书。

9）工程量计算书。

10）主要材料分析表、钢材耗用明细表（附简图及计算公式）。

11）调价部分的材料进货原始发票、运杂费单据或列明材料品名、规格、数量、单价、金额的明细表，并且应具有建设单位、施工单位双方签章。

12）建设单位供应材料名称、规格、数量、单价汇总表，并应经建设单位、施工单位双方核对签章。

13）交验施工企业的等级证书、经济所有制证明、原件及纳税所在地址。

14）施工企业工程取费许可证（外埠施工企业临时取费许可证）。

15）有关影响工程造价、工期的签证材料。

2．结算审核的主要内容

结算审核的主要内容应包括以下几点：

1）审核工程量计算。

2）审核直接费定额的套价及计算。

3）审核人工、材料（包括钢材）、施工机械台班用量分析。

4）审核人工、材料、施工机械台班价格。

5）审核结构类型、工程类别的确定。

6）审核施工企业工程取费许可证（外埠施工企业审核临时取费许可证）原件情况。

7）审核各种费率（调价）标准、计费（调价）基数及工程造价计算。

8）审核建设单位供料扣款（专账）及采购保管费分成计算。

9）审核扣除建设单位供料款的工程结算净值计算。

10）审核其他有关工程造价构成项目。

附录 工程量清单计价常用表格格式

_____工程

招 标 工 程 量 清 单

招 标 人：_____

（单位盖章）

造价咨询人：_____

（单位盖章）

年 月 日

_____工程

招 标 控 制 价

招 标 人：_____

（单位盖章）

造价咨询人：_____

（单位盖章）

年　　月　　日

_____工程

投 标 总 价

招 标 人：_____
          （单位盖章）

年   月   日

_____工程

竣 工 结 算 书

发 包 人：_____

（单位盖章）

承 包 人：_____

（单位盖章）

造价咨询人：_____

（单位盖章）

年　　月　　日

封-4

_____**工程**

编号：×××××［2×××］××号

工 程 造 价 鉴 定 意 见 书

造价咨询人：_____
（单位盖章）

年　　月　　日

_____工程

招 标 工 程 量 清 单

　　　　招标人：＿＿＿＿＿　　　　　　造价咨询人：＿＿＿＿＿
　　　　　　　（单位盖章）　　　　　　　　　（单位资质专用章）

　　法定代表人　　　　　　　　　　法定代表人
　　或其授权人：＿＿＿＿＿＿　　　或其授权人：＿＿＿＿＿
　　　　　　　（签字或盖章）　　　　　　　　（签字或盖章）

　　编　制　人：＿＿＿＿＿＿＿＿复　核　人：＿＿＿＿＿＿＿＿
　　　　（造价人员签字盖专用章）　　（造价工程师签字盖专用章）

　　编制时间：　　年　月　日　核对时间：　　年　月　日

_____工程

招 标 控 制 价

招标控制价（小写）：_____

（大写）：_____

招标人：_____   造价咨询人：_____
　　　　（单位盖章）　　　　　　　　　　（单位资质专用章）

法定代表人　　　　　　　　　　法定代表人
或其授权人：_____　或其授权人：_____
　　　　（签字或盖章）　　　　　　　　（签字或盖章）

编制人：_____　复核人：_____
（造价人员签字盖专用章）　　　（造价工程师签字盖专用章）

编制时间：　年 月 日　　复核时间：　年 月 日

扉-2

投 标 总 价

招 标 人：＿＿＿＿＿＿＿＿＿＿＿＿＿＿＿＿＿＿＿

工 程 名 称：＿＿＿＿＿＿＿＿＿＿＿＿＿＿＿＿＿＿＿

投标总价（小写）：＿＿＿＿＿＿＿＿＿＿＿＿＿＿＿＿＿

（大写）：＿＿＿＿＿＿＿＿＿＿＿＿＿＿＿＿＿

投 标 人：＿＿＿＿＿＿＿＿＿＿＿＿＿＿＿＿＿＿＿

（单位盖章）

法定代表人

或其授权人：＿＿＿＿＿＿＿＿＿＿＿＿＿＿＿＿＿

（签字或盖章）

编 制 人：＿＿＿＿＿＿＿＿＿＿＿＿＿＿＿＿＿＿＿

（造价人员签字盖专用章）

编制时间：　　　年　　月　　日

扉-3

_____工程

竣 工 结 算 总 价

签约合同价（小写）：_____   （大写）：_____

竣工结算价（小写）：_____   （大写）：_____

发包人：_____   承包人：_____   造价咨询人：_____
　　（单位盖章）　　　　　（单位盖章）　　　　　（单位资质专用章）

法定代表人　　　　　　法定代表人　　　　　　法定代表人

或其授权人：_____   或其授权人：_____   或其授权人：_____
　　（签字或盖章）　　　　（签字或盖章）　　　　　（签字或盖章）

编 制 人：_____   核 对 人：_____
　　（造价人员签字盖专用章）　　　　　（造价工程师签字盖专用章）

编制时间：　年　月　日　　核对时间：　年　月　日

扉-4

_____工程

工 程 造 价 鉴 定 意 见 书

鉴定结论：

造价咨询人：_____

　　　　　　　　（盖单位章及资质专用章）

法定代表人：_____

　　　　　　　　　（签字或盖章）

造价工程师：_____

　　　　　　　　（签字盖专用章）

　　　　　　　　　　　　　　　年　　　月　　　日

总说明

工程名称：   第 页 共 页

表-01

建设项目招标控制价/投标报价汇总表

工程名称：   第 页 共 页

序号	单项工程名称	金额/元	其中：/元		
			暂估价	安全文明施工费	规费
合　计					

注：本表适用于建设项目招标控制价或投标报价的汇总。

表-02

单项工程招标控制价/投标报价汇总表

工程名称：   第 页 共 页

序号	单位工程名称	金额/元	其中：/元		
			暂估价	安全文明施工费	规费
合　计					

注：本表适用于单项工程招标控制价或投标报价的汇总。暂估价包括分部分项工程中的暂估价和专业工程暂估价。

表-03

单位工程招标控制价/投标报价汇总表

工程名称：　　　　　　　　　　　标段：　　　　　　　　第　页共　页

序号	汇总内容	金额/元	其中：暂估价/元
1	分部分项工程		
1.1			
1.2			
1.3			
1.4			
1.5			
2	措施项目		—
2.1	其中：安全文明施工费		—
3	其他项目		—
3.1	其中：暂列金额		—
3.2	其中：专业工程暂估价		—
3.3	其中：计日工		—
3.4	其中：总承包服务费		—
4	规费		—
5	税金		—
招标控制价合计＝1＋2＋3＋4＋5			

注：本表适用于单位工程招标控制价或投标报价的汇总，单项工程也使用本表汇总。　**表-04**

建设项目竣工结算汇总表

工程名称：　　　　　　　　　　　　　　　　　第　页共　页

序号	单项工程名称	金额/元	其中：/元	
			安全文明施工费	规费
合　　计				

表-05

单项工程竣工结算汇总表

工程名称：　　　　　　　　　　　　　　　　　　　　　　　　第　页共　页

序号	单位工程名称	金额/元	其中：/元	
			安全文明施工费	规费
合　　计				

表-06

单位工程竣工结算汇总表

工程名称：　　　　　　　　　　标段：　　　　　　　　　　第　页共　页

序号	汇总内容	金额/元
1	分部分项工程	
1.1		
1.2		
1.3		
1.4		
1.5		
2	措施项目	
2.1	其中：安全文明施工费	
3	其他项目	
3.1	其中：专业工程结算价	
3.2	其中：计日工	
3.3	其中：总承包服务费	
3.4	其中：索赔与现场签证	
4	规费	
5	税金	
竣工结算总价合计＝1＋2＋3＋4＋5		

注：如无单位工程划分，单项工程也使用本表汇总。

表-07

分部分项工程和单价措施项目清单与计价表

工程名称：　　　　　　　　　标段：　　　　　　　　第　页　共　页

序号	项目编码	项目名称	项目特征描述	计量单位	工程量	金额/元		
						综合单价	合价	其中暂估价
本页小计								
合　计								

注：为计取规费等的使用，可在表中增设其中："定额人工费"。　　　　　　表-08

综合单价分析表

工程名称：　　　　　　　　　标段：　　　　　　　　第　页　共　页

项目编码		项目名称		计量单位		工程量	

清单综合单价组成明细

定额编号	定额项目名称	定额单位	数量	单价/元				合价/元			
				人工费	材料费	机械费	管理费和利润	人工费	材料费	机械费	管理费和利润
人工单价			小计								
元/工日			未计价材料费								
清单项目综合单价											

材料费明细	主要材料名称、规格、型号	单位	数量	单价/元	合价/元	暂估单价/元	暂估合价/元
	其他材料费			—		—	
	材料费小计			—		—	

注：1. 如不使用省级或行业建设主管部门发布的计价依据，可不填定额编号、名称等。

2. 招标文件提供了暂估单价的材料，按暂估的单价填入表内"暂估单价"栏及"暂估合价"栏。

表-09

综合单价调整表

工程名称：　　　　　　　　　　标段：　　　　　　　　第 页共 页

序号	项目编码	项目名称	已标价清单综合单价/元					调整后综合单价/元				
			综合单价	其中				综合单价	其中			
				人工费	材料费	机械费	管理费和利润		人工费	材料费	机械费	管理费和利润

造价工程师(签章)：发包人代表(签章)：　　造价人员(签章)：发包人代表(签章)：

　　　　　　　　日期：　　　　　　　　　　　　　　　　日期：

注：综合单价调整应附调整依据。　　　　　　　　　　　　　　**表-10**

总价措施项目清单与计价表

工程名称：　　　　　　　　　　标段：　　　　　　　　第 页共 页

序号	项目编码	项目名称	计算基础	费率（%）	金额/元	调整费率（%）	调整后金额/元	备注
		安全文明施工费						
		夜间施工增加费						
		二次搬运费						
		冬雨季施工增加费						
		已完工程及设备保护费						
		合　计						

编制人（造价人员）：　　　　　　　　复核人（造价工程师）：

注：1.“计算基础”中安全文明施工费可为“定额基价”、“定额人工费”或“定额人工费＋定额机械费”，其他项目可为“定额人工费”或“定额人工费＋定额机械费”。

　　2. 按施工方案计算的措施费，若无“计算基础”和“费率”的数值，也可只填“金额”数值，但应在备注栏说明施工方案出处或计算方法。　　　　　　　　**表-11**

其他项目清单与计价汇总表

工程名称：　　　　　　　　　　　标段：　　　　　　　　　　　第　页　共　页

序号	项目名称	金额/元	结算金额/元	备注
1	暂列金额			明细详见表-12-1
2	暂估价			
2.1	材料（工程设备）暂估价/结算价	—	—	明细详见表-12-2
2.2	专业工程暂估价/结算价			明细详见表-12-3
3	计日工			明细详见表-12-4
4	总承包服务费			明细详见表-12-5
5	索赔与现场签证	—		明细详见表-12-6
合　计				—

注：材料（工程设备）暂估价进入清单项目综合单价，此处不汇总。　　　　　表-12

表-12　暂列金额明细表

工程名称：　　　　　　　　　　　标段：　　　　　　　　　　　第　页　共　页

序号	项目名称	计量单位	暂定金额/元	备注
1				
2				
3				
4				
5				
6				
合计				—

注：此表由招标人填写，如不能详列，也可只列暂定金额总额，投标人应将上述暂列金额计入投标总价中。

表-12-1

415

材料（工程设备）暂估单价及调整表

工程名称：　　　　　　　　　　　标段：　　　　　　　　　第　页　共　页

序号	材料（工程设备）名称、规格、型号	计量单位	数量		暂估/元		确认/元		差额±/元		备注
			暂估	确认	单价	合价	单价	合价	单价	合价	
合计											

　　注：此表由招标人填写"暂估单价"，并在备注栏说明暂估价的材料、工程设备拟用在哪些清单项目上，投标人应将上述材料暂估单价计入工程量清单综合单价报价中。

表-12-2

专业工程暂估价及结算价表

工程名称：　　　　　　　　　　　标段：　　　　　　　　　第　页　共　页

序号	工程名称	工程内容	暂估金额/元	结算金额/元	差额±/元	备注
合计						

　　注：此表"暂估金额"由招标人填写，投标人应将"暂估金额"计入投标总价中，结算时按合同约定结算金额填写。

表-12-3

计日工表

工程名称：　　　　　　　　　　　　标段：　　　　　　　　　　第　页　共　页

编号	项目名称	单位	暂定数量	实际数量	综合单价/元	合价/元	
						暂定	实际
一	人工						
1							
2							
人工小计							
二	材料						
1							
2							
材料小计							
三	施工机械						
1							
2							
施工机械小计							
四、企业管理费和利润							
总计							

注：此表项目名称、暂定数量由招标人填写，编制招标控制价时，单价由招标人按有关计价规定确定；投标时，单价由投标人自主报价，按暂定数量计算合价计入投标总价中。结算时，按发承包双方确认的实际数量计算合价。

表-12-4

总承包服务费计价表

工程名称：　　　　　　　　　　　　标段：　　　　　　　　　　第　页　共　页

序号	项目名称	项目价值/元	服务内容	计算基础	费率（%）	金额/元
1	发包人发包专业工程					
2	发包人供应材料					
	合　计	—	—	—		—

注：此表项目名称、服务内容有招标人填写，编制招标控制价时，费率及金额由招标人按有关计价规定确定；投标时，费率及金额由投标人自主报价，计入投标总价中。

表-12-5

索赔与现场签证计价汇总表

工程名称：　　　　　　　　　　　标段：　　　　　　　　第　页共　页

序号	签证及索赔项目名称	计量单位	数量	单价/元	合价/元	索赔及签证依据
—	本页小计	—	—	—		—
—	合　计	—	—	—		—

注：签证及索赔依据是指经双方认可的签证单和索赔依据的编号。　　　　　**表-12-6**

费用索赔申请（核准）表

工程名称：　　　　　　　　　　标段：　　　　　　　　　　编号：

致：＿＿＿＿＿＿＿＿＿＿＿＿＿＿＿＿＿＿＿＿＿＿＿＿＿＿（发包人全称）
　　根据施工合同条款第＿＿＿＿＿条的约定，由于＿＿＿＿＿＿＿原因，我方要求索赔
金额（大写）＿＿＿＿＿＿＿＿（小写＿＿＿＿），请予核准。
　　附：1. 费用索赔的详细理由和依据：
　　　　2. 索赔金额的计算：
　　　　3. 证明材料：

　　　　　　　　　　　　　　　　　　　　　　　承包人（章）
　　造价人员＿＿＿＿＿＿　承包人代表＿＿＿＿＿＿　日　期＿＿＿＿＿

复核意见： 　　根据施工合同条款第＿＿＿＿＿条的约定，你方提出的费用索赔申请经复核： □不同意此项索赔，具体意见见附件。 □同意此项索赔，索赔金额的计算，由造价工程师复核。 　　　　监理工程师＿＿＿＿＿＿ 　　　　日　期＿＿＿＿＿＿	复核意见： 　　根据施工合同条款第＿＿＿＿＿条的约定，你方提出的费用索赔申请经复核，索赔金额为（大写）＿＿＿＿＿＿（小写＿＿＿＿）。 　　　　造价工程师＿＿＿＿＿＿ 　　　　日　期＿＿＿＿＿＿

审核意见：
　□不同意此项索赔。
　□同意此项索赔，与本期进度款同期支付。

　　　　　　　　　　　　　　　　　　发包人（章）
　　　　　　　　　　　　　　　　　　发包人代表＿＿＿＿＿＿
　　　　　　　　　　　　　　　　　　日　期＿＿＿＿＿＿

注：1. 在选择栏中的"□"内作标识"√"。　　　　　　　　　　　**表-12-7**

　　2. 本表一式四份，由承包人填报，发包人、监理人、造价咨询人、承包人各存一份。

现场签证表

工程名称：　　　　　　　　　标段：　　　　　　　　　编号：

施工单位		日　期	

致：_____（发包人全称）

　　根据_____（指令人姓名）___年___月___日的口头指令或你方_____
（或监理人）_____年___月___日的书面通知，我方要求完成此项工作应支付价款金
额为（大写）_____（小写_____），请予核准。

　　附：1. 签证事由及原因：
　　　　2. 附图及计算式：

承包人（章）

造价人员_____　承包人代表_____　日___期_____

复核意见： 　　你方提出的此项签证申请经复核： □不同意此项签证，具体意见见附件。 □同意此项签证，签证金额的计算，由造价工程师复核。 　　　　　监理工程师_____ 　　　　　日　　期_____	复核意见： 　　□此项签证按承包人中标的计日工单价计算，金额为（大写）_____元，（小写）___元。 　　□此项签证因无计日工单价，金额为（大写）　元，（小写）_____。 　　　　　造价工程师_____ 　　　　　日　　期_____

审核意见：
　　□不同意此项签证。
　　□同意此项签证，价款与本期进度款同期支付。

承包人（章）
承包人代表_____
日　　期_____

注：1. 在选择栏中的"□"内作标识"√"。　　　　　　　　　　　　　　**表-12-8**

　　2. 本表一式四份，由承包人在收到发包人（监理人）的口头或书面通知后填写，发包人、监理人、造价咨询人、承包人各存一份。

规费、税金项目计价表

工程名称：　　　　　　　　　　　　标段：　　　　　　　　　第　页 共　页

序号	项目名称	计算基础	计算基数	计算费率（％）	金额/元
1	规费	定额人工费			
1.1	社会保险费	定额人工费			
（1）	养老保险费	定额人工费			
（2）	失业保险费	定额人工费			
（3）	医疗保险费	定额人工费			
（4）	工伤保险费	定额人工费			
（5）	生育保险费	定额人工费			
1.2	住房公积金	定额人工费			
1.3	工程排污费	按工程所在地环境保护部门收取标准，按实计入			
2	税金	分部分项工程费＋措施项目费＋其他项目费＋规费－按规定不计税的工程设备金额			
合计					

编制人（造价人员）：　　　　　　　　　复核人（造价工程师）：　　　**表-13**

工程计量申请（核准）表

工程名称：　　　　　　　　　　　　标段：　　　　　　　　　第　页 共　页

序号	项目编码	项目名称	计量单位	承包人申报数量	发包人核实数量	发承包人确认数量	备注

承包人代表：　　　　监理工程师：　　　　　造价工程师：　　　　　发包人代表：
日　　期：　　　　　日　　期：　　　　　日　　期：　　　　　日　　期：

表-14

预付款支付申请（核准）表

工程名称：　　　　　　标段：　　　　　　编号：

致：　　　　　　　　　　　　　　　　　　　　　（发包人全称）

我方根据施工合同的约定，先申请支付工程预付款额为（大写）＿＿＿＿＿＿＿＿

（小写＿＿＿＿＿＿），请予核准。

序号	名称	申请金额/元	复核金额/元	备注
1	已签约合同价款金额			
2	其中：安全文明施工费			
3	应支付的预付款			
4	应支付的安全文明施工费			
5	合计应支付的预付款			

承包人（章）

造价人员＿＿＿＿＿＿＿＿　承包人代表＿＿＿＿＿＿　日　期＿＿＿＿＿＿

复核意见：

　　□与合同约定不相符，修改意见见附件。

　　□与合约约定相符，具体金额由造价工程师复核。

监理工程师＿＿＿＿＿
日　　期＿＿＿＿＿

复核意见：

　　你方提出的支付申请经复核，应支付预付款金额为（大写）＿＿＿＿（小写＿＿＿）。

造价工程师＿＿＿＿
日　　期＿＿＿＿

审核意见：

　　□不同意。

　　□同意，支付时间为本表签发后的15d内。

发包人(章)
发包人代表＿＿＿＿＿
日　　期＿＿＿＿＿

注：1. 在选择栏中的"□"内作标识"√"。

　　2. 本表一式四份，由承包人填报，发包人、监理人、造价咨询人、承包人各存一份。

表-15

421

总价项目进度款支付分解表

工程名称：　　　　　　　　　　标段：　　　　　　　　（单位：元）

序号	项目名称	总价金额	首次支付	二次支付	三次支付	四次支付	五次支付	
	安全文明施工费							
	夜间施工增加费							
	二次搬运费							
	社会保险费							
	住房公积金							
	合　计							

编制人（造价人员）：　　　　　　　　复核人（造价工程师）：

注：1. 本表应由承包人在投标报价时根据发包人在招标文件明确的进度款支付周期与报价填
　　　写，签订合同时，发承包双方可就支付分解协商调整后作为合同附件。

　　2. 单价合同使用本表，"支付"栏时间应与单价项目进度款支付周期相同。

　　3. 总价合同使用本表，"支付"栏时间应与约定的工程计量周期相同。

表-16

进度款支付申请（核准）表

工程名称：　　　　　　　　　　标段：　　　　　　　　编号：

致：_____（发包人全称）

　　我方于_____至_____期间已完成了_____工作，根据施工合同的约定，现申请支付本期的工程款额为（大写）_____（小写_____），请予核准。

序号	名称	实际金额/元	申请金额/元	复核金额/元	备注
1	累计已完成的合同价款				
2	累计已实际支付的合同价款				
3	本周期合计完成的合同价款				
3.1	本周期已完成单价项目的金额				
3.2	本周期应支付的总价项目的金额				
3.3	本周期已完成的计日工价款				
3.4	本周期应支付的安全文明施工费				
3.5	本周期应增加的合同价款				
4	本周期合计应扣减的金额				
4.1	本周期应抵扣的预付款				
4.2	本周期应扣减的金额				
5	本周期应支付的合同价款				

附：上述 3、4 详见附件清单。

承包人（章）

造价人员_____　承包人代表_____　日　期_____

复核意见： 　　□与实际施工情况不相符，修改意见见附件。 　　□与实际施工情况相符，具体金额由造价工程师复核。 　　　　　　监理工程师_____ 　　　　　　日　　期_____	复核意见： 　　你方提供的支付申请经复核，本期间已完成工程款额为（大写）_____（小写____），本期间应支付金额为（大写）_____（小写____）。 　　　　　　造价工程师_____ 　　　　　　日　　期_____

审核意见：

　　□不同意。

　　□同意，支付时间为本表签发后的 15d 内。

发包人（章）
发包人代表_____
日　　期_____

注：1. 在选择栏中的"□"内作标识"√"。

　　2. 本表一式四份，由承包人填报，发包人、监理人、造价咨询人、承包人各存一份。　　**表-17**

竣工结算款支付申请（核准）表

工程名称：　　　　　　　　　　标段：　　　　　　　编号：

致：＿＿＿＿＿＿＿＿＿＿＿＿＿＿＿＿＿＿＿＿＿＿＿＿＿＿＿＿（发包人全称）

　　我方于＿＿＿＿至＿＿＿＿期间已完成合同约定的工作，工程已经完工，根据施工合同的约定，现申请支付竣工结算合同款额为（大写）＿＿＿＿＿＿（小写＿＿＿＿＿），请予核准。

序号	名称	申请金额/元	复核金额/元	备注
1	竣工结算合同价款总额			
2	累计已实际支付的合同价款			
3	应预留的质量保证金			
4	应支付的竣工结算款金额			

承包人（章）

造价人员＿＿＿＿＿＿＿　承包人代表＿＿＿＿＿＿　日　期＿＿＿＿

复核意见：

　　□与实际施工情况不相符，修改意见见附件。

　　□与实际施工情况相符，具体金额由造价工程师复核。

监理工程师＿＿＿＿＿＿
日　期＿＿＿＿＿＿

复核意见：

　　你方提出的竣工结算款支付申请经复核，竣工结算款总额为（大写）＿＿＿＿＿（小写＿＿＿），扣除前期支付以及质量保证金后应支付金额为（大写）＿＿＿＿＿（小写＿＿＿＿）。

造价工程师＿＿＿＿＿＿
日　期＿＿＿＿＿＿

审核意见：

　　□不同意。

　　□同意，支付时间为本表签发后的15d内。

发包人（章）
发包人代表＿＿＿＿＿＿
日　期＿＿＿＿＿＿

注：1. 在选择栏中的"□"内作标识"√"。　　　　　　表-18

　　2. 本表一式四份，由承包人填报，发包人、监理人、造价咨询人、承包人各存一份。

最终结清支付申请（核准）表

工程名称： 标段： 编号：

致： _____ （发包人全称）

　　我方于_____至_____期间已完成了缺陷修复工作，根据施工合同的约定，现申请支付最终结清合同款额为（大写）_____ （小写_____），请予核准。

序号	名称	申请金额/元	复核金额/元	备注
1	已预留的质量保证金			
2	应增加因发包人原因造成缺陷的修复金额			
3	应扣减承包人不修复缺陷、发包人组织修复的金额			
4	最终应支付的合同价款			

承包人（章）

造价人员_____ 承包人代表_____ 日　期_____

复核意见：	复核意见：
□与实际施工情况不相符，修改意见见附件。 □与实际施工情况相符，具体金额由造价工程师复核。 　　　监理工程师_____ 　　　日　期_____	你方提出的支付申请经复核，最终应支付金额为（大写）_____ （小写_____）。 　　　造价工程师_____ 　　　日　期_____

审核意见：
　　□不同意。
　　□同意，支付时间为本表签发后的15d内。

发包人（章）

发包人代表_____

日　期_____

注：1. 在选择栏中的"□"内作标识"√"。　　　　　　　　　　　　　　表-19

　　2. 本表一式四份，由承包人填报，发包人、监理人、造价咨询人、承包人各存一份。

发包人提供材料和工程设备一览表

工程名称：　　　　　　　　　　标段：　　　　　　　第　页共　页

序号	材料（工程设备）名称、规格、型号	单位	数量	单价/元	交货方式	送达地点	备注

注：此表由招标人填写，供投标人在投标报价、确定总承包服务费时参考。　　　表-20

承包人提供主要材料和工程设备一览表（适用于造价信息差额调整法）

工程名称：　　　　　　　　　　标段：　　　　　　　第　页共　页

序号	名称、规格、型号	单位	数量	风险系数（%）	基准单价/元	投标单价/元	发承包人确认单价/元	备注

注：1. 此表由招标人填写除"投标单价"栏的内容，投标人在投标时自主确定投标单价。

　　2. 投标人应优先采用工程造价管理机构发布的单价作为基准单价，未发布的，通过市场调查确定其基准单价。

表-21

承包人提供主要材料和工程设备一览表（适用于价格指数差额调整法）

工程名称：　　　　　　　　　　标段：　　　　　　　　　第　页共　页

序号	名称、规格、型号	变值权重 B	基本价格指数 F_0	现行价格指数 F_t	备注
定值权重 A			—	—	
合　计		1	—	—	

注：1. "名称、规格、型号""基本价格指数"栏由招标人填写，基本价格指数应首先采用程造价管理机构发布的工价格指数，没有时，可采用发布的价格代替。如人工、机械费也采用本法调整由招标人在"名称"栏填写。

2. "变值权重"栏由投标人根据该项人工、机械费和材料、工程设备值在投标总报价中所占的比例填写，1减去其比例为定值权重。

3. "现行价格指数"按约定的付款证书相关周期最后一天的前 42d 的各项价格指数填写，该指数应首先采用工程造价管理机构发布的价格指数，没有时，可采用发布的价格代替。

表-22

参考文献

[1] 中华人民共和国住房和城乡建设部 . GB 50500—2013 建设工程工程量清单计价规范 [S]. 北京：中国计划出版社，2013.

[2] 中华人民共和国住房和城乡建设部 .《建设工程计价计量规范辅导》[M]. 北京：中国计划出版社，2013.

[3] 中华人民共和国住房和城乡建设部 . GB 50857—2013 市政工程工程量计算规范 [S]. 北京：中国计划出版社，2013.

[4] 中华人民共和国住房和城乡建设部、财政部 . 建标 [2013] 44 号 建筑安装工程费用项目组成 [S]. 北京：中国计划出版社，2013.

[5] 中华人民共和国住房和城乡建设部 . GB/T 50103—2010 总图制图标准 [S]. 北京：中国建筑工业出版社，2011.

[6] 中华人民共和国住房和城乡建设部 . GB/T 50104—2010 建筑制图标准 [S]. 北京：中国建筑工业出版社，2011.

[7] 中华人民共和国原建设部 . GYD-301—1999 全国统一市政工程预算定额（通用项目）[S]. 北京：中国计划出版社，1999.

[8] 中华人民共和国原建设部 . GYD-302—1999 全国统一市政工程预算定额（道路工程）[S]. 北京：中国计划出版社，1999.

[9] 中华人民共和国原建设部 . GYD-303—1999 全国统一市政工程预算定额（桥涵工程）[S]. 北京：中国计划出版社，1999.

[10] 中华人民共和国原建设部 . GYD-304—1999 全国统一市政工程预算定额（隧道工程）[S]. 北京：中国计划出版社，1999.

[11] 中华人民共和国原建设部 . GYD-305—1999 全国统一市政工程预算定额（给水工程）[S]. 北京：中国计划出版社，1999.

[12] 中华人民共和国原建设部 . GYD-306—1999 全国统一市政工程预算定额（排水工程）[S]. 北京：中国计划出版社，1999.

[13] 中华人民共和国原建设部 . GYD-307—1999 全国统一市政工程预算定额（燃气与集中供热工程）[S]. 北京：中国计划出版社，1999.

[14] 张力 . 市政工程识图与构造 [M]. 北京：中国建筑工业出版社，2007.

[15] 朱忆鲁 . 市政工程计量与计价速学手册 [M]. 北京：中国电力出版社，2010.